JN115455

産業廃棄物と資源循環 改訂新版

森谷 賢 著

まえがき

　平成25年（2013年）6月に、私は公益社団法人全国産業廃棄物連合会（現全国産業資源循環連合会）の専務理事に就任した。それから1年程経った頃、産業廃棄物処理業界の内外の人に参考となる本を書いてみようと思い始めた。その結果が平成28年（2016年）に発刊した「産業廃棄物と資源循環」である。

　平成28年（2016年）以降、産業廃棄物処理業界の内外で大きな動きがあった。廃棄物処理法が平成29年（2017年）に改正されたことを始めとして、2050年脱炭素の政府方針の発表（令和2年（2020年））、プラスチック資源循環促進法の制定（令和3年（2021年））、DX（デジタルトランスフォーメーション）の推進、循環経済ビジョンの発表などである。これらを含め業界内外の動きを簡潔に記すため、全国産業資源循環連合会を令和4年（2022年）10月に退職してから、本書の原稿執筆を開始した。本書は、既刊の「産業廃棄物と資源循環」の改訂新版である。

　廃棄物の適正処理の確保のために廃棄物処理法がある。容器包装をはじめとして特定の品目のリサイクルを促進するための法律が次々と制定されてきた。さらにプラスチック全般のリサイクルを促進するプラスチック資源循環促進法も制定された。一連のリサイクル法が対象とする品目等はリサイクルの優先度が高いものであるが、その他の廃棄物（一例として、廃石膏、廃ガラス、焼却灰）の資源化の拡大も求められる。すべての資源化にあたっては、今後は脱炭素化が要請される。昭和45年（1970年）に処理の受け手から始まった産業廃棄物処理業は、動静脈における資源循環を拡大させる役割を担い、その資源循環には脱炭素、さらにはDXの方向を取り込む必要がある。

　さて、産業廃棄物処理会社（産業廃棄物処理業の会社）では、他業と同様に、事業を担う人材の確保が必須である。人手不足の昨今であるが、人材は数のみならず質も問われる。産業廃棄物処理会社の経営者や業務の管理者は、雇用した人材の育成が課題となる。廃棄物処理法のコンプライアンス、労働安全衛生の十分な確保は当然であり、あわせて処理現場における技術の習得と技能の向上が、資源化率の向上のため益々求められる。中小企業がほとんどである産業廃棄物処理会社にとっては、従事者における人材育成には困難が伴う。しかし内外の支援も得ながら人材を育成し、その結果彼らが資格を付与されることは、産業廃棄物処理会社への信頼獲得（適正処理と資源循環）のために将来欠かせないことになる

1

と考える。

　一方、経営者の後継不足や事業拡大を起因として、産業廃棄物処理会社のM＆Aが増える傾向にある。これにより徐々に産業廃棄物業界の再編が進む。さらに業界の再編を迫る別の動機づけは、資源循環を進めるための動静脈連携の拡大である。産業廃棄物処理会社どうしの従来の競争に加え、動静脈連携という新たな要素による競争が加わる。

　本書は、上記の意識を持ちながら産業廃棄物と資源循環に関する解説書として執筆した。産業廃棄物処理会社の経営者のみならず、現場で業務を管理監督する方々に、業務に係る広い範囲にわたる基礎的な情報を提供することを意図した。このため、廃棄物処理法の歴史と直近の改正内容（第1章）、廃棄物処理法のコンプライアンス（第2章）、ビジネスの視点から見た産業廃棄物処理業の今後とそれに大きな影響を及ぼす経済社会の動き（再資源化、脱炭素、DXなど）（第3章）、産業廃棄物業の基盤強化（人材育成、労働安全衛生など）（第4章）、注目する産業廃棄物（第5章）を出来るだけわかりやすく役に立つ形で解説したつもりである。

　本書は廃棄物処理法の法令解説を意図していない。各章で必要に応じて廃棄物処理法の関連部分を記述することがあっても、最小限のものとした。巷間には、廃棄物処理法の良い法令解説書が数多く出版されているので、それらを参考としていただきたい。

　私が皆さんにお伝えできることには自ずと限界がある。情報源としては、全国産業資源循環連合会が発刊している月刊「INDUST」を参考とした。また、環境省、経済産業省、国土交通省、農林水産省、厚生労働省、出入国在留管理庁、業界団体等のホームページで公開されているコンテンツも利用した（その際にはコンテンツのURLを明らかにした。URLは令和6年（2024年）1月14日時点で利用可能なもの）。

　なお、本書を読まれて大事なことが抜けている、あるいは事実誤認があると気付かれた方は、ご連絡をいただければ幸いである（私のメールアドレスは、mobile.moriya@ab.auone-net.jp）。次の機会にそれらを生かしていきたい。

本書の概要

第1章　廃棄物処理法

　産業廃棄物処理業は、昭和45年（1970年）に成立した廃棄物処理法に基づく許可により成立している。そこで、まず、「廃棄物」の定義を確認する（具体的には産業廃棄物と特別管理産業廃棄物）。そして直近の廃棄物処理法の改正が平成29年（2017年）であったことから、その年以前までの主な改正内容を振り返る。その上で、平成29年法改正における主要な改正内容である、電子マニフェストの一部義務化・有害使用済機器の規制を解説し、全国産業資源循環連合会の平成28年（2016年）要望と措置状況を見ながら、将来の廃棄物処理法の改正に備える。

第2章　廃棄物処理とコンプライアンス

　個々の産業廃棄物処理業者のコンプライアンスの高さを示す、廃棄物処理法の優良認定制度を解説する。平成29年廃棄物処理法の改正後に行われた優良認定制度の見直し内容を振り返り、本制度の将来展望の材料を示す。廃棄物処理法に基づく日々の遵守事項として、マニフェスト交付・登録があり、その仕組みを説明する。また、搬入・搬出する産業廃棄物の適正処理と安全確保にあたっては、WDS（廃棄物データシート）の受領・確認が重要である。WDSを利用したコンプライアンスにおける基礎的な知識を提供する。最後に、電子マニフェストが利用されつつも発生したダイコー事件を解説し、この種の事件の再発防止のため、法的な措置に加え、排出事業者と産業廃棄物処理業者が、各々あるいは協働で取り組むべき措置を示す。

第3章　産業廃棄物ビジネス

　産業廃棄物処理の「受け手」から資源・エネルギーの「創り手」を目指すとの意識の下、本章では産業廃棄物ビジネスを色々な角度から解説する。本章は3つの部分からなる。

1. 産業廃棄物処理業界の業態ごとの規模等と今後の事業発展の方向と実例を示す（3－1から3－4）。
2. 資源・エネルギーの「創り手」を目指す上で個別リサイクル法の現状を把握し、新たにプラスチック資源循環促進法による措置をはじめとして、

プラスチックリサイクルの主要な方向を解説する（3－5から3－6）。

3. プラスチックを含め資源循環の拡大にあたり、脱炭素化の挑戦を組み込む必要がある。この検討に資するため政府の脱炭素に関する方針、全国産業資源循環連合会の調査結果などを示し、その他、経済社会における重要な背景として、再生可能エネルギー、DX、循環経済を解説する（3－7から3－10）。

第4章　業界の基盤

　産業廃棄物処理業界も他の業界と同様に、人材の育成、労働現場での安全確保が欠かせない。人材育成のために念頭に置くべき業務上の知識と能力を解説し、当業界で課題となっている労働災害防止のために進むべき道を示す。さらに、外国人技能実習制度と特定技能制度の現状と見直しの議論に触れる。

第5章　いま注目の廃棄物

　産業廃棄物業界は様々な廃棄物を扱うが、発生量あるいは有害性の観点から、注目すべき廃棄物を解説する。建設廃棄物（廃石膏とその廃棄物・石綿とその廃棄物を含む）、食品廃棄物、災害廃棄物、水銀とその廃棄物、POPsとその廃棄物、PCBとその廃棄物、リチウムイオン電池を含む廃棄物などである。個々の産業廃棄物処理会社が、現在は扱っていない産業廃棄物に関する情報を押さえておくことは、今後の事業の拡大等を検討する上で有益である。

資料編

　第1章から第5章で取り上げた環境省の通知等を収録する。

目　次

第 1 章　廃棄物処理法

1-1　廃棄物の定義

　廃棄物の処理及び清掃に関する法律（廃棄物処理法）では、「この法律において「廃棄物」とは、ごみ、粗大ごみ、燃え殻、汚泥、ふん尿、廃油、廃酸、廃アルカリ、動物の死体その他の汚物又は不要物であつて、固形状又は液状のもの（放射性物質及びこれによつて汚染された物を除く。（＊））をいう。（第 2 条第 1 項）」となっている。さらに、「この法律において「一般廃棄物」とは、産業廃棄物以外の廃棄物をいう。（第 2 条第 2 項）」と続き、第 2 条第 4 項で「産業廃棄物」が登場する。すなわち、「この法律において「産業廃棄物」とは、次に掲げる廃棄物をいう。

- 一　事業活動に伴つて生じた廃棄物のうち、燃え殻、汚泥、廃油、廃酸、廃アルカリ、廃プラスチック類その他政令で定める廃棄物
- 二　輸入された廃棄物（前号に掲げる廃棄物、船舶及び航空機の航行に伴い生ずる廃棄物（政令で定めるものに限る。第十五条の四の五第一項において「航行廃棄物」という。）並びに本邦に入国する者が携帯する廃棄物（政令で定めるものに限る。同項において「携帯廃棄物」という。）を除く。）」

　第 1 号にある、事業活動に伴って生じた廃棄物として 20 種類示されており（資料編の資料 1-1 を参照）、さらに紙くず、木くず、繊維くず、動植物性残さ、動物系固形不要物、動物のふん尿、動物の死体については、発生元の業種が指定されている。指定されている業種以外から発生する紙くず、木くず等は一般廃棄物である。

　さらに、第 2 条第 5 項において「特別管理産業廃棄物」が、産業廃棄物のうち爆発性、毒性、感染性その他の人の健康又は生活環境に係る被害を生じるおそれのある性状を有するものとして定められてる（資料編の資料 1-2 を参照）。

　一般廃棄物と産業廃棄物の年間発生量を比べると、一般廃棄物として約 4 千万トン、産業廃棄物として約 3.7 億トンであり、産業廃棄物は一般廃棄物の約 9 倍発生している。

　法律上では廃棄物は定義されているが、環境省は、目の前の対象としているものがそもそも廃棄物か否かは、「総合判断」によって行うとの考えである。その物の性状、排出の状況、通常の取扱い形態、取引価値の有無及び占有者の意思等

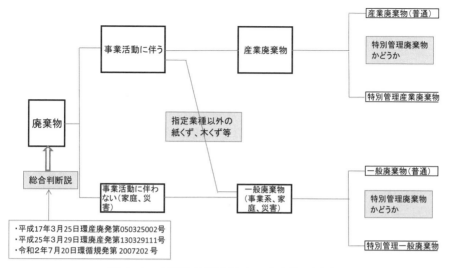

図 1-1　廃棄物処理方法上の廃棄物の区分

を総合的に勘案して判断する必要があるとしている。

　上記の総合判断は示されているが、時として、排出事業者、産業廃棄物処理業者、都道府県職員は、目の前の対象が廃棄物該当か否かで悩む。「使用済みタイヤ」を土留めに使用している場合など、廃棄物かどうかの判断に迷うことが多い。この他、廃棄物から作り出された「製品」の運送費を産業廃棄物処理業者が負担する場合も同様である（これについては、資料編の資料２、３、４及び５が参考となる）。

　（＊）平成二十三年三月十一日に発生した東北地方太平洋沖地震に伴う原子力発電所の事故により放出された放射性物質による環境の汚染への対処に関する特別措置法（平成 23 年法律第 110 号）（以下、「放射性物質汚染対処特措法」）第 22 条において、廃棄物処理法第 2 条第 1 項において定められている「廃棄物」の定義を読み替え、当分の間、「放射性物質によって汚染された物」のうち、以下（①及び②）の放射性物質に汚染された物を除き、廃棄物処理法に基づく「廃棄物」に該当することとし、廃棄物処理法に基づく制度の下で処理を行うこととなっている。

①　核原料物質、核燃料物質及び原子炉の規制に関する法律（昭和 32 年法律第 166 号）又はや放射性同位元素等による放射線障害の防止に関する法律（昭和 32 年法律第 167 号）の規定に基づき廃棄される物

表 1-1　廃棄物の該当性の総合判断

①その物の性状	利用用途に要求される品質を満足し、生活環境保全上の支障が発生するおそれのないものであること。
②排出の状況	排出状況が需要に沿った計画的なものであること。排出前や排出時に適切な保管や品質管理がなされていること。
③通常の取扱いの形態	製品としての市場が形成されており、廃棄物として処理されている例が通常みられないこと。
④取引価値の有無	占有者と取引の相手方の間で有償譲渡がなされていること。客観的に見て、取引に経済的な合理性があること。
⑤占有者の意思	客観的要素から社会通念上合理的に認定し得る占有者の意思として、適切に利用若しくは他者に有償譲渡する意思が認められること、又は放置若しくは処分の意志が認められないこと。

②　放射性物質汚染対処特措法第 13 条第 1 項に規定する対策地域内廃棄物及び放射性物質汚染対処特措法第 19 条に規定する指定廃棄物その他環境省令で定める物

　廃棄物から作り出された「製品」そのものが有償で売却できるとしても、運送費を売却者が負担する場合には、廃棄物となるか否か難しい判断となる。現在の環境省の考え方（平成 25 年 3 月 29 日環廃産発第 130329111 号、資料編の資料 2 参照）は、「産業廃棄物の占有者（排出事業者等）がその産業廃棄物を、再生利用又は電気、熱若しくはガスのエネルギー源として利用するために有償で譲り受ける者へ引渡す場合においては、引渡し側が輸送費を負担し、当該輸送費が売却代金を上回る場合等当該産業廃棄物の引渡しに係る事業全体において引渡し側に経済的損失が生じている場合であっても、少なくとも、再生利用又はエネルギー源として利用するために有償で譲り受ける者が占有者となった時点以降については、廃棄物に該当しないと判断しても差し支えないこと。」としている。そして、廃棄物に該当しないと判断するにあたっては、有償譲渡を偽装した脱法的な行為を防止するため、留意事項を示している。一般の者にはなかなかに難解な文章である。「有償で譲り受ける者が占有者となった時点以降については、廃棄物に該当しないと判断しても差し支えない」が、逆に、その時点前までは廃棄物であると解釈できる。

すでに、平成 17 年 3 月 25 日環廃産発第 050325002 号において、「平成 3 年 10 月 18 日付け衛産第 50 号厚生省生活衛生局水道環境部環境整備課産業廃棄物対策室長通知で示したとおり、産業廃棄物の占有者（排出事業者等）がその産業廃棄物を、再生利用するために有償で譲り受ける者へ引渡す場合の収集運搬においては、引渡し側が輸送費を負担し、当該輸送費が売却代金を上回る場合等当該産業廃棄物の引渡しに係る事業全体において引渡し側に経済的損失が生じている場合には、産業廃棄物の収集運搬に当たり、法が適用されること。一方、再生利用するために有償で譲り受ける者が占有者となった時点以降については、廃棄物に該当しないこと。」であった。上記の環境省の通知（平成 25 年 3 月 29 日環廃産発第 130329111 号）は、平成 17 年 3 月 25 日環廃産発第 050325002 号の改正として示されており、再生利用又は電気、熱若しくはガスのエネルギー源として利用するために有償で譲り受ける者へ引渡す場合について、改めて書き込んだものと考えられる。そして、本通知では、廃棄物に該当しないと判断するにあたって、総合的な判断に加え、再生利用又は電気、熱若しくはガスのエネルギー源としての利用における留意点も記されている。

　このほか、「バイオマス発電の燃料」と「バイオマス資源の焼却灰」に関する詳細な通知がある（平成 25 年 6 月 28 日環廃対発第 1306281 号・環廃産発第 1306281 号及び平成 25 年 6 月 28 日環廃産発第 1306282 号、資料編の**資料 3** 及び**資料 4** を参照）。これらも重要である。

　最近では、「建設汚泥処理物等の有価物該当性に関する取扱いについて（通知）」がある。令和 2 年 7 月 20 日付け環循規発第 2007202 号 環境省環境再生・資源循環局廃棄物規制課長通知では、「建設汚泥処理物等が法第 2 条に規定する廃棄物に該当するかどうかは、その物の性状、排出の状況、通常の取扱い形態、取引価値の有無及び占有者の意思等を総合的に勘案して判断すべきものであるが、各種判断要素の基準を満たし、かつ、社会通念上合理的な方法で計画的に利用されることが確実であることを客観的に確認できる場合にあっては、建設汚泥やコンクリート塊に中間処理を加えて当該建設汚泥処理物等が建設資材等として製造された時点において、有価物として取り扱うことが適当である。」との見解が示された（資料編の**資料 5** を参照）。

　なお、参考までであるが、循環型社会形成推進基本法第 2 条第 2 項では、以下に示すように「廃棄物等」が定義されている。特に「等」は、廃棄物ではないものであるが、果たしてこの部分を明示する意義は何かが気になる。同法第 2 条第

> **循環型社会形成推進基本法第２条第２項　「廃棄物等」**
>
> 循環型社会形成推進基本法第２条第２項では、廃棄物処理法上の廃棄物のみならず、「この法律において「廃棄物等」とは、次に掲げる物をいう。　１　廃棄物、２　一度使用され、若しくは使用されずに収集され、若しくは廃棄された物品（現に使用されているものを除く。）又は製品の製造、加工、修理若しくは販売、エネルギーの供給、土木建築に関する工事、農畜産物の生産その他の人の活動に伴い副次的に得られた物品（前号に掲げる物を除く。）」

　３項では、「この法律において「循環資源」とは、廃棄物等のうち有用なものをいう。」となっているので、「廃棄物等」と記すことにより、廃棄物のほか廃棄物ではないが廃棄物に近いもの（例えば、使用済み品、副産物）を視野に入れ、それらの資源循環を意識しているように思える。

　廃棄物であるかどうかの判断についてあれこれと紹介・解説したが、さらに産業廃棄物かどうかの判断で、一瞬考えさせられるのは、業種の指定がある７品目の産業廃棄物である。同様な性状であっても、指定された業種以外の業種から排出される廃棄物は、産業廃棄物ではなく、事業系の一般廃棄物に該当する。一方、１. 燃え殻、２. 汚泥、３. 廃油、４. 廃酸、５. 廃アルカリ、６. 廃プラスチック類、７. ゴムくず、８. 金属くず、９. ガラスくず、コンクリートくず及び陶磁器くず、１０. 鉱さい、１１. がれき類、１２. ばいじんには業種指定がなく、事業活動から生じる廃棄物はすべて産業廃棄物である。例えば、食料品製造工場から排出される動植物性残さは産業廃棄物であるが、流通販売業から排出される動植物性残さは一般廃棄物である。一方廃プラスチックや廃金属については飲食店から排出されるものも産業廃棄物である。これらは排出事業者の廃棄物担当者にとってわかりづらく混乱の種である。なお、産業廃棄物であれば、少量であっても適用除外がないので、排出事業者は産業廃棄物処理業者との間で委託契約の締結やマニフェストの交付が必要となる。

　さて、地方公共団体等では、ホームページ上で産業廃棄物に関するＱ＆Ａや解説を載せている。産業廃棄物処理の現場の方には色々と役立つと思う。以下に４サイトを紹介する。

１. 東京都

https://www.kankyo.metro.tokyo.lg.jp/resource/industrial_waste/about_industrial/about_01.html

表 1-2　業種が指定されている産業廃棄物

13. 紙くず	建設業に係るもの（工作物の新築、改築または除去により生じたもの）、パルプ製造業、製紙業、紙加工品製造業、新聞業、出版業、製本業、印刷物加工業から生ずる紙くず
14. 木くず	建設業に係るもの（範囲は紙くずと同じ）、木材・木製品製造業（家具の製造業を含む）、パルプ製造業、輸入木材の卸売業及び物品賃貸業から生ずる木材片、おがくず、バーク類等、貨物の流通のために使用したパレット等
15. 繊維くず	建設業に係るもの（範囲は紙くずと同じ）、衣服その他繊維製品製造業以外の繊維工業から生ずる木綿くず、羊毛くず等の天然繊維くず
16. 動植物性残さ	食料品、医薬品、香料製造業から生ずるあめかす、のりかす、醸造かす、発酵かす、魚及び獣のあら等の固形状の不要物
17. 動物系固形不要物	と畜場において処分した獣畜、食鳥処理場において処理した食鳥に係る固形状の不要物
18. 動物のふん尿	畜産農業から排出される牛、馬、豚、めん羊、にわとり等のふん尿
19. 動物の死体	畜産農業から排出される牛、馬、豚、めん羊、にわとり等の死体

出典：公益財団法人日本産業廃棄物処理振興センターホームページ「学ぼう！産廃」「産廃知識」（https://www.jwnet.or.jp/waste/knowledge/bunrui/index.html）

２．大阪府

https://www.pref.osaka.lg.jp/jigyoshoshido/report/faq.html

３．大阪市

https://www.city.osaka.lg.jp/kankyo/page/0000241900.html

４．日本産業廃棄物処理振興センター

https://www.jwnet.or.jp/waste/index.html

　ところで、海外の EU（欧州連合）における廃棄物の定義はどのようなのか。廃棄物枠組指令（2008/98/EC）の第 3 条（1）廃棄物の定義では、「保有者が廃棄するか廃棄しようとする、又は廃棄する必要があるもの」となっている。さらに決定 2000/532/EC により具体的な廃棄物のリストが示されている。なお、廃棄物枠組指令（2008/98/EC）の第 7 条（1）廃棄物のリストにおいて、「廃棄物

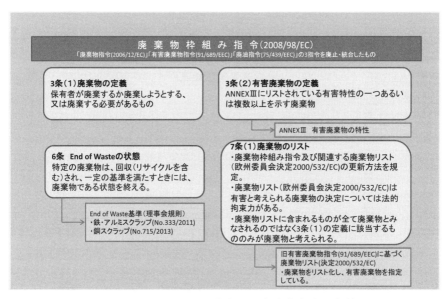

図1-2　ＥＵにおける廃棄物・有害廃棄物の定義

出典：環境省ホームページ「第1回廃棄物等の越境移動等の適正化に関する検討会」
　　　参考資料5　「欧州（EU）の廃棄物輸出入に関する制度体系について」
　　　（https://www.env.go.jp/recycle/yugai/conf/conf27-01/H270929_13.pdf）中の図から抜粋

リストに含まれるものが全て廃棄物とみなされるものではなく第3条（1）の定義に該当するもののみが廃棄物と考えられる。」としている。廃棄物リストで廃棄物可能性があるものを示し、次に廃棄物を特定するという流れが見える。また、手元で有価であるかどうかは問われていない。

　最後に、廃棄物等の越境移動に関する国際的枠組みと廃棄物処理法とを比較して見る。廃棄物等の越境移動等の適正化に関する論点整理（案）（環境省第4回廃棄物等の越境移動等の適正化に関する検討会　資料2）から、若干編集し以下引用させていただく。当該資料の URL は、https://www.env.go.jp/recycle/yugai/conf/conf27-04/H280210_05.pdf である。

　「廃棄物等の越境移動は、「有害廃棄物の国境を越える移動及びその処分の規制に関するバーゼル条約」（以下「バーゼル条約」という。）によって規定。我が国は、バーゼル条約締約国としてバーゼル条約の規制を受けるほか、OECD 加盟国の間でのリサイクル目的の廃棄物等の越境移動等に関しては、バーゼル条約に

のっとった OECD 理事会決定（以下「OECD 決定」という。）の規制を受ける。バーゼル条約及び関連の OECD 決定を担保するため、我が国は、平成 4 年（1992年）に特定有害廃棄物等の輸出入等の規制に関する法律（以下「バーゼル法」という。）を制定するとともに、廃棄物処理法を改正し、廃棄物等の輸出入規制に関する法制度を整備した。」

「廃棄物処理法は、価値（有価性）等に基づいて該当性が総合的に判断される「廃棄物」の国内での取扱い及び輸出入を規制。一方、バーゼル条約は、価値（有価性）のいかんにかかわらず、有害特性を有する物のうち、リサイクル目的の物と焼却、埋立て等の処分目的の物とを規制対象としている。リユース目的の物は規制対象外。バーゼル法は、価値（有価性）のいかんにかかわらず、バーゼル条約の対象となる物を特定有害廃棄物等と定義し、その輸出入・運搬・リサイクル・処分を規制。ただし、輸出入の前段階は規制しない。」

「図 1（原文通り。これは図 1-3 に相当）からも明らかなように、まず有害で有価な物、すなわち鉛蓄電池、廃基板等は、バーゼル法の規制対象となる一方、廃棄物処理法の規制対象とはならない。また、有害で無価な物、すなわち石炭灰、廃蛍光灯等は、バーゼル法及び廃棄物処理法の両法の規制を受ける。ただし、石炭灰については、OECD 決定に基づき、OECD 加盟国間での取引においてはバーゼル法に基づく規制の対象から外されている。次に、無害で無価な物、例えば紙くずは、バーゼル法の規制対象とはならない一方、廃棄物処理法の規制対象となる。最後に、無害で有価な物、例えば鉄スクラップは、バーゼル法の規制対象でなく、廃棄物処理法の規制対象でもない。」

廃棄物処理法が昭和 45 年（1970 年）に制定された後に、バーゼル条約に基づきバーゼル法が平成 4 年（1992 年）に制定されたことから、このように国内と海外の水際での差が出ている。この水際での差を環境保全の観点から埋めるため、平成 29 年の廃棄物処理法の改正で、新たに**有害使用済機器**に対する規制制度が廃棄物処理法に導入された。「有害使用済機器」は、「使用を終了し、収集された機器（廃棄物を除く。）のうち、その一部が原材料として相当程度の価値を有し、かつ、適正でない保管又は処分が行われた場合に人の健康又は生活環境に係る被害を生ずるおそれがあるものとして政令で定めるもの。」（廃棄物処理法第 17 条の 2 第 1 項）と定義されている。有害使用済機器については、1-3-4 で解説する。

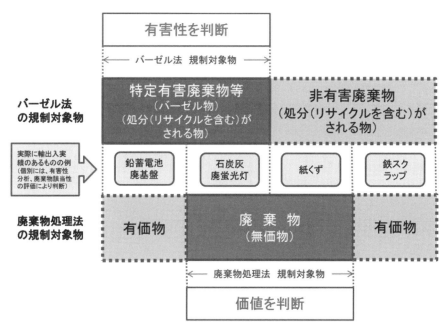

図1-3　バーゼル法と廃棄物処理法の規制対象の関係

出典：環境省ホームページ「第4回廃棄物等の越境移動等の適正化に関する検討会」
　　　資料2「廃棄物等の越境移動等の適正化に関する報告書骨子（案）」
　　　（https://www.env.go.jp/recycle/yugai/conf/conf27-04/H280210_05.pdf）中の図1を簡
　　　略・編集

1-2　廃棄物処理法・平成29年（2017年）まで

　今から50年程前の昭和45年（1970年）に「産業廃棄物」の制度が廃棄物処理法において誕生した。市町村に処理責任がある一般廃棄物に対して、事業活動に伴い発生する産業廃棄物は事業者に処理責任があり、また、事業者は許可を持つ産業廃棄物処理業者に処理を委託できる制度である。家庭から発生するすべての廃棄物は一般廃棄物である。事業活動に伴う廃棄物のほぼすべてが産業廃棄物であるが、一部の事業活動に伴い発生する廃棄物は一般廃棄物となっている。これらは事業系一般廃棄物と呼ばれている（1-1を参照）。

　産業廃棄物の制度がスタートした50年ほど前といえば、国内では、夢の東海

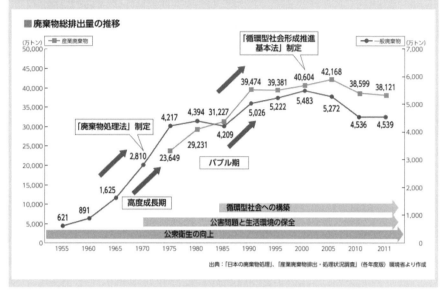

2000年頃まで一般廃棄物・産業廃棄物の排出量は年数の経過に従い増加しました。特に、高度成長期（1960年代～1970年代）とバブル期（1980年代後半～1990年代前半）に急激に増加しています。2000年以降は、分別回収や各種リサイクルの進展など、循環型社会の形成が進むとともに、産業構造の変化や景気変動等の影響もあり、減少傾向にあります。

■ 廃棄物総排出量の推移

図1-4　廃棄物総排出量の推移

出典：環境省ホームページ「日本の廃棄物処理の歴史と現状」
（https://www.env.go.jp/recycle/circul/venous_industry/ja/history.pdf）から抜粋

道新幹線の開業、1964年東京オリンピックの開催、マイカー時代の到来、公害問題の激化の兆し・東京ごみ戦争、家庭では白黒テレビ（真空管）の普及があり、国内の電力消費は現在の3分の1の時代であった。今や、新幹線は南の端は鹿児島駅、北の端は新函館北斗駅に伸び、2021年には第2回目の東京オリンピック、公害問題から地球環境問題に、家庭にはカラーテレビ（液晶デジタル）があり、インターネットが当たり前になり人々はスマートフォンなしには生活が難しい。国内の発電電力量（一般電気事業用）は約1兆kW時となっている（昭和45年（1970年）の値は3,000kW時）。

　昭和45年（1970年）に廃棄物処理法が制定されてから、半世紀経過している。これまで度々、一時は毎年、法改正やそれに伴う政令や省令改正が行われてきた。平成22年（2010年）改正では、産業廃棄物処理業者の規制ではなく育成の観点

から、優良認定の制度が導入されたが、これまでの法改正の流れは、不適正処理と不法投棄に対処するため、産業廃棄物の規制強化であった。主要な法改正は以下のとおりである。

○平成 3 年（1991 年）の法改正・政令改正　1970 年から 21 年後

特別管理廃棄物の創設・特別管理産業廃棄物にマニフェスト（産業廃棄物管理票）制度を導入。処理業許可を更新制・産業廃棄物処理業許可の有効期間は 5 年。安定型産業廃棄物を定義。産業廃棄物処理施設の設置が許可制。

○平成 9 年（1997 年）の法改正・政令改正　1970 年から 27 年後

産業廃棄物にもマニフェスト制度を導入。電子マニフェストも導入。産業廃棄物処理の許可手続き等の強化（焼却施設・最終処分場については、生活環境影響調査、都道府県知事等による告示・縦覧、利害関係者の意見提出、専門家からの意見聴取）、最終処分場の維持管理積立金。規模に関わらずすべての最終処分場の設置に許可が必要。

○平成 12 年（2000 年）の法改正・政令改正　1970 年から 30 年後

中間処理後の産業廃棄物を最終処分まで排出事業者が確認することを制度化。

平成 22 年（2010 年）以前の法改正や政令改正の対象となってきたのは、このほか、欠格要件、欠格要件該当に伴う許可取消羈束化、許可不要特例（再生利用認定等）、一般廃棄物の産業廃棄物処理施設での受入れ特例、不法投棄等の罰則強化である。そして、

○平成 22 年（2010 年）の法改正・政令改正　1970 年から 40 年後

一般廃棄物である災害廃棄物に関する廃棄物処理法の改正が平成 27 年（2015 年）に行われたが、その 5 年前に行われた平成 22 年（2010 年）廃棄物処理法の改正について、環境省ホームページの平成 22 年改正廃棄物処理法についてのスライド資料を元に説明する。なお、災害廃棄物については 5-3 で述べる。

（出典：環境省ホームページ（https://www.env.go.jp/recycle/waste_law/kaisei2010/attach/diagram_revise.pdf））

<u>1．廃棄物を排出する事業者等による適正な処理を確保するための対策の強化</u>

①排出事業者が産業廃棄物を事業所の外で保管する際の事前届出制度を創設。

②建設工事に伴い生ずる廃棄物について、元請業者に処理責任を一元化。

（建設業では元請業者、下請業者、孫請業者等が存在し事業形態が多層化・複雑化しており、個々の廃棄物について誰が処理責任を有するかが、これまで不

明確。)

③マニフェストを交付した者は、当該マニフェストの写しを保存しなければならないこととする。

④処理業者はマニフェストの交付を受けずに産業廃棄物の引き渡しを受けてはならないこととする。

④処理業者は、処理を適正に行うことが困難となる事由が生じたときは、その旨を委託者に通知しなければならないこととする。

⑤事業者の産業廃棄物の処理状況確認の努力義務を規定。

⑥不適正に処理された廃棄物を発見したときの土地所有者等の通報努力義務を規定。

⑦措置命令の対象に、基準に適合しない収集、運搬及び保管を追加。

⑧従業員等が不法棄等を行った場合に、当該従業員等の事業主である法人に課される量刑を1億円以下の罰金から3億円以下の罰金に引き上げ。

２．廃棄物処理施設の維持管理対策の強化

①廃棄物処理施設の設置者に対し、都道府県知事による当該施設の定期検査を義務付け。

②廃棄物処理施設の維持管理情報のインターネット等による公開。

③設置許可が取り消され管理者が不在となった最終処分場の適正な維持管理を確保するため、設置許可が取り消された者又はその承継人にその維持管理を義務付ける。

④③に基づいて維持管理を行う者又は維持管理の代執行を行った都道府県知事又は市町村は、維持管理積立金を取り戻すことができることとする。

⑤維持管理積立金を積み立てていないときは、都道府県知事は施設の設置許可を取り消すことができることとする。

３．産業廃棄物処理業の優良化の推進等

①優良な産業廃棄物処理業者を育成するため、事業の実施に関する能力及び実績が一定の要件を満たす産業廃棄物処理業者について、許可の有効期間の特例（７年）を創設。（特例の創設前は、産業廃棄物処理業の許可の有効期間は一律に５年。）

②廃棄物処理業の許可に係る欠格要件を見直し、廃棄物処理法上特に悪質な場合を除いて、許可の取消しが役員を兼務する他の業者の許可の取消しにつながらないように措置（いわゆる無限連鎖の是正）。

４．排出抑制の徹底

　多量の産業廃棄物を排出する事業者に対する産業廃棄物の減量等計画の作成・提出義務について、担保措置を創設。（この措置の創設前は、作成・提出を義務付ける規定はあるが、これを担保する規定はなかった）

５．適正な循環的利用の確保

①廃棄物を輸入することができる者として、国内において処理することにつき相当な理由があると認められる国外廃棄物の処分を産業廃棄物処分業者等に委託して行う者を追加。この追加措置前は、輸入した廃棄物を自ら処分する者に限定して廃棄物の輸入を認めている。）

②環境大臣の認定制度の監督規定の整備

　・変更手続を政令から法律に引き上げ、変更手続違反を認定取消要件に追加。

　・大臣の報告聴取・立入検査権限を創設。

６．焼却時の熱利用の促進

　熱回収の機能を有する廃棄物処理施設を設置して廃棄物の焼却時に熱回収を行う者が一定の基準に適合するときは、都道府県知事の認定を受けることのできる制度を創設。

　なお、重要な政令改正としては、収集運搬業の許可の合理化がある。この政令改正以前は、産業廃棄物の収集運搬については、積卸しを行うすべての都道府県又は廃棄物処理法政令市の許可を受けなければならなかった。当該政令改正後は、原則として、都道府県内の一の廃棄物処理法政令市を越えて（※）収集運搬の業を行う場合は、都道府県の許可を受けることになり当該都道府県内で収集運搬が可能となった。

　（※）廃棄物処理法政令市の許可が必要となる場合とは

　　　・政令市の区域内で積替え保管を行う場合

　　　・都道府県内において一の政令市のみで業を行う場合

　　　（市域を越える範囲での収集運搬を業として行う県の許可を受けた業者が、一の政令市内での収集運搬を行うことは可能）

　以上詳しくは、環境省ホームページ「平成 22 年改正廃棄物処理法について」（https://www.env.go.jp/recycle/waste_law/kaisei2010/）を参照されたい。

　平成 22 年の廃棄物処理法改正とその他政令改正の中で、主要な４つの改正事項については以下に解説する。

①優良認定の制度の導入

②業許可取消の無限連鎖の是正

③建設工事に伴い生ずる廃棄物について元請業者に処理責任を一元化

④産業廃棄物の収集運搬業は原則都道府県の許可（法改正ではなく政令改正）

　これら４つの改正内容について私見を述べる。

　優良認定の制度に関しては、2-1で解説しているが、排出事業者への制度の周知、優良認定を取得する産業廃棄物処理業者の増加が望まれる。前者に関係して、優良認定を取得している産業廃棄物処理業者においては排出事業者による現地確認の緩和があることが周知材料となろう。平成28年（2016年）4月現在で約1,000者、また7年後の令和5年（2023年）8月現在で約1,500者程度に留まっていることから、優良認定の取得を推奨するとともに、さらに取得の仕方についての講習等が引き続き求められる。

　現在の優良認定は許可単位、例えばある県の中間処理業の許可についての優良認定はその県におけるものなので、将来は、産業廃棄物処理業の会社単位に優良認定がされることになれば、優良認定を取得したいとする産業廃棄物処理業者が増えることが期待される。また、優良認定にあたり資源循環や脱炭素の取組状況をより重視する方向が望まれる。

　業許可取消の無限連鎖に関しては、平成15年（2003年）の廃棄物処理法の改正で、業許可取消が羈束化（取り消さねばならない）になったことにより、発生した事態であった。当時は、青森・岩手県境の不法投棄事件その他の大規模事案があり、「悪貨が良貨を駆逐する」と盛んに言われた時期であったことから、羈束化は必要と判断されたわけである。しかしながら、業許可の取消しが役員を兼務する他の業者の許可の取消しへ際限なくつながる可能性は、羈束化に伴う非意図的な深刻な副作用となった。廃棄物処理業の許可に係る欠格要件を見直し、廃棄物処理法上特に悪質な場合を除いて、許可の取消しが役員を兼務する他の業者の許可の取消しへ際限なくつながらないように平成22年法改正で措置されたことは適切であったと思う。

　なお、産業廃棄物処理業の業務外で欠格要件に該当する場合について、あるいは5％を超える株を保有する者に対する欠格要件の適用について、より合理的で慎重な運用が必要と考える。

　建設工事に伴い生ずる廃棄物について元請業者に処理責任を一元化したことについては、建設工事における排出事業者が曖昧であったことの解消につながった

と考える。一方、建物本体の工事とその中のテナントの工事が混在するような場合、多数のテナント工事の元請け業者が廃棄物処理をすることになり、適正処理の確保を不安視する声を聞く。建設工事といっても大きさも内容も様々であるので、一元化の措置の運用実態を定期的に点検することが大事であると考える。また、いずれの建設工事には発注者がいるので、建設廃棄物の発生抑制や再生利用、さらには資源循環の促進については、元請け業者のみならず発注者の理解・協力を引き続き求めていくことが重要である。

　産業廃棄物の収集運搬業の許可を原則都道府県の許可としたことは、産業廃棄物の事業を拡大することを意図する会社にとっては、良い状況を創り出したと考える。従来から、産業廃棄物の収集運搬業の許可を、他業界での事例を参考として、全国で一本の許可とすること、あるいは複数の都道府県にわたる広域の地域で一本の許可とすることを望む声を聞く。一方、ある県内のみを営業範囲とする地元に密着する収集運搬業者が多いのも事実である（一事業者の保有する車両は平均で 20 台前後であるが、さらに保有台数の少ない地元密着の中小企業が営業している。）。

　産業廃棄物の収集運搬業の許可を原則都道府県の許可としたことで、産業廃棄物の収集運搬業の許可を多数の都道府県・廃棄物処理法政令市で取得してきた事業者にとっては、許可更新に伴う負担が減ったことは間違いない。また、優良認定を取得した場合は、多少とはいえ許可期限が 5 年から 7 年に延びることも好材料といえる。

　いずれにしても、産業廃棄物の収集運搬業の許可を、例えば、全国で環境大臣による一本の許可とすること、あるいは複数の都道府県にわたる広域の地域で一本の（例えば）環境省地方環境事務所長による許可とする制度を検討するにあたっては、申請する会社そのものが、許可を求める都道府県等で（例えば）すでに優良認定を取得しているといった何らかの前提条件が必要となるかもしれない。

1-3　廃棄物処理法・平成 29 年（2017 年）改正

　平成 28 年（2016 年）には平成 22 年（2010 年）の廃棄物処理法の改正・施行から 5 年が経過し、平成 22 年（2010 年）の改正法の附則に基づき、廃棄物処理法の施行状況の点検見直しが行われることになっていた。その点検見直しの作業が始まる前の平成 28 年（2016 年）1 月に食品廃棄物の不正転売事案（ダイコー

事件）が発覚し大きな社会問題となった。また、かねてから電気電子機器等のスクラップ（雑品スクラップ）等が、環境保全措置が十分に講じられないまま、破砕や保管されることにより、火災の発生や有害物質等の漏出等が発生していた。

1-3-1　意見具申

　平成28年（2016年）に入ってから中央環境審議会（環境大臣の諮問機関）循環型社会部会内に、廃棄物処理制度専門委員会が設けられた。同委員会は、関係団体等からのヒアリングも行い、計8回の審議を経て報告書を取りまとめ、その後に循環型社会部会を経て、中央環境審議会会長から環境大臣へ意見具申がなされた（平成29年（2017年）2月14日）（https://www.env.go.jp/council/03recycle/y030-18/900418153.pdf）。これを踏まえ、環境省は廃棄物処理法の一部改正案を国会に提出し、平成29年（2017年）6月16日に同改正案は公布された。施行日は平成30年（2018年）4月1日（ただし、電子マニフェストの一部義務化は令和2年（2020年）4月1日）。

　平成28年（2016年）1月に食品廃棄物の不正転売事案（ダイコー事件）が明るみになっていたので、本事案を踏まえた法的措置及び長年課題となっていた雑品スクラップへの対応措置が意見具申に盛り込まれた。

　なお、ダイコー事件については、2-4のダイコー事件の教訓で詳しく解説する。

1-3-2　改正の概要

1）　許可を取り消された者等に対する措置の強化（第19条の10等）

　ダイコー事件の教訓から、市町村長、都道府県知事等は、廃棄物処理業の許可を取り消された者等が廃棄物の処理を終了していない場合に、これらの者に対して産業廃棄物に係る必要な措置を命ずること等ができることとなった（一般廃棄物も同様）。詳しくは以下のとおりである。

・産業廃棄物に係る措置命令の規定の保管における準用（法第19条の10第2項）

　　法第19条の10第2項各号に掲げる者（＊）が産業廃棄物処理基準（特別管理産業廃棄物にあっては、特別管理産業廃棄物処理基準。以下同じ。）に適合しない産業廃棄物（法第19条の10第2項各号に定める事項に係るものに限る。）の保管を行っていると認められるときは、都道府県知事（法第15条

の4の4第1項の認定を受けた者については、環境大臣）は、必要な限度において、法第19条の10第2項各号に掲げる者に対し、産業廃棄物処理基準に従って当該産業廃棄物の保管をすることその他必要な措置を講ずべきことを命ずることができる。

「その他必要な措置」とは、産業廃棄物処理基準に従った保管をするために必要な措置をいい、自ら処分をすることまでは求めるものではない。

・法第19条の10第2項の違反に対しては、罰則の適用がある（法第26条第2号）。

（＊）「法第19条の10第2項各号に掲げる者」は、業許可が取り消しになった者その他が該当する。詳しくは廃棄物処理法の条文をご覧いただきたい。なお、一般廃棄物に係る措置命令の規定の保管における準用（法第19条の10第1項）も同様な内容で規定された。

２）　マニフェスト制度の強化（第12条の5）

特定の産業廃棄物を多量に排出する事業者に、紙マニフェスト（産業廃棄物管理票）の交付に代えて、電子マニフェストの使用を義務付ける。詳細は、1-3-3で解説する。

３）　有害使用済機器の適正な保管等の義務付け（第17条の2）

人の健康や生活環境に係る被害を防止するため、雑品スクラップ等の有害な特性を有する使用済みの機器（有害使用済機器）については以下のとおりとする。

・これらの物品の保管又は処分を業として行う者に対する、都道府県知事への届出、処理基準の遵守等の義務付け

・処理基準違反があった場合等における命令等の措置の追加等の措置を講ずる。

詳細は、1-3-4で解説する。

４）　一体的な経営を行う親子会社による処理の特例（第12条の7）

親子会社が一体的な経営を行うものである等の要件に適合する旨の都道府県知事の認定を受けた場合には、当該親子会社は、廃棄物処理業の許可を受けないで、相互に親子会社間で産業廃棄物の処理を行うことができる。詳しくは以下に述べる。

二以上の事業者がそれらの産業廃棄物の収集、運搬又は処分（再生を含む。）を一体として実施しようとする場合には、当該二以上の事業者は、共同して、二つの基準（①二以上の事業者の一体的な経営の基準、②収集、運搬又は処分を行う事業者の基準）のいずれにも適合していることについて、当該処理に係る区域

を管轄する都道府県知事の認定を受けることができる。都道府県知事は、当該二以上の事業者が当該基準のいずれにも適合していると認めるときは、認定を行う。なお、保管のみを行う場合など、収集、運搬又は処分のいずれも行わない場合は、認定の対象とならない。

　さて、平成29年（2017年）の廃棄物処理法改正の全面施行後5年（令和7年4月1日）を経過すると、廃棄物処理法の附則に従い、廃棄物処理法の点検見直しが始まることになる。電子マニフェストの使用義務者の拡大のような規制の強化あるいは他の規制の合理化を中心とした点検見直しとなるのか、さらに（優良認定の先例があるように）産業廃棄物業界の振興や、脱炭素を取り込んだ資源循環の実現に資する施策も新たに打ち出されるかは、今段階ではわからない。後者については、廃棄物処理法の改正というより新たな法制度により志向する方向もあろう。いろいろと思いをめぐらすことは多い。

　これからも、一般廃棄物と産業廃棄物の区分を見直してはどうか、そろそろ見直しを検討してはどうか、といったことを耳にするであろう。また、引き続きその種の見直しは困難とする声も同時に聞かれる。一般廃棄物と産業廃棄物の区分見直しの可能性について正直なところ私はわからない。しかし現実には、一般廃棄物である災害廃棄物の処理を、全てではないもののその多くを産業廃棄物処理業者が担っている。また、人口減少や財政悪化を理由として市町村から一般廃棄物の処理を委託される産業廃棄物処理業者が増える可能性がある。事実上、元々は産業廃棄物処理業者であった事業者が一般廃棄物も処理することが増えていくと考える。

1-3-3　電子マニフェストの一部義務化
　令和2年（2020年）4月より、年間50トン以上の特別管理産業廃棄物（PCB廃棄物を除く）を排出する事業場で特別管理産業廃棄物（PCB廃棄物を除く）の処理を委託する場合、電子マニフェストの使用が義務化されている。
①電子マニフェスト使用義務の対象
　令和2年（2020年）4月1日から前々年度の特別管理産業廃棄物（PCB廃棄物を除く）の発生量が年間50トン以上の事業場を設置している排出事業者は、当該事業場から生じる特別管理産業廃棄物（PCB廃棄物を除く）の処理を委託する場合、電子マニフェストの使用が義務化された。

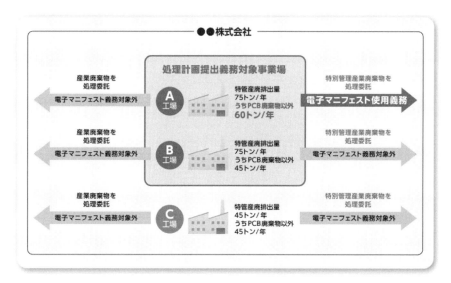

図1-5　電子マニフェスト使用義務の対象（例）

出典：環境省ホームページ「特別管理産業廃棄物を多量に排出する事業者のみなさまへ」
（https://www.env.go.jp/content/900473399.pdf）

　ここで「PCB廃棄物」とは、廃ポリ塩化ビフェニル等、ポリ塩化ビフェニル
汚染物及びポリ塩化ビフェニル処理物（廃棄物処理法施行令第2条の4第5号イ
からハまでに掲げる産業廃棄物である。なお、廃棄物処理法施行令第2条の4第
5号ル(8)に掲げるポリ塩化ビフェニルを含む汚泥、廃酸又は廃アルカリ及びこ
れらの廃棄物を処分するために処理したものは「特別管理産業廃棄物（PCB廃
棄物を除く)」の発生量に含む。

　（関係法令：廃棄物処理法 第12条の5第1項、施行規則 第8条の31の2、
第8条の31の3）

②電子マニフェストの登録が困難な場合

　電子マニフェストの登録が困難な場合（廃棄物処理法施行規則第8条の31の
4で定める場合に限る）は、電子マニフェストの登録に代えて紙マニフェストの
交付が認められる。具体的には以下のとおりである。なお、やむを得ない事由に
より紙マニフェストを交付した場合、マニフェストの「備考・通信欄」にその理
由を記入する。

　・義務対象者等のサーバーダウンやインターネット回線の接続不具合等の電気

通信回線の故障の場合、電力会社による長期間の停電の場合、異常な自然現象によって義務対象者等がインターネット回線を使えない場合など、義務対象者等が電子マニフェストを使用することが困難と認められる場合
・離島内等で他に電子マニフェストを使用する収集運搬業者や処分業者が存在しない場合、スポット的に排出される廃棄物でそれを処理できる電子マニフェスト使用業者が近距離に存在しない場合など、電子マニフェスト使用業者に委託することが困難と認められる場合
・常勤職員が、平成31年3月31日において全員65歳以上で、義務対象者の回線が情報処理センターと接続されていない場合
（関係法令：廃棄物処理法 第12条の5第1項、施行規則 第8条の31の4）

③電子マニフェストの登録・報告期限

　情報処理センターへの登録及び報告の期限については、3日（日曜日、土曜日、国民の祝日に関する法律に規定する休日、1月2日、同月3日及び12月29日から同月31日までの日を除く。）以内とすること（廃棄物処理法施行規則第8条の31の6等）。ただし、適正処理の確保の観点から、原則としては即時に登録及び報告することが望ましい。なお、廃棄物の引渡日は、これまでと変わらず3日以内に含まれない。

　（関係法令：廃棄物処理法 第12条の5、施行規則 第8条の31の6、第8条の34、第8条の34の3）

1-3-4　有害使用済機器

　いわゆる「雑品スクラップ（＊）」に対する生活環境の保全及び火災防止等のために、平成29年（2017年）の廃棄物処理法の改正により「有害使用済機器」が新たに定められ、有害使用済機器を保管又は処分する事業者に対する規制（届出、保管及び処分の基準遵守、帳簿記録）が平成30年（2018年）4月より開始された。「有害使用済機器」は、「使用を終了し、収集された機器（廃棄物を除く。）のうち、その一部が原材料として相当程度の価値を有し、かつ、適正でない保管又は処分が行われた場合に人の健康又は生活環境に係る被害を生ずるおそれがあるものとして政令で定めるもの」（廃棄物処理法第17条の2第1項）と定義されている。「使用を終了し、収集された機器（廃棄物を除く。）」を廃棄物処理法の対象に取り込んだことは、廃棄物処理法が廃棄物のみを従来対象としていたことから画期的といえる。なお、平成29年（2017年）6月成立・公布の改正

バーゼル法において、具体的な特定有害廃棄物等の範囲（規制対象物）を法的に明確化するよう改正が行われた。

（＊）鉄、非鉄金属・プラスチック等を含む雑多な「未解体」「未選別」のスクラップ。解体業者・工場や一般家庭・事業所等から使用済みとなって排出される。「金属スクラップ」「ミックスメタル」と呼ばれることもある。家電リサイクル法対象の品目・小型家電リサイクル法対象の品目を含むものが多い。総体として有価取引され、廃棄物処理法・バーゼル法ともに規制対象外とされてきた。（中央環境審議会第 6 回廃棄物処理制度専門委員会（平成 28 年 10 月 28 日）資料 2　廃棄物処理法とバーゼル法の「すきま」にまつわる雑品スクラップの取扱いの現状について 国立研究開発法人国立環境研究所 寺園淳、https://www.env.go.jp/council/content/i_03/000049253.pdf を元に記述）

さらに、上記の寺園淳氏の資料 2 により、有害使用済機器の規制が開始される

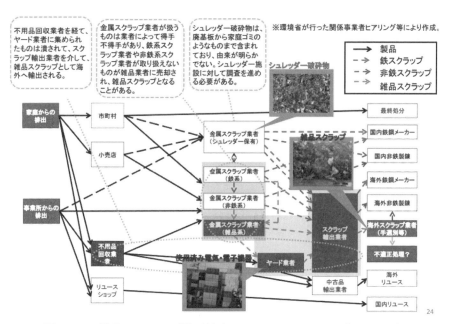

図 1-6　雑品スクラップ等が輸出に至るまでのフロー（イメージ）

出典：環境省ホームページ「廃棄物等の越境移動等の適正化に関する検討会（平成 27 年度）第 1 回検討会（平成 27 年 9 月 29 日）」 資料 3-1「廃棄物等の不適正輸出対策強化に関する課題について」（https://www.env.go.jp/recycle/yugai/conf/conf27-01/H270929_05.pdf）

前の状況を見てみると、以下のとおりである。

1. 不用品回収業者を経て、ヤード業者に集められたものが潰されて、スクラップ輸出業者を介して、雑品スクラップとして海外に輸出され、海外で不適正処理がされる。

2. 鉄系スクラップ業者や非鉄系スクラップ業者が取り扱えないものが雑品業者に売却され、1．と同様に輸出され海外で問題が生じる。

3. 雑品スクラップを積載した船舶等の火災が平成12年（2000年）以降の15年間で増加してきた（少ない年では1隻、多い年では11隻）。また陸上の港でも金属スクラップからの火災が発生している。

「有害使用済機器」は、廃棄物処理法施行令第16条の2で対象品目が示され、特定家庭用機器再商品化法（家電リサイクル法）に指定されている4品目及び使用済小型電子機器等の再資源化の促進に関する法律（小型家電リサイクル法）に指定されている28品目が対象品目になっている。なお、業務用機器については、

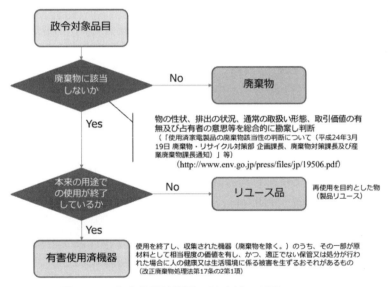

図1-7　有害使用済機器の該当性の判断のフロー

出典：環境省ホームページ「有害使用済機器の保管等に関するガイドライン
Ver1.1　平成30年3月　環境省」
(https://www.env.go.jp/content/900537267.pdf)

家庭用機器と判別不能なものに限り有害使用済機器として指定される一方、明らかな業務用機器の場合は、有害使用済機器には該当しないこととなっている。

　新規に有害使用済機器の保管又は処分を業として行う場合は、事業を開始する10日前までに都道府県又は廃棄物処理法政令市（以下、「都道府県等」）に届出が受理される必要がある。なお、廃棄物処理法の許可を有する者などは届出が不要である（「有害使用済機器の保管等に関するガイドライン Ver1.1」を参照))。

　有害使用済機器の内部には、有害物質や油などが含まれており、不適正な保管や処分を行った場合、有害物質等の周辺環境への飛散・流出や、発生した汚水等による周辺土壌又は公共用水域等の汚染などが懸念されるほか、不適正な保管及び処分による火災の発生のおそれがあるため、有害使用済機器保管等事業者は基準を遵守し適正に保管又は処分を行う必要がある。基準の項目は次のとおりである。

1. 有害使用済機器の保管に当たっての囲いの設置
2. 有害使用済機器の保管又は処分（以下、「保管等」）に当たっての掲示板の設置
3. 有害使用済機器の保管高さ
4. 有害使用済機器の保管等おける土壌・地下水汚染防止
5. 有害使用済機器の保管等おける飛散・流出に関する必要な措置
6. 有害使用済機器の保管等に当たっての生活環境の保全
7. 有害使用済機器の保管等に当たっての火災・延焼防止
8. 有害使用済機器の保管等に当たっての公衆衛生の保全等
9. 家電リサイクル法の対象品目の処分
10. 有害使用済機器の処分に当たっての焼却、埋立等の禁止

　有害使用済機器の保管等の業を行う者は、適正な管理を促す観点から、有害使用済機器の取扱いについて、品目ごとに、受入先、受入量、搬出先等を帳簿に記録することが義務付けられている。また、帳簿は1年ごとに閉鎖し、5年間保存することとされ、記録は書面によるもののほか、電磁的記録も可能である。

　令和4年4月1日現在で、保管のみ事業者数は411件、保管及び処分（再生を含む）事業者数は62件である（出典：産業廃棄物行政組織等調査報告書　令和3年度実績　令和5年3月　環境省環境再生・資源循環局廃棄物規制課）。

　有害使用済機器の適正な取扱いを確保するため、都道府県等は、必要な報告徴収、立入検査、改善命令、措置命令等を行うことができることが定められている。

したがって、有害使用済機器又はその疑いのある物の保管又は処分を業とする者は、都道府県等から、有害使用済機器に係る報告徴収や立入検査を受ける場合がある。

令和3年度に行われた立入検査の件数は、保管のみ事業者について768件、保管及び処分（再生を含む）事業者について0件であった。なお、改善命令が保管及び処分（再生を含む）事業者について2件、しかし措置命令に至った件数はない（出典：産業廃棄物行政組織等調査報告書　令和3年度実績　令和5年3月環境省環境再生・資源循環局廃棄物規制課）。

1-3-5　意見具申に先立つ全産連要望とその対応

平成29年（2017年）における廃棄物処理法の主な改正内容については、1-3-4で解説した。廃棄物処理制度専門委員会による審議が開始される前、平成28年（2016年）3月31日、全国産業廃棄物連合会（現　全国産業資源循環連合会）から環境省に、廃棄物処理法等の見直しに関する意見書が提出された。その概要を紹介したい。

産業廃棄物処理業者は、廃棄物処理法・同施行令・同施行規則・通知の実際の運用に関して広範な意見を持っている。全国産業廃棄物連合会は、会員である都道府県産業廃棄物協会を通じて産業廃棄物処理業者の意見を集約し廃棄物処理法等の見直しに関する意見書をまとめた。平成26年（2014年）8月から、全国産業廃棄物連合会として論点整理に着手し、平成27年（2015年）4月から意見書の検討を開始した。産業廃棄物処理業者の声を汲み上げるとともに、都道府県協会の意見を集約したものである。

意見書は、1．産業廃棄物処理業の許可等に関する要望事項、2．産業廃棄物処理施設の許可等に関する要望事項、3．廃棄物区分及び品目分類等に関する要望事項、4．再生利用の促進に関する要望事項、5．排出事業者責任の強化に関する要望事項、6．産業廃棄物処理業者の資質向上への支援に関する要望事項、7．地方ルールに関する要望事項、8．その他の関連法令に対する要望事項からなる。1．から6．が廃棄物処理法に関係することである。

（全国産業資源循環連合会ホームページ　https://www.zensanpairen.or.jp/wp/wp-content/themes/sanpai/assets/pdf/activities/demand_20160331.pdf）。

以下に、具体的な要望事項を列記し、その後に対応がされた事項について解説する。なお、【13】処理施設の設置許可申請手続きの合理化（環境負荷低減可能

施設等の規制緩和）については、産業廃棄物業界が処理の受け手から資源等の創り手に変貌し、さらに脱炭素の取組みも取り込んでいこうとしている現在、それらの促進のためにとりわけ重要であると考える。しかしながら、具体的な進展が見られていないのは残念である。

＜全産連要望事項一覧＞

（　　）内は関連する記載がある意見具申書の頁数。意見具申書については 1-3-1。

1．産業廃棄物処理業の許可等に関する要望事項

【1】 許可申請書類様式等の全国統一化（20 頁）

【2】 許可申請等の電子化・ワンストップ化（20 頁）

【3】 更新許可手続の迅速化・有効期間の空白化の是正

【4】 役員変更等に伴う変更届の期間延長

【5】 優良認定業者に対する優遇措置の拡充（17 頁）

【6】 優良認定申請の電子化

【7】 優良認定の逐次取消し（16 頁-17 頁）

【8】 欠格役員の取扱いの見直し（業務との関連のない欠格要件適用の緩和）（21 頁）

【9】「黒幕」の該当性判断の明確化（大口株主等を欠格の対象とする欠格要件の見直し）（21 頁）

【10】「選別」の業の行為としての明確化（18 頁）

【11】 保管に関する規制の見直し（再生品の材料となる廃棄物の保管規制の緩和）

【12】 マニフェスト制度の見直し（電子マニフェストの登録期限の短縮と祝休日の配慮）（7 頁）

2．産業廃棄物処理施設の許可等に関する要望事項

【13】 処理施設の設置許可申請手続きの合理化（環境負荷低減可能施設等の規制緩和）（20 頁）

【14】 移動式がれき類等破砕施設の許可（排出事業者には不要としている措置の廃止）（12 頁）

3．廃棄物区分及び品目分類等に関する要望事項

【15】 産廃該当性に係る判断の統一化（21 頁）

【16】 特別管理産業廃棄物の限定措置の撤廃（排出元等の違いによる適用除外

を廃止）

【17】地方公共団体の判断による産廃指定制度の創設等（市町村処理が困難な
一般廃棄物）

【18】「残置物」の取り扱いの明確化（12頁）

4．再生利用の促進に関する要望事項

【19】再生資材等の広域利用の推進（個別指定に係る制度を複数県で）（18頁）

5．排出事業者責任の強化に関する要望事項

【20】ＷＤＳガイドラインの委託基準化（10頁）

【21】契約品目以外の廃棄物混入の法的責任の明確化

【22】適正処理に要する費用負担の徹底（不当に低い処理委託費の強制等を禁
止）（8頁）

【23】マニフェスト交付義務等の徹底・強化（交付義務を委託基準化）

6．産業廃棄物処理業者の資質向上への支援に関する要望事項

【24】業界が行う研修・講習等への支援措置（17頁）

7．地方ルールに関する要望事項

【25】意見交換等の場の設定（国、地方公共団体、処理業界）（21頁）

【26】条例等の関係情報プラットフォームの整備

【27】「積み置き」の判断　←　問題事例は解消

8．その他の関連法令に対する事項

・環境負荷低減が可能な施設や、処理能力が同等以下の施設等への入れ替えに
ついては、建築基準法第51条ただし書き許可を不要とするなどの規制緩和

・環境配慮契約法の強化：国及び独立行政法人等の義務の徹底、地方公共団体
等に対する「努力義務」を「義務」に。

<対応がなされた事項>

【1】許可申請書類様式等の全国統一化

許可申請添付書面の様式を整備（省令様式第6号の2）、改正省令平成29年
（2017年）10月1日施行（改正省令は、環境省ホームページ　https://www.env.
go.jp/press/104040.html）

【4】役員変更等に伴う変更届の期間延長

当該変更届出の期限を「10日以内」から「30日以内」に延長、改正省令平成
29年（2017年）5月15日施行（改正省令は、環境省ホームページ　https://

www.env.go.jp/press/104040.html）

【5】優良認定業者に対する優遇措置の拡充

平成 31 年（2019 年）1 月 30 日「平成 30 年度優良産廃処理業者認定制度の見直し等に関する検討会報告書」（本書の 2-1 を参照）

優良認定処分業者の廃プラ保管上限緩和：処理能力の 14 日分 → 28 日分、改正省令令和元年（2019 年）9 月 4 日施行（改正省令の説明は、環境省ホームページ https://www.env.go.jp/council/03recycle/y030-30b/900418301.pdf）

【6】優良認定申請の電子化

平成 31 年（2019 年）1 月 30 日「平成 30 年度優良産廃処理業者認定制度の見直し等に関する検討会報告書」（本書の 2-1 を参照）

【7】優良認定の逐次取消し

平成 31 年（2019 年）1 月 30 日「平成 30 年度優良産廃処理業者認定制度の見直し等に関する検討会報告書」（本書の 2-1 を参照）

【11】保管に関する規制の見直し（再生品の材料となる廃棄物の保管規制の緩和）

優良認定処分業者の廃プラ保管上限緩和：処理能力の 14 日分 → 28 日分、改正省令令和元年（2019 年）9 月 4 日施行（改正省令の説明は、環境省ホームページ https://www.env.go.jp/council/03recycle/y030-30b/900418301.pdf）

【12】マニフェスト制度の見直し（電子マニフェストの登録期限の短縮と祝休日の配慮）

情報処理センターへの登録及び報告の期限については、3 日（日曜日、土曜日、国民の祝日に関する法律に規定する休日、1 月 2 日、同月 3 日及び 12 月 29 日から同月 31 日までの日を除く。）以内とすること（施行規則第 8 条の 31 の 6 等）。ただし、適正処理の確保の観点から、原則としては即時に登録及び報告することが望ましいこと。改正省令平成 31 年（2019 年）4 月 1 日施行（本書の 1-3-1 の一部義務化を参照）。

【13】処理施設の設置許可申請手続きの合理化（環境負荷低減可能施設等の規制緩和）

関連性のある環境省通知　環循適発第 2104051 号・環循規発第 2104051 号令和 3 年（2021 年）4 月 5 日 「廃棄物処理施設等の更新及び交換に係る手続について（通知）」（資料編の資料 6）が出されたが、特段の動きはない。

【18】「残置物」の取り扱いの明確化

環境省通知　環循適発第 1806224 号・環循規発第 1806224 号　平成 30 年

（2018年）6月22日「建築物の解体時等における残置物の取扱いについて（通知）」（資料編の**資料7**）が出された。

【19】再生資材等の広域利用の推進（個別指定に係る制度を複数県で）

　関連性のある環境省通知　環循規発第2007202号　令和2年（2020年）7月20日「建設汚泥処理物等の有価物該当性に関する取扱いについて（通知）」が出された（資料編の**資料5**、本書の**5-1-5**　を参照）。

【22】適正処理に要する費用負担の徹底（不当に低い処理委託費の強制等を禁止）及び【23】マニフェスト交付義務等の徹底・強化（交付義務を委託基準化）

　関連性のある環境省通知　環廃対発第1703212号・環廃産発第1703211号平成29年（2017年）3月21日「廃棄物処理に関する排出事業者責任の徹底について（通知）」が出された（資料編の**資料11**、本書の**2-4**を参照）。

【25】意見交換等の場の設定（国、地方公共団体、処理業界）

　環境省の主催により、次の地域で試行開催された。

・九州（福岡）平成30年（2018年）11月2日
・関東（横浜）平成30年（2018年）11月22日
・中部（名古屋）平成31年（2019年）2月5日
・近畿（京都）令和元年（2019年）10月16日

【26】条例等の関係情報プラットフォームの整備

　環境省ホームページに「都道府県・政令市における廃棄物・リサイクルに関する条例等」のサイト（https://www.env.go.jp/recycle/waste/local_regulation.html）。

‖　第 2 章　廃棄物処理とコンプライアンス

2-1　優良認定制度

　商品を購入する者にとって、品質や性能が良いものほど価格が高くなることは、商品を手にする誰でも理解できる。一方、廃棄物は商品ではないので、廃棄物についての法規制がないと、排出事業者の手を離れた廃棄物の処理業務については関心が低く、場合によっては関心を示さない。排出事業者としては目の前にある産業廃棄物を早く安く片付けて欲しいと思いがちである。産業廃棄物処理業は、廃棄物処理法という法的なインフラがあって成立している業である。産業廃棄物処理業は法を遵守し適正処理を行うことを必須としたビジネスである。産業廃棄物から資源等を創り出す上でも法に則った適正処理は大前提である。

　さて、廃棄物処理法上、産業廃棄物の委託処理に関することは、排出事業者が決めることになっている。産業廃棄物処理業者は委託契約に従い処理業務を行うことになる。しかし、すべての事業者が法規制とその手続きに明るいわけではなく、また、リサイクルに配慮した処理方式を熟知しているわけではない。

　産業廃棄物処理業者が、顧客である排出事業者に対して、適正処理や資源化等のリサイクルに関する方法を様々に提案し、お互いにやりとりした上で処理内容を合意し、それに伴う手続きを排出事業者に伝えることが望ましい。これにより産業廃棄物処理業者の法的コンプライアンスのみならず、顧客の法的コンプライアンスも確保されることに繋がる。このような産業廃棄物処理業者によるコンプライアンス重視の営業活動が、排出事業者の産業廃棄物処理業者に対する信頼を高める。動静脈連携による資源循環を促進し、またその資源循環が脱炭素を目指す上では、このような信頼確保が欠かせない。

2-1-1　制度の開始

　平成 22 年（2010 年）の廃棄物処理法改正により導入された、優良認定制度は、排出事業者が信頼できる産業廃棄物処理業者を選びやすくする環境を整備することを目指している。5 つの認定基準（＊）に従い、優良と認定された産業廃棄物処理事業者には、通常の 5 年の許可期限が 7 年の許可期限になるメリットがある。
（＊）1．実績と遵法性、2．事業の透明性、3．環境配慮の取組、4．電子マニフェストの利用、5．財務体質の健全性

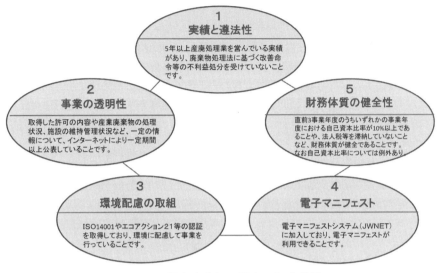

優良認定業者として認定されるための基準は？

優良認定業者として認定されるためには、以下の基準すべてに適合していることが必要です。

1 実績と遵法性
5年以上産廃処理業を営んでいる実績があり、廃棄物処理法に基づく改善命令等の不利益処分を受けていないことです。

2 事業の透明性
取得した許可の内容や産業廃棄物の処理状況、施設の維持管理状況など、一定の情報について、インターネットにより一定期間以上公表していることです。

3 環境配慮の取組
ISO14001やエコアクション21等の認証を取得しており、環境に配慮して事業を行っていることです。

4 電子マニフェスト
電子マニフェストシステム（JWNET）に加入しており、電子マニフェストが利用できることです。

5 財務体質の健全性
直前3事業年度のうちいずれかの事業年度における自己資本比率が10％以上であることや、法人税等を滞納していないことなど、財務体質が健全であることです。なお自己資本比率については例外あり

図 2-1　優良産廃処理業者の認定基準

出典：環境省ホームページ「優良産廃処理業者認定制度処理業者向けパンフレット　環境省／公益財団法人産業廃棄物処理事業振興財団編集」（https://www.env.go.jp/recycle/waste/gsc/attach/pamph02-1.pdf）を元に加工・編集

　現在の優良認定制度（法レベル）は、平成 17 年（2005 年）4 月 1 日に施行された「優良性評価制度（省令レベル）」を基に、平成 23 年（2011 年）4 月 1 日から施行された。施行 5 年後の平成 28 年（2016 年）4 月現在で約 1,000 者、また、制度の一部見直し後の令和 5 年（2023 年）8 月現在で約 1,500 者程度に留まっていることから、優良認定の取得を推奨するとともに、さらに取得の仕方についての講習等が引き続き求められる。いずれ現在の優良認定が求めるレベルが産業廃棄物処理業者として実質のスタートラインとなり、さらにより高いレベルの基準が求められる日が来るのではと予想している。

　平成 23 年（2011 年）4 月 1 日から期待感を持たれながらスタートした優良認定制度であるが、産業廃棄物処理業者の一部から厳しい意見を聞く。「現状の認定基準は緩く、認定取得にさほどの努力が必要ではない。認定された事業者が市

場で優位になっているとは感じられない」、「環境配慮契約法に基づく入札資格で有利と言われるが、処理料金の安さだけで落札業者が決められる。優良認定取得のメリットがない」、「財務体質の健全性の基準（＊）を守るためには、処理の高度化の設備投資を躊躇することになる」

> （＊）当初の基準は、直前3事業年度のうちいずれかの事業年度における自己資本比率が10％以上であることや、法人税等を滞納していないことなど、財務体質が健全であることとされた。その後、後述するように基準の一部改正が行われ、いずれかの事業年度における自己資本比率が10％以上であることという要件を満たさない場合であっても、前事業年度における営業利益金額に減価償却の額を加えて得た額が零を超えていれば足ることとした。また、直前3年の各事業年度における純資産の額を純資産の額及び負債の額の合計額で除して得た値（以下「自己資本比率」という。）が零以上であることという要件が新たに追加された。

　一方、排出事業者からも別な厳しい意見を聞く。「率直に言えば、認定を取得していなくても、優良な業者は事実としてたくさんいます。一方、認定を取得してはいても、我々から見て、『なぜ？』と思うような業者も中にはいます」（特集／産廃事業者の優良化、INDUST, VOL.30, No.6, 2015）。意識の高い排出事業者としては、契約相手の産業廃棄物処理業者が信頼できるかどうかが最も重要と考えられる。このため、産業廃棄物処理業者としては自社の処理に係る情報の更新と公開を頻繁に行うことが求められる。中間処理後の再生品・処理物の流れを公開することも含まれよう。排出事業者としては、優良認定事業者はある一定レベル以上の会社としての認識はあるが、信頼感を得るプラスが欲しいと感じている。

　さて、これから述べることは過去に筆者が思ったことである。一部の地方公共団体では域外産業廃棄物の搬入に係る事前協議制（独自ルール）があるが、優良認定業者にはその適用をしないとすれば、優良認定業者の数も増え、排出事業者の選択肢が増え、産業廃棄物処理業者にとって経営上優位となろう。また、収集運搬業の許可を多くの都道府県から受けている優良認定事業者は、全国一本というわけにはいかなくとも環境省の地方環境事務所での地域内許可となれば、事業者側での事務手続きの軽減になるとともに事業範囲が広くなる。

　平成23年（2011年）4月1日に優良認定制度が開始されてから数年はこのような状況であったことから、1-3-5で述べたように、平成28年（2016年）3月31日に全国産業廃棄物連合会（現　全国産業資源循環連合会）が環境省へ提

出した「廃棄物の処理及び清掃に関する法律等の見直しについて」意見書におい
て【要望事項5】として、優良認定業者に対する優遇措置の拡充を提案している
（以下は、例示である）。また、これに加えて、明文化されていない、特定不利益
処分を受けて基準に不適合となった優良認定業者については優良認定の逐次取消
しを行うことも提案した（【要望事項7】）。原文は次の URL から見ることがで
きる。

（https://www.zensanpairen.or.jp/wp/wp-content/themes/sanpai/assets/pdf/
activities/demand_20160331.pdf）

要望事項5　優遇措置の拡充の方向としては、次の例が考えられる。
・再資源化など一定の要件下における保管基準の緩和
・優良認定業者間での備車を可能とするなど、建設工事等での機動的な処理の要請
　に対応するための再委託禁止の緩和
・許可の有効期間のさらなる延長（例えば10年）
・従来施設の能力と同等の施設への更新や、従来施設に比べて環境負荷の低減が可
　能な施設への更新など、一定の要件下における処理施設の設置許可の申請手続き
　（生活環境影響調査等）の軽減
・上記の処理施設の設置に係る許可申請手続きの緩和に関連し、上記の一定の要件
　下における当該施設の設置については建築基準法第51条ただし書き許可の適用を
　不要とするなどの措置
・国及び独立行政法人等に加え、地方公共団体等に対する環境配慮契約法に基づく
　産業廃棄物処理委託契約の義務付けの強化　　　　　等

2-1-2　制度の見直し

　1-3で述べたとおり、平成28年（2016年）前半から平成29年（2017年）初
めにかけて、中央環境審議会の専門委員会において廃棄物処理法の施行状況の点
検見直しが議論され、その結果として平成29年（2017年）2月に「廃棄物処理
制度の見直しの方向性（意見具申）」が中央環境審議会長から環境大臣に対して
行われた。その中で、優良な循環産業のさらなる育成のテーマの下、以下のとお
り優良認定制度についての見直しの方向性が示された。

意見具申における優良認定制度の見直しの方向性（抜粋）

　優良産廃処理業者認定制度の目的である産業廃棄物の適正処理の積極的な推進のため、優良認定を受けた処理業者が当該要件に適合しない事態に至った場合は、都道府県等による事実確認を通じ、その事実を把握するとともに、その事実を排出事業者、都道府県等間等で共有するなどの措置を講ずることにより、認定業者の信頼性の向上を図る等の検討を行うべきである。加えて、優良認定を受けた処理業者が排出事業者により選択されるようにする観点から、認定要件に再生利用に関する情報（持出先に係る情報を含む。）を含む、処理状況に関する情報のインターネットを通じた公表又は情報提供の追加を検討するともに財務要件の見直しを行うべきである。特に、情報提供等の内容については、個社の取引情報について留意すべきとの指摘がある一方で、透明性を確保することこそが排出事業者から選ばれるためにも重要であるとの指摘もあり、その内容について、さらに具体的な検討を進めていく必要がある。

　また、認定基準の見直し・強化と併せて、優良認定を受けた処理業者に対する優遇措置について検討すべきである。加えて、業種等に応じた排出事業者の情報ニーズにきめ細かく対応し、排出事業者による優良産廃棄物処理業者の優先的な選択を一層推進するため、国、産業廃棄物処理業界、事業者団体等の関係者が連携した自主的な取組として、認定要件を上回る積極的な情報公開を促進するための方策を検討すべきである。

　見直しの方向性における主な論点は、①優良認定制度の運用改善、②認定要件の見直し、③優良認定制度の活用促進である。意見具申における見直しの方向性及び関連の事柄（都道府県等の事務負担の軽減等）を検討するため環境省は、有識者（大学、行政、研究機関等に属する者）により構成される「優良産廃処理業者認定制度の見直し等に関する検討会」を設置し、本検討会は平成 31 年（2019年）1 月に、①、②、③及び④その他について検討結果を取りまとめた。（環境省ホームページ　平成 30 年度優良産廃処理業者認定制度の見直し等に関する検討会報告書　令和元年 5 月 29 日　循環型社会部会（第 29 回）参考資料 3 － 2、https://www.env.go.jp/council/03recycle/900417920.pdf）

　以下、環境省が作成した参考資料 3 － 2 を元に一部補足して説明する（表 2－1）。

表2-1　優良産廃処理業者認定制度の見直し等に関する検討会　見直し方針

1．「①優良認定制度の運用改善」のうち情報共有の円滑化

○優良認定を受けた処理業者が特定不利益処分を受けた場合に、都道府県等による事実確認等の上で、その事実を排出事業者を含めて共有する。この情報共有に当たっては、行政情報システム等の既存のシステムを必要な改善の上で有効活用する。

○優良認定の申請について、引き続き許可の更新と同時に行われるものとした上で、任意の時点で申請（※1）を可能としつつ、特定不利益処分（※2）を受けた場合には、その旨が適切に表示されるようにする。

　※1 任意の時点で優良認定を申請する場合の認定要件のうち、「従前の許可に係る許可の有効期間（初回認定は5年間、認定更新は7年間）において特定不利益処分を受けていないこと」については、最低5年間は特定不利益処分を受けていないこととする。

　※2 認定要件の基準と同様に、特定不利益処分を受けた許可以外の許可等に係る特定不利益処分も含むものとする。

2．「①優良認定制度の運用改善」のうち都道府県等の事務負担の軽減

○提出書類及び審査事務の合理化を行い、都道府県等及び処理業者の事務負担の軽減を図るべき。第三者機関において一部の書類審査を行うことを可能とし、都道府県等及び処理業者に対して、更なる事務負担の軽減を図る。

・第三者機関は、産業廃棄物の適正処理に係る活動の推進をその事業目的とする機関とすべき。

・第三者機関における審査は、事業の透明性に係る審査事務について行う（※）こととし、処理業者は、義務ではなく、任意で利用の有無を選択できるようにすべき。

・第三者機関は、処理業者から支持されるよう、審査を含めて利便性の高いサービスを提供するよう努めるとともに、費用の負担については、処理業者にとって過度な負担とならないよう配慮し、適正な料金を設定すべき。

　※ 第三者機関の審査は、都道府県等の審査前に行い、その審査結果を証する書面をもって都道府県等の審査において事業の透明性に係る審査書類に代えることを可能とする。

3．「②認定要件の見直し」のうち個社の取引情報の公開

○情報公表項目として、個別の取引において持出先の情報が提供可能かどうかを明示させることとし、任意の情報提供を促す。持出先の名称をホームページで公開することで自社の健全性をアピールしている処理業者も存在することから、こうした処理業

者について、排出事業者が区別して認識できるようにする。併せて、持出先が優良認定を受けた処理業者であるならば、その情報を公表するよう促す。

4．「②認定要件の見直し」のうち財務要件の見直し

○直前 3 年のすべての事業年度において、自己資本比率が 10％を下回る場合には、「（営業利益）＋（減価償却費）が直近 1 年の事業年度において零を超えること」とする。更に、自己資本比率に係る基準の前提として「直前 3 年のすべての事業年度において自己資本比率が零以上であること」を追加する。

5．「③優良認定制度の活用促進」のうち処理業者等に対する優遇措置

○各種処理基準等の緩和については、産業廃棄物の適正処理の観点から、優良認定を受けた処理業者の信頼性を損なうことにならないよう精査しつつ、今後、産業廃棄物処理制度全体の見直しに際してより具体的な検討を進める。更に、これらを含めた産業廃棄物処理制度の見直しについては、優良認定を受けた処理業者に対して優先的に導入することを検討する。
○環境配慮契約法に基づく産業廃棄物処理に係る契約の実施については、国及び独立行政法人等における実施をより一層図るよう努めるとともに、都道府県等に対しても、引き続きその実施を促す。
○公共工事施工後の工事成績評定において、優良認定を受けた処理業者に処理を委託した施工業者を評価する仕組については、関係機関と連携しながら具体的な検討を積極的に進める。
○都道府県等が事実上実施している事前協議を不要にする措置及びその他の優遇措置のうち、他の都道府県等における導入が望ましいものについては、環境省が積極的にその導入を促していく。

6．「④その他」のうち制度の更なる活用促進等

○情報公表項目の追加等：リサイクル率、ガバナンス、処理技術等について、対象の考え方を精査の上、任意の情報公開を促していくべき。
○情報更新頻度の合理化：掲載情報が最新であることが担保される前提で、必要な合理化を図るべき。
○公表情報の更新漏れを防ぐ仕組み：更新期限前にその旨を連絡するよう、更新漏れを防ぐ仕組みを検討すべき。
○処理業者に対する表彰制度：他の表彰制度との役割分担等を精査の上、必要に応じて実施を検討すべき。

○認定単位等の制度のあり方：認定単位等の制度のあり方について、今後、廃棄物処理制度全体の見直しに際し、より具体的な検討を進めるべき。
○優良認定要件の一部の許可要件への反映：将来的な方向性として、処分業について、現行の優良認定の要件の一部を許可要件に反映することを検討すべき。
○優良認定制度の法的な位置付けの強化：将来的な方向性として、処分業について、現行の優良認定の要件の一部を許可要件に反映することを検討すべき。

　この報告書を踏まえ、廃棄物処理法施行規則の一部を改正する省令（令和2年環境省令第5号）が令和2年（2020年）2月25日に公布され、同年10月1日から（一部は公布の日から）施行された。これによって手当てされた事項は、以下のとおりである。

1．現に受けている許可の更新期限の到来を待たずして、改めて優良産廃処理業者として許可の更新を受けるための申請を行うことを認める。なお、現に優良産廃処理業者として許可を受けている者が更新期限の到来を待たずして優良産廃処理業者として許可の更新を受けることも、原則として差し支えない。なお、いまだ最初の許可を受けてから5年に満たない者が更新期限の到来を待たずに優良産廃処理業者として許可を受けることはできない。

2．事業の透明性に係る優良認定基準として、持出先の開示に係る情報を公表事項の対象とすることとした。具体的には、産業廃棄物の処分業者が、その処分後の産業廃棄物の持出先（氏名又は名称及び住所）の予定を、当該処分業者に廃棄物の処分を委託しようとする者に対して開示することの可否を公表する。

3．財務体質の健全性に係る基準として、申請者が法人である場合には直前3年の各事業年度における貸借対照表上の純資産の額を当該貸借対照表上の純資産の額及び負債の額の合計額で除して得た値（以下、「自己資本比率」という）が零以上であることという要件が新たに追加された。

4．また、財務体質の健全性に係る基準として、従前から直前3年の各事業年度のうちいずれかの事業年度における自己資本比率が10％以上であることという要件を課してが、この要件を満たさない場合であっても、前事業年度における損益計算書上の営業利益金額に当該損益計算書上の減価償却の額を加えて得た額が零を超えていれば足ることとした。

5．優良産廃処理業者として許可を受けるための申請にあたって、申請者が事業の透明性に係る基準に関する書類を提出するときは、自らの名義で書類を作成するのみならず、環境大臣が指定する者の作成した書類を提出することができることとされた（財団法人産業廃棄物処理事業振興財団は、令和2年（2020年）10月より、「事業の透明性」に係る基準に基づく適合証明サービスを開始している（https://www.sanpainet.or.jp/service104.php?id=4）。同財団の「さんぱいくん」上に登録している「事業の透明性」に係る基準に基づく公表情報が同基準に適合している場合、その旨を証明する「基準適合書」を同財団理事長が事業者に対して発行する）。

　以上の詳しくは、環境省のホームページで公開されている次の2点の通知で説明されているので参照されたい（資料編の**資料8**、**資料9**）。

1．優良産廃処理業者認定制度の運用について（通知）　環循規発第2002251号　令和2年2月25日　環境省環境再生・資源循環局廃棄物規制課長から各都道府県・各政令市産業廃棄物行政主管部（局）長宛て（資料編の**資料8**）
2．優良産廃処理業者認定制度の運用について（通知）　環循規発第2004016号　令和2年4月1日　環境省環境再生・資源循環局廃棄物規制課長から各都道府県・各政令市産業廃棄物行政主管部（局）長宛て（資料編の**資料9**）

　なお、上記の2．の通知では優良産廃処理業者に対する優遇措置の例として、1．地方公共団体が行う産業廃棄物の処理に係る契約（優良産廃処理業者との優先的な契約など）、2．公共工事（仕様書や工事成績評定での優遇）、3．その他（排出事業者への紹介、域外からの搬入規制等の行政手続の簡素化・免除、財政的な優遇措置）が述べられている。

　さて、優良産廃処理業者認定制度の見直し等に関する検討会では制度のあり方について様々意見が出された（平成30年度優良産廃処理業者認定制度の見直し等に関する検討会報告書　2.4.1 制度の更なる活用促進等）。主な意見を資料編の**資料10**で紹介する。これらのうち、著者の理解では、認定単位の変更、許可要件への反映、法的位置付け強化が大きな論点である。これらの論点をいつ廃棄物処理法の改正を視野に入れて議論されることになるか見通せない（次回の廃棄物処理法の施行状況の点検評価の開始は、早くて2025年であるが）。優良産廃処理業者認定制度を、産業廃棄物処理業界全体の振興を牽引するため積極的に活用することに異論がないが、今や資源循環・脱炭素の促進が叫ばれており、現在の優良認定制度をその面からも見直していくことが望ましい。その際には産業廃棄物

処理業の会社の基盤となる人材育成の取組みも評価対象となって欲しい。

2-2　マニフェスト

　産業廃棄物管理票は、産業廃棄物の関係者の間でマニフェストと呼ばれている。その起源は、排出事業者、収集運搬業者、中間処分業者、最終処分業者との間で産業廃棄物の受け渡しがされる際、受け渡しに係る個々の伝票が産業廃棄物の処理工程に沿って一本の伝票にしたことに始まる。そして、紙の伝票が紙マニフェスト、電子の伝票が電子マニフェストである。

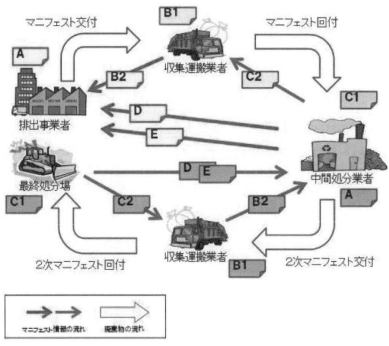

図2-2　紙マニフェストの流れ

出典：埼玉県ホームページ「産業廃棄物管理票（マニフェスト）制度について」
（https://www.pref.saitama.lg.jp/a0506/manifest.html）

46

表 2-2　紙マニフェストと電子マニフェスト

項目	紙マニフェスト	電子マニフェスト
マニフェストの交付・登録	1. 排出事業者が、受託者（収集運搬業者又は処分業者）にマニフェスト情報を記載した紙マニフェスト（A〜E票）を交付（産業廃棄物を引き渡す際） 2. 処理業者は、マニフェストの交付を受けずに産業廃棄物の引渡しを受けてはならない。	排出事業者が、公益財団法人日本産業廃棄物処理振興センター情報処理センター（以下、「情報処理センター」）に、マニフェスト情報をパソコン等を使って登録（産業廃棄物を受託者に引渡してから3日以内）
運搬終了時に回付・運搬終了報告	1. 収集運搬者が運搬終了日付を記載して処分業者に回付 2. 収集運搬業者が、排出事業者に運搬終了日等を記載した紙マニフェスト（B2票）を送付（運搬終了後10日以内）	1. 収集運搬業者が、情報処理センターに運搬終了日等を、パソコン等を使って報告（運搬終了後3日以内） 2. 情報処理センターが排出事業者に運搬の終了を通知
処分終了報告	1. 処分業者が、排出事業者に処分終了日等を記載した紙マニフェスト（D票）を送付（処分終了後10日以内） 2. 処分業者が、収集運搬業者に処分終了日等を記載した紙マニフェスト（C2票）を送付（処分終了後10日以内）	1. 処分業者が、情報処理センターに処分終了日等をパソコン等を使って報告（処分終了後3日以内） 2. 情報処理センターが、排出事業者と収集運搬業者に処分の終了を通知
最終処分終了報告	1. 最終処分業者が、中間処理業者に最終処分終了日等を記載した紙マニフェスト（二次E票）を送付（最終処分終了後10日以内） 2. 中間処理業者が、排出事業者に最終処分終了日等を記載した紙マニフェスト（一次E票）を送付（最終処分業者から二次E票受取後10日以内）	1. 最終処分業者が、情報処理センターに最終処分終了日等をパソコン等を使って報告（最終処分終了後3日以内） 2. 情報処理センターが、中間処理業者と排出事業者に処分の最終終了を通知

マニフェス トの保存	排出事業者は紙マニフェスト A・B2・D・E票を、収集運搬業者は 紙マニフェストC2票を、処分業 者は紙マニフェストC1票を、以 下に示す日から各5年間保存 A票：マニフェストを交付した日 　　　から B2票：運搬受託者から送付を受け 　　　た日から D票：処分受託者より送付を受け 　　　た日から E票：処分受託者より送付を受け 　　　た日から C2票：処分受託者より送付を受け 　　　た日から C1票：処分終了票送付した日から	情報処理センターがマニフェスト 情報を保存
帳簿記載	収集運搬業者・中間処理業者・最 終処分業者はそれぞれ所定の事項 を帳簿に記載	システムを活用して帳簿を作成

出典：公益社団法人全国産業資源循環連合会「産業廃棄物処理実務者研修会基礎コーステ
　　　キスト」を元に一部加筆して作成。A～E票の呼び名は、同連合会が独自につけた
　　　呼称。

　マニフェストの交付又は登録は排出事業者（中間処理業者を含む）が行う。紙
マニフェストの交付者は事業所の所在地の都道府県・廃棄物処理法政令市に毎年
報告する義務がある（前年度の実績について、新年度の4月～6月までに）。一
方電子マニフェストの登録の場合は、情報処理センター（公益財団法人日本産業
廃棄物処理振興センター）が、都道府県・廃棄物処理法政令市に報告する。
　排出事業者は、受託者（収集運搬業者又は処分業者）にマニフェスト情報を記
載した紙マニフェスト（A～E票）を、産業廃棄物を引き渡す際に交付しなく
てはならない。また収集運搬業者等は、マニフェストの交付を受けずに産業廃棄
物の引渡しを受けてはならない。紙マニフェストは、排出事業者が産業廃棄物の
種類ごと、運搬車ごと、運搬先ごとに交付するのが原則である。このため通常は、
運搬受託者が複数の運搬車を用いて運搬する場合には、運搬車ごとに交付するこ

とが必要となるが、複数の運搬車に対して同時に引き渡され、かつ、運搬先が同一である場合には、これらを 1 回の引渡しとして紙マニフェストを交付して差し支えない。一方、産業廃棄物が一台の運搬車に引き渡された場合であっても、運搬先が複数である場合には運搬先ごとに紙マニフェストを交付しなければならない。なお、シュレッダーダストのように複数の産業廃棄物が発生段階から一体不可分の状態で混合している場合には、これを 1 つの種類として紙マニフェストを交付しても差し支えない。

　電子マニフェストに関する登録手続きにおいても上記を準拠することとなっている。

（参考　平成 23 年 3 月 17 日環廃産発第 110317001 号産業廃棄物管理票制度の運用について（通知）https://www.env.go.jp/content/900479496.pdf）

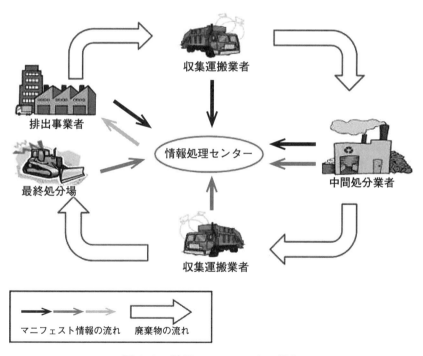

図 2-3　電子マニフェストの流れ
出典：埼玉県ホームページ「産業廃棄物管理票（マニフェスト）制度について」
（https://www.pref.saitama.lg.jp/a0506/manifest.html）

電子マニフェストでは、パソコン等で廃棄物処理状況を容易に照会し把握することが可能である。また、廃棄物処理法で定める必須項目をシステムで管理するので、登録情報の入力漏れ（記載漏れ）を防ぐことができる。また、すでに述べたとおり、マニフェストの交付等実績について都道府県等に報告する必要があるが、このうち電子マニフェストによる利用分は情報処理センターが報告するので排出事業者の報告が不要である。

　公益財団法人日本産業廃棄物処理振興センターのホームページにある令和4年度電子マニフェスト統計情報（https://www.jwnet.or.jp/uploads/media/2023/05/R04jwnet_toukei.pdf）によると、令和4年度（2022年度）末の加入数は、排出事業者27万2,038、収集運搬事業者2万6,227、処分業者9,895で合計30万8,160となっている。また、令和4年度（2022年度）の年間登録件数は3,853万4,164件で、マニフェスト全体に占める電子化率は、77.1％となっている（年間総マニフェスト（電子と紙）の合計値を5,000万として）。なお、環境省では電子マニフェストの普及のためのロードマップを、平成30年（2018年）10月に定め、その中で「2022年度において電子マニフェスト普及率（利用割合）を70％とする」との目標を定めていた（環境省ホームページ「電子マニフェスト普及拡大に向けたロードマップ」（https://www.env.go.jp/content/900536143.pdf）。

　紙マニフェストも電子マニフェストも排出事業者が交付又は登録することになっているが、予め産業廃棄物処理業者が紙マニフェストに書き込んだり、電子データをASP事業者がフォームに入力を行い、その後排出事業者の確認を得て交付等されている実態がある。処理内容等を処理業者から聞かないと書き込みができない事情もあろうが、排出事業者責任の下、まず排出事業者が書き込み内容を決め、処理業者等の確認を得て交付（産業廃棄物を受託者に引渡しする時）又は登録（産業廃棄物を受託者に引き渡してから3日以内）するのが本来である。上記の電子マニフェスト普及拡大に向けたロードマップにおいて、「排出事業者は処理業者への産業廃棄物の引渡しから3日以内に電子マニフェスト登録をしなければならないが、現行システムでは、排出事業者が登録をしないと処理業者による運搬終了報告及び処分終了報告もできない。この問題に対処するため、上記（ア）の処理業者の支援で仮登録されたマニフェストについて、処理業者から排出事業者に対する承認操作（本登録）の督促や、本登録前に運搬終了報告及び処分終了報告ができるようにシステムの改修を行う。」としている。

　紙マニフェストと比較し電子マニフェストは偽造されにくいと言われてきたが、

平成 28 年（2016 年）1 月に明るみになった、株式会社ダイコーによる廃棄食品の転売事案では、中間処理業者としての株式会社ダイコーが堆肥化処理をしたとして電子マニフェストを偽造した。平成 29 年（2017 年）中央環境審議会意見具申書の 7 ページでは、「加えて、不適正処理への迅速な対応ができるよう、マニフェスト虚偽記載の防止に資するシステムの強化を検討するとともに、分かりやすい講習会の開催等の普及啓発や経済的負担の軽減等についても検討すべきである。」と述べている。これを受けて公益財団法人日本産業廃棄物処理振興センターでは次のような電子マニフェストの機能強化（平成 29 年（2017 年）6 月 21 日から運用開始）を行った。

　　1．委託契約情報と電子マニフェスト登録情報の相違を検知する機能
　　2．収集運搬業者による運搬終了報告情報の虚偽記載を検知・防止する機能
　　　参考：日本産業廃棄物処理振興センターホームページ（https://www.jwnet.or.jp/jwnet/improvement/new_system/dtct_index.html）。

　平成 29 年（2017 年）の廃棄物処理法の改正により、令和 2 年（2020 年）4 月より、年間 50 トン以上の特別管理産業廃棄物（PCB 廃棄物を除く）を排出する事業場で特別管理産業廃棄物（PCB 廃棄物を除く）の処理を委託する場合、電子マニフェストの使用が義務化されている。電子マニフェストの登録・報告期限の明確化を含め、電子マニフェストの使用義務化については、1-3-3　で解説したとおりである。

　全国産業廃棄物連合会（現　全国産業資源循環連合会）では、平成 28 年（2016 年）3 月 31 日に環境省へ提出した廃棄物処理法等の見直しについての意見書中の【要望事項 12】で、見直しの論点とした 2 点については、「情報処理センターへの登録及び報告の期限については、3 日（日曜日、土曜日、国民の祝日に関する法律に規定する休日、1 月 2 日、同月 3 日及び 12 月 29 日から同月 31 日までの日を除く。）以内とすること（施行規則第 8 条の 31 の 6 等）。ただし、適正処理の確保の観点から、原則としては即時に登録及び報告することが望ましい。なお、廃棄物の引渡日は、これまでと変わらず 3 日以内に含まれない。」との対応がなされた。

2-3　WDS（廃棄物データシート）

　排出事業者と産業廃棄物処理業者との委託契約の記載事項として、WDS（Waste Data Sheet）が欠かせない。排出事業者は、その産業廃棄物（特別管理産業廃棄物を含む）の処理を処理業者に委託する場合には、法に定める委託基準に従って委託しなければならない（法第 12 条第 6 項、第 12 条の 2 第 6 項）。そして委託基準においては、委託者の有する委託した産業廃棄物の適正な処理のために必要な事項に関する情報（施行規則第 8 条の 4 の 2 第 6 号）を委託契約の中で処理業者に提供することとされている。

　WDS を含め処理委託のための契約締結の流れは図 2-4 のとおりである。排出事業者と処理業者の間のコミュニケーションが重要で、特に処理委託をする処理対象物の性状、成分等に変動があった場合、随時当該情報が処理業者に伝えられることが肝要である。

　環境省の「廃棄物情報の提供に関するガイドライン － WDS ガイドライン －（第 2 版）」では、「本ガイドラインは、特別管理産業廃棄物を含む産業廃棄物全般を対象とする。このうち、外観から含有物質や有害特性が判りにくい汚泥、廃油、廃酸、廃アルカリの 4 品目は主な適用対象と想定される。」としている。しかし、汚泥、廃油、廃酸、廃アルカリの 4 品目以外にも主な適用対象を可能な限り広げ委託基準化すべきである。ちなみに、最終処分場では、中間処理後の産業廃棄物処理物にどのような有害な物質がどの程度含まれるかを予め承知しておくことが、埋立処理と安定化そして最終処分場の廃止にとって重要である。

　1-3-1 で紹介した平成 29 年（2017 年）中央環境審議会意見具申では、見直

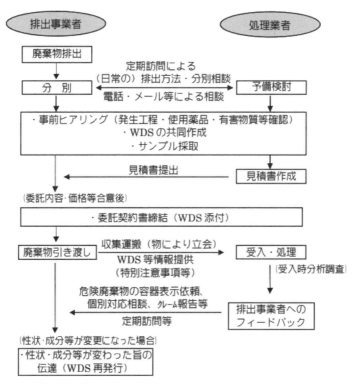

図 2-4　環境省の「廃棄物情報の提供に関するガイドライン −
WDS ガイドライン − (第 2 版)」中の排出事業者と処
理業者の間の双コミュニケーション

出典：環境省ホームページ（https://www.env.go.jp/recycle/misc/WDS/
main.pdf）

（注）　WDS については、平成 11 年（1999 年）5 月に全国産業廃棄物連合
会（現　全国産業資源循環連合会）が「産業廃棄物処理受託の手引」にお
いて、我が国で初めて策定し提案

しの方向性として「特に、危険・有害物質に関する関連法令で規制されている物
質を含む廃棄物については、廃棄物の処理過程における事故の未然防止及び環境
上適正な処理の確保の観点から、WDS において具体化されている項目を踏まえ
つつ、より具体的な情報提供を義務付けるべきである。この際、関連法令の既存
制度において危険・有害物質の取扱いに関し一定の義務が課せられていることを

念頭に、これらと連携する形で、廃棄物処理法において情報提供を義務付ける排出事業者、対象となる危険・有害物質（必要に応じてその対象濃度等の詳細）、伝達すべき内容等を明確化して、実効性のある方策とすべきであり、そのための専門的な検討を進めていくべきである。なお、廃棄物の適正な再生利用を担保するために必要な情報を含め、情報の伝達が適切になされるよう、これまでのWDS の運用実績も踏まえ、義務付け以外の上乗せの情報提供の方策も含めた検討を行うべきである。」と記されている。しかし、具体的な検討結果や提案が示されていないのは、残念である。

　なお、5-4 で述べる、廃水銀等、水銀使用製品産業廃棄物、水銀含有ばいじん等については、環境省により水銀廃棄物ガイドライン（第3版）が示され、WDS の使用が推奨されている（参考：環境省ホームページ（https://www.env. go.jp/content/900537048.pdf））。

表2-3　処理業者アンケート結果におけるヒヤリハット／事故事例

【汚泥】
・　事前の情報及びサンプル評価では引火性が確認されなかった為、一般的な汚泥処理を想定していたが、入荷物は「常温引火」であり別処理をした。（処理工程変更） ・　ドラム缶の汚泥が上部と下部はサンプル通りだったが、真ん中は別のものだったことがある。固形物は発見しにくいので、処理する前に別容器に空けるようにしている。 ・　汚泥が入っているドラム缶の蓋を開けたら活性汚泥で、腐敗臭気が周辺に漏れ出た。
【廃油】
・　サンプルとは異なり、油分の少ないものがあった（油水分離処理に向かない） ・　3種類の廃油を混合する前処理作業中に、発ガス（アンモニアと思われる）反応が発生し、従業員6名が吸引し中毒を起こした。混合によるガス発生の危険性について記載された MSDS が営業担当者から処理担当者へ渡されていなかった。 ・　分析機器がなかった 20 年以上前に A 重油の中にアルミが入っていたことがあった。CD の削り出し工程で切削油の代わりに A 重油が使われてアルミが混入し、反応により水素が発生しドラム缶が飛んだ。
【廃酸】
・　いつも受け入れている廃棄物と思い、通常通りの処理薬剤を投入したところ急激な反応をおこしガスが発生した。

・　サンプルとは異なり、沈殿の多いものであった（噴霧焼却に向かない）

・　分析廃液の中に鉄シアノ錯体が混入していることを排出事業者が気づかず、そのまま処理を委託した。処理前の分析で発見した。

【廃アルカリ】
・　サンプル、WDS にない樹脂成分が含有していたため配管での詰まりが発生。
・　アルミ屑が意図せずに廃アルカリに混入すると水素を発生し危険。蛍光 X 線での検査、希釈した苛性ソーダとの混合での反応性から酸化アルミか金属アルミかを判定している。反応したら単体処理する。切削油に微粉のアルミが混ざることはしばしばある。
・　大学等の実験廃液では WDS 等はあるが成分以外のものが混入していて処理作業時にガス発生のおそれがあった。（ヒ素、水銀など）

環境省の「廃棄物情報の提供に関するガイドライン - WDS ガイドライン -（第 2 版）」から抜粋
出典：環境省ホームページ（https://www.env.go.jp/recycle/misc/WDS/main.pdf）

2-4　ダイコー事件の教訓

●事件の概要

平成 28 年（2016 年）1 月に、食品製造業者等から処分委託された食品廃棄物が、愛知県の産業廃棄物処理業者により、食品として転売された事案が発覚した。この事案については、食に対する消費者の不安を招く大きな社会問題となったことから、事案発覚時より食品安全行政に関する関係府省庁連絡会議を通して政府全体で取り組まれた。環境省では、平成 28 年（2016 年）3 月 14 日に再発防止策を公表し、対応を順次進めた。

本事案では、並行して警察による捜査・立件が行われ、平成 29 年（2017 年）1 月までに、廃棄物処理法（マニフェスト虚偽報告）違反、食品衛生法（無許可営業）違反及び刑法（詐欺罪）違反により、関係者 3 名が有罪判決を受け、刑が確定した。

廃棄物処理業者の事業場に保管されている食品廃棄物については、排出事業者責任に基づく回収が行われたほか、愛知県等において地元市、廃棄物関係団体及び廃棄物処理業者の協力による撤去が行われ、平成 29 年（2017 年）2 月までにパレット、廃プラスチック類、密閉容器に入った食品廃棄物等、周辺環境に影響を及ぼさないものを除き撤去が完了した。

（出典：環境省ホームページ「食品廃棄物の不正転売事案について（総括）」https://www.env.go.jp/content/900509513.pdf）

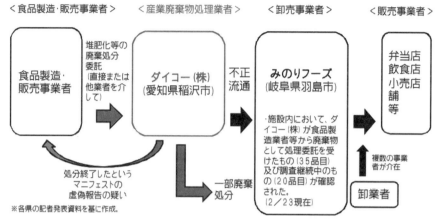

図 2-5 　事案の概要

出典：環境省ホームページ「食品廃棄物の不適正な転売事案の再発防止のための対応について
　　　（廃棄物・リサイクル関係）平成 28 年 3 月 14 日」
　　　（https://www.env.go.jp/content/900525428.pdf）

　平成 29 年（2017 年）6 月 20 日に環境省は再発防止の方向を以下のとおり示
した。

1．県・環境省による監視の強化		
○　処理業者は、食品リサイクル法の国の登録（当時は書面審査）業者。事前の県の立入検査等では不適正処理を見抜けなかった。	⇒	○　H 28.6 月に策定した「食品廃棄物の不正転売防止に関する産業廃棄物処理業者等への立入検査マニュアル」を活用した監視強化 ○　食品リサイクル法の登録事業者に対する指導監督強化（定期的な立入検査が必要） ○　職員の能力向上のため国や都道府県等による研修を充実
2．排出事業者責任の徹底		
○　排出事業者は発酵が難しいことが明らかなものも処理を委託。		○　排出事業者は、措置命令の対象になり、社名等が公表され、社会的

○　排出事業者による現地確認、料金は適切であったか疑問。 ○　冷凍ビーフカツがポリ袋に梱包されている状態等、一見、商品と見えるような状態で処理委託されていたものもあった。	⇒	信用が失墜するリスクについて十分に認識すべき ○　排出事業者が果たすべき責務をチェックリストとして周知徹底・指導を強化（適正な処理料金による委託や現地確認による処理状況の確認など） ○　食用と誤認されないような適切な措置等（包装の除去等）を、食品リサイクル法の食品関連事業者が取り組むべき措置として、省令改正
3．排出事業者や行政によるマニフェストを通じた廃棄物処理の確認		
○　処理業者は電子マニフェストに加入していたため、記録された情報が迅速に検索できたが、電子マニフェストには処分終了した旨の虚偽報告。	⇒	○　マニフェスト虚偽記載等に関する罰則強化を今般の廃棄物処理法改正案に位置づけ ○　電子マニフェストの一層の普及、不適正な登録・報告内容の疑いの検知に資するようシステムを改修 ○　マニフェストの記載事項等について検討
4．事案の発覚後の対応		
○　廃棄物関係団体等の自主的な協力等により撤去。 ○　夏場を迎え悪臭等の発生が懸念されたが、愛知県では事実認定等に時間を要すること等の理由から措置命令、行政代執行を行えず。	⇒	○　今回の撤去は前例とすべきではなく、廃棄物処理法に基づく厳格な行政対応が必要 ○　このため、著しく不衛生な状況等の事案について、緊急代執行ができるよう、行政処分の指針の見直しを検討

出典：環境省ホームページ「食品廃棄物の不正転売事案について（総括）のポイント」
（https://www.env.go.jp/content/900509557.pdf）
なお、平成29年の廃棄物処理法改正に、許可を取り消された処理業者等への対応も盛り込まれた。

●ダイコー事件をきっかけとした平成 29 年廃棄物処理法の主な改正

　ダイコー事件をきっかけに、【課題 1】許可取消し後の廃棄物処理業者等が廃棄物をなお保管している場合における対応強化等、【課題 2】電子マニフェストの虚偽記載、が重要な課題として認識され、以下のような平成 29 年廃棄物処理法の改正に至った。

【課題 1】許可取消し後の廃棄物処理業者等が廃棄物をなお保管している場合における対応強化
○事業の廃止等に伴う通知等の義務付け（法第 14 条の 2 第 4 項等）
1.　産業廃棄物処理業等の全部又は一部を廃止した者であって当該事業に係る産業廃棄物等の処理を終了していない者及び産業廃棄物処理業等の許可を取り消された者であって当該許可に係る産業廃棄物等の処理を終了していない者は、遅滞なく、その旨を当該処理の委託者に対し通知しなければならない（法第 14 条の 2 第 4 項、法第 14 条の 5 第 4 項及び法第 14 条の 3 の 2 第 3 項（法第 14 条の 6 において準用する場合を含む。））。
2.　通知は、当該処理を終了していない産業廃棄物に係る委託契約を締結している排出事業者等の全てに対し、当該事業の全部若しくは一部を廃止した日又は許可を取り消された日から 10 日以内に、当該事由が生じた年月日及び当該事由の内容を明らかにした書面又は電子ファイルを送付することにより行う（施行規則第 10 条の 10 の 4 及び第 10 条の 10 の 6 並びに環境省の所管する法令に係る民間事業者等が行う書面の保存等における情報通信の技術の利用に関する法律施行規則第 7 条等）。
　　通知をしたときは、当該通知の日から 5 年間、当該通知の写しを保存する（施行規則第 10 条の 10 の 5 及び第 10 条の 10 の 7 等）。
3.　1.又は 2.の違反に対しては、罰則の適用がある（法第 29 条第 4 号及び第 5 号）。
○事業の廃止等に伴う産業廃棄物に係る措置命令の規定の準用（法第 19 条の 10 第 2 項）
　　1-3-2 で、「1）許可を取り消された者等に対する措置の強化（第 19 条の 10 等）」として解説しているので参照されたい。
【課題 2】電子マニフェストの虚偽記載
　平成 29 年廃棄物処理法の改正により産業廃棄物管理票に係る罰則の引き上げ

がされた（法第 27 条の 2）。すなわち、産業廃棄物管理票及び電子マニフェストの使用に係る罰則を 1 年以下の懲役又は 100 万円以下の罰金に引き上げられた。

2-2 に記載したが、公益財団法人日本産業廃棄物処理振興センターでは次のような電子マニフェストの機能強化（平成 29 年（2017 年）6 月 21 日から運用開始）が行われた。

1．委託契約情報と電子マニフェスト登録情報の相違を検知する機能
2．収集運搬業者による運搬終了報告情報の虚偽記載を検知・防止する機能
　参考：日本産業廃棄物処理振興センターホームページ
　（https://www.jwnet.or.jp/jwnet/improvement/new_system/dtct_index.html）。

●ダイコー事件をきっかけとした重要な通知（排出事業者責任関係）

また、ダイコー事件をきっかけとして、2 本の重要な通知（排出事業者責任関係）が出されている。

1．廃棄物処理に関する排出事業者責任の徹底について（通知）　環廃対発第 1703212 号・環廃産発第 1703211 号　平成 29 年 3 月 21 日　環境省大臣官房廃棄物・リサイクル対策部廃棄物対策課長・産業廃棄物課長から各都道府県・政令市廃棄物処理担当部（局）長宛て（資料編の資料 11）
2．排出事業者責任に基づく措置に係る指導について（通知）　環廃産発第 1706201 号　平成 29 年 6 月 20 日　環境省大臣官房廃棄物・リサイクル対策部産業廃棄物課長から各都道府県・各政令市廃棄物行政主管部（局）長宛て（資料編の資料 12）

前者の通知では、「排出事業者としての責任を果たすため、排出事業者は、委託する処理業者を自らの責任で決定すべきものであり、また、処理業者との間の委託契約に際して、処理委託の根幹的内容（委託する廃棄物の種類・数量、委託者が受託者に支払う料金、委託契約の有効期間等）は、排出事業者と処理業者の間で決定するものである。排出事業者は、排出事業者としての自らの責任を果たす観点から、これらの決定を第三者に委ねるべきではない。」と明記している。

後者の通知では、「排出事業者責任に基づく措置 に係るチェックリスト」が、排出時、保管、委託処理、その他ごとに具体的に示されている。

両通知（本文のみ）とも資料編に資料 11 と資料 12 として収録している。

●全国産業資源循環連合会の取組み

　愛知県下のダイコー株式会社による廃棄食品の転売事件は、産業廃棄物処理業界に対する信頼を失墜させる深刻な問題であった。公益社団法人全国産業廃棄物連合会（現　全国産業資源循環連合会）と一般社団法人愛知県産業廃棄物協会（現　愛知県産業資源循環協会）は、環境省からの協力要請を受け、再発防止策を取りまとめ環境省に提出した（平成28年（2016年）2月12日）。その内容を以下簡単に報告する。なお、環境省に提出した再発防止策の全文は、全国産業資源循環連合会のホームページで公開されている。また、資料編の資料13として収録している。

　再発防止策は、大きく4項目から構成されている。すなわち、1．産業廃棄物処理業者における措置、2．全国産業廃棄物連合会・都道府県産業廃棄物協会における措置、3．全国産業廃棄物連合会による措置、4．排出事業者に期待される措置、である。措置の内容はわかりやすくするため多少要約して記述すると以下のとおりである。

　1．産業廃棄物処理業者における措置
　　・排出事業者による処理行程の確認を積極的に受入れ、その旨を委託契約書へ明記すること
　　・廃棄食品を処分する事業所における見える化と総量管理に関する情報公開に努めること
　　・廃棄食品を扱う処理業者は優良認定を取得すること
　2．全国産業廃棄物連合会・都道府県産業廃棄物協会における措置
　　・研修会を開催し会員企業等における適正処理の確保と教育を行うこと
　　・産業廃棄物処理業者より都道府県産業廃棄物協会へ入会申し出があった際には、適正処理遵守に向けた審査をより厳格に行うこと
　3．全国産業廃棄物連合会による措置
　　・排出事業者が廃棄食品の処理を行う事業所において実地確認を行う上で参考となるチェックリスト（注1）を、行政等の協力を得て整備すること
　　・廃棄食品の処理に係る料金（注2）が適正となるよう排出事業者の理解を得る努力を行うこと
　　・廃棄食品の適正処理を業務管理する者（産業廃棄物処理業の会社で業務を行う職員）（注3）に対する資格をできるだけ早く創設し、排出事業者からの信頼性の向上を図ること

（注 1 ）全国産業資源循環連合会ホームページの「業界指針・業界自主基準」において公表している「チェックリスト」は、肥料化用と飼料化用に分かれており、法対応の確認、廃棄物の受入から再生品の販売等の確認、管理体制等の確認、処理施設の確認などから構成されている（https://www.zensanpairen.or.jp/disposal/standards/）。

（注 2 ）廃棄食品の処理に係る料金を取り上げたのは、ダイコー株式会社の事件の誘因として安い処理料金があると考えられ、処理の方法あるいはリサイクルの方法によっては、一般廃棄物となる廃棄食品に対する処理料金より産業廃棄物となる廃棄食品が高くなることを、産業廃棄物処理業者から十分説明し排出事業者の理解を得ることが重要であるとの認識による。

（注 3 ）全国産業資源循環連合会では、収集運搬、中間処理（破砕選別、焼却、中和等）及び最終処分に従事する「業務主任者」の資格制度の創設準備を進めている。廃棄食品の適正処理を業務管理する者に対する資格については、これを踏まえながら、引き続き検討中である。

４．排出事業者に期待される措置

・冷凍食品その他転売のおそれがある食品を廃棄物として処理委託を行う際に排出事業者が適切な措置（例えば、廃棄食品の荷姿の改変や損傷）を廃棄物に講じること

・廃棄食品の処理の委託契約を締結する前と締結した後に、廃棄食品が収集運搬及び処分される一連の行程を自ら実地確認すること

・優良認定を取得し、環境経営を導入している処理業者への処理の委託を図ること

　最後に、筆者がダイコー事件のような事案を防止するために、特に排出事業者にとって重要と考えることを３点述べる。

１．排出事業者による現地確認

　平成 22 年廃棄物処理法改正により、平成 23 年 4 月 1 日から、事業者が産業廃棄物の運搬又は処分を委託する場合には、当該産業廃棄物の処理の状況に関する確認を行い、当該産業廃棄物について発生から最終処分が終了するまでの一連の処理の行程における処理が適正に行われるために必要な措置を講ずるように努

めなければならないことになっている（廃棄物処理法第 12 条第 7 項を参照）。今般の事件の要因を見ていくと、改めて排出事業者責任（特に処理行程の確認）の徹底が必要であることを示している。すでに紹介した全国産業資源循環連合会のチェックリストが、上記の確認を行う上で役立つことを期待したい。廃棄物処理法第 12 条第 7 項を排出事業者にとっての「努力義務」ではなく「義務」とすべきとの議論もあるが、まずは本チェックリストを活用し、排出事業者の経営者・担当者の知識の向上、そして排出事業者と受託する産業廃棄物処理業者が適正処理及びリサイクルに向けてのコミュニケーションを良くすることが肝要であると考える。

２．受入量と搬出量のバランス確認

　一部の事業者の疑問として、排出事業者と産業廃棄物処理業者がしっかりと処理物の数量管理を行っていたのかとの点がある。排出事業者が産業廃棄物処理業者における処理状況を確認する際は、水分等の減量を把握した上、受入量と搬出量のバランスが取れているかを把握することが必要である（その際には、容量ではなく重量を単位とすることがより望ましい）。

３．「適正な」処理料金に関する理解

　廃棄食品はその性状等に応じて、飼料化、肥料化、焼却処理等がされる（最近ではメタン発酵によりメタンガスを取り出す処理が注目されている）。これらの処理方法ごとに要する経費や飼料等の再生品の販売価格は違うので、処理料金は処理方法ごとにまちまちである（おおむねの比較では焼却処理が高く、飼料化が低い）。特に、肥料化では、油分や塩分の濃度あるいは臭気の程度により処理に要する手間や時間に差が出る。手間と時間のかかる処理ほど経費がかかる。

　排出事業者においては、処理料金は廃棄物の性状、処理方法、再生の種類ごとにまちまちであり、料金の安さのみに注目して処理業者を選択することはできないことを認識する必要がある。一方産業廃棄物処理業者には、処理料金を処理方法・再生の種類の違いに応じて丁寧な説明を行うことが求められる。

‖ 第3章　産業廃棄物ビジネス
－処理の「受け手」から資源・エネルギーの「創り手」へ

3-1　業界の現状

　公益財団法人産業廃棄物処理事業振興財団は、そのホームページ上で産業廃棄物処理業許可行政情報検索システムを提供している。それによると、令和5年（2023年）7月31日現在、収集運搬（産業廃棄物・特別管理産業廃棄物）の業許可を有する会社は約12万、中間処理（産業廃棄物・特別管理産業廃棄物）の業許可を有する会社は約1万、最終処分（産業廃棄物・特別管理産業廃棄物）の許可を有する会社は約780である。

　日本標準産業分類ではサービス業に属する産業廃棄物処理業の会社のすべてに近いほとんどは中小企業である。資本金では1,000万円超〜5,000万円以下が多く、従業員数では6〜30人以下が半数近くを占めている。また、収集運搬業では建設業、貨物運搬業等を兼業している会社が多い。サービス業に属する産業廃棄物処理業であるが、装置産業といえる。大まかな相場観に過ぎないが、収集運搬車両（脱着装置付き4トン・コンテナ車）は1,200〜1,300万円／台、焼却炉は焼却方式により異なるが、焼却能力（100トン／日）の焼却炉本体でおおむね70億円／基であり、土地取得費用、建屋建設費用などがさらに必要となる。容量50万立方メートルの管理型最終処分場の建設費はおおむね50億円前後で、この他土地取得費用などがかかる。

　なお、中小企業基本法における定義では、中小企業者は以下のとおりである。

業種分類	中小企業基本法の定義
サービス業	資本金の額又は出資の総額が5千万円以下の会社又は常時使用する従業員の数が100人以下の会社及び個人

　昭和45年（1970年）に成立した廃棄物処理法により誕生した産業廃棄物処理業は、日本各地で地域に根差して事業を開始した。セメント製造業や金属精錬業の一部で産業廃棄物処理を始めた会社は別として、昭和45年以降、産業廃棄物処理会社（産業廃棄物処理業の会社）は個人があるいは数人が共同して創業した

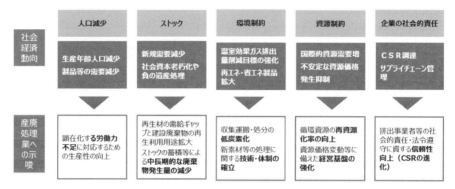

図3-1　業界を取り巻く社会経済動向

出典：環境省ホームページ「産業廃棄物処理業の振興方策に関する提言（概要版）」
　　　（https://www.env.go.jp/press/files/jp/105795.pdf）

会社である。なお、現在では東京証券市場に株式を上場している株式会社がある
が、未だその数は指折り数える程度である。

　さて、個々の産業廃棄物処理会社からというより業界全体の立場から、日本の
産業廃棄物処理業界を取り巻く経営環境の課題を見ることは重要である。先行き
の不安感やリスクを頭の中で整理し、業界のチャレンジすべきことを確認するこ
とになるからである。

　図3-1は、約6年前の平成29年（2017年）に公表された、環境省の産業廃
棄物処理業の振興方策に関する検討会の報告書（概要）が出典である。業界を取
り巻く社会経済動向として、「人口減少」、「ストック（の蓄積）」、「環境制約」、
「資源制約」、「企業の社会的責任」が上がっている。現在でもこれらは変わらな
い動向である。

　まず「人口減少」インパクトから見てみると、労働力の不足が顕在化する見込
みである。従業員の不足や人材の確保が益々深刻であり、このことと経営のDX
化とは関連を持つ。次に社会資本の「ストック（の蓄積）」の動向では、老朽化
したインフラの再整備による産業廃棄物の発生はあるとしても、長い目でみると
新規・追加のインフラ整備による産業廃棄物の発生は増えることはなく、どちら
かと言えば減少する可能性がある。そして「環境制約」にも厳しいものがある。
2050年実質カーボンニュートラルの政府方針がすでに出されているので、産業
廃棄物処理業界でも収集運搬や焼却等の中間処理における脱炭素化が、他業界と

64

同じく求められる。この面の設備投資やよりグリーンな電力の購入を覚悟しなくてはならない。産業廃棄物処理会社からの二酸化炭素の排出は排出事業者にとってスコープ３の排出となるからである。さらに、脱炭素に向けた取組みは再資源化率の向上という接点があるが、内外の「資源制約」を産業廃棄物処理業界は受ける。円安は海外資源の調達価格を上げる。処理の「受け手」から資源・エネルギーの「創り手」へ変貌する産業廃棄物処理業界にとって、内外のバージンの資源価格の動向は産業廃棄物やスクラップから製造される再生資源の価格に影響を及ぼし、再生資源の需要量と密接である。最後に「企業の社会的責任」では、廃棄物処理法、労働安全衛生法、その他法律のコンプライエンスは変わらない。環境と社会を意識したESG（環境・社会・企業統治）経営が一般的に求められるが、それに加え、二酸化炭素の排出量や再資源化率に関する目標・取組みを公表することを、金融機関等は求める。

　「環境制約」と「資源制約」は、従来と変わらず自社の事業を進めたい産業廃棄物処理会社にとっては、重荷ととらえられるが、一方、これらの制約は自社の発展・飛躍の上で積極的にチャンスととらえる産業廃棄物処理会社もある。産業廃棄物処理業界内では、従来からの産業廃棄物処理会社どうしの合従連衡と新たな動静脈連携において、「環境制約」と「資源制約」をきっかけとした競争が始まると思える。

　それでは改めて産業廃棄物処理業界の実態を見るため、先ほどの環境省の検討会報告書を再度参照する（図３−２）。ここでは産業廃棄物処理業の業許可を得ている事業者は約11万であるが、専業者と兼業者の違いなどがあり、約11万の事業者のうち産業廃棄物処理業における売上高の割合が50％以上とする事業者は約1.2万で、全体の１割程度とされている。図３−２ではこれらの事業者を主業者と記されている。収集運搬事業者で9,000、中間処理業者で3,000、最終処分業者で400と推定されている。なお、業許可が通常の５年から７年となる優良認定事業者は約1,000者で、ほぼ主業者と重なる。なお、この優良認定に係るデータは2017年３月のものであり、2023年６月現在、優良認定者数は、収集運搬に係る許可数で7,800、処分（中間処理・最終処分）に係る許可数で1,400であることが、公益財団法人産業廃棄物処理事業振興財団の産廃情報ネットからわかる。もともと優良認定は、会社ごとではなく都道府県・廃棄物処理法政令市の許可ごとに与えられる仕組みとなっている。このため優良認定の許可数は産廃情報ネットから簡単にわかるが、一つでも優良認定の許可を持っている会社数については

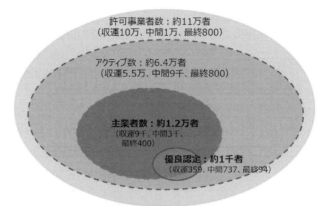

出典：（許可事業者数）環境省・産業廃棄物処理業者情報検索システム（平成29年1月19日）
　　　（アクティブ数、主業者数）みずほ情報総研による推計
　　　（優良認定）産業廃棄物処理事業振興財団提供

図 3-2　産業廃棄物処理業の事業者数

出典：環境省ホームページ「産業廃棄物処理業の振興方策に関する提言（概要
版）」(https://www.env.go.jp/press/files/jp/105795.pdf)

産廃情報ネットに掲載されているすべてのデータを改めて整理しないと正確な数字は分からない。

　ここで主業者とみなされる事業者の大多数は中小企業であり、主業者の底上げと成長が、産廃処理業界全体が資源循環を促進して上で大切である。先ほど取り上げた主業者について売上高も見てみる（図3-3）。

　多くの主業者は、売上高が1億円以上10億円未満である。もちろん、売上高が10億円を超える主業者が10％程度いる。また5,000万円未満の主業者も全体の4分の1程度いる。主業者における産業廃棄物処理業の平均売上高は、
・収集運搬のみの会社で1.6億円
・中間処理の会社で4.2億円
・最終処分の会社で3.3億円
・中間処理と最終処分を行う会社で6.7億円である。

　ちなみに、比較の時点は異なるが、中小企業庁・令和4年中小企業実態基本調査速報（概要）によると、令和3年度実績で、1中小企業当たりの売上高は1.8億円、及び1中小企業当たりの経常利益は871万円となっている。

　海外における廃棄物処理の大企業についての一例を紹介する。米国の Waste

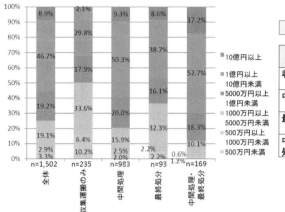

| 主業者における平均売上高 ||
業種	平均売上高
収集運搬のみ	16,267万円
中間処理	41,736万円
最終処分	32,845万円
中間処理・最終処分	66,977万円

データ出典：環境省「平成23年度産業廃棄物処理業実態調査業務報告書」

図3-3　主業者における産業廃棄物処理業の売上高

出典：環境省ホームページ「産業廃棄物処理業の振興方策に関する提言（概要版）」
　　　（https://www.env.go.jp/press/files/jp/105795.pdf）

Management 社は売上高 1.6 兆円、フランスの VEORIA 社は 1.1 兆円で、ドイツの REMONDIS 社は 9,400 億円であり、廃棄物処理の巨大な会社が欧米には存在する（環境省・産業廃棄物処理業の振興方策に関する提言より）。これらの売上高は日本の上位の会社の売上高の 10 〜 20 倍のレベルである。このような差の原因は何であろうか。一概に言えないが、日本では、廃棄物処理の法体系が一般廃棄物と産業廃棄物に分かれ、地方自治体ごとに業許可が必要であることが一因かもしれない。また、産業廃棄物業が成立してから 50 年しか経っておらず本格的な成長を迎える時期がこれから到来するからであるとも言える。一方米国の Waste Management 社の例では、米国において M ＆ A が進みやすいことが背景にはあると思う。日本国内における産業廃棄物処理会社と米国における産業廃棄物処理会社の規模イメージに大きな差があり、日本では製造業に比べて大企業と言えるような産業廃棄物処理会社の数は極めて少ない。しかし、日本でも徐々に M ＆ A により規模を大きくする産業廃棄物処理会社が増える可能性がある。

3-2 業態ごとの姿

3-2-1 収集運搬業

　産業廃棄物は事業活動がある至るところで発生し、排出される。産業廃棄物の収集運搬業は、排出事業者の委託を受けて収集した産業廃棄物を、中間処理業者、そして最終処分業者につなげる産業廃棄物の物流を担う。全国で収集運搬業（産業廃棄物・特別管理産業廃棄物）の許可を有している事業者は約 12 万社であり、中間処理業と収集運搬業を同時に営んでいる事業者も多く、さらに最終処分業も営んでいる総合的な事業者もいる。建設業などの他の業と兼業している収集運搬事業者が多いのは、建設業が本業であるが、現場への行きは建設資材を、現場からの帰りは建設廃棄物を運送するために、収集運搬業の許可を取得しているためである（産業廃棄物の収集運搬業者は、平均で 20 台前後の車両を保有している）。収集運搬車両のドライバー・作業員、運行計画や運行管理を行う職員、車両の保守管理を行う職員が収集運搬業に従事している。近年では、産業廃棄物収集運搬業も例外ではなく、収集運搬車両のドライバーの不足があり、保有する車両数を

表 3-1　産業廃棄物収集運搬車両の例

工場の産業廃棄物を収集する車両	混合廃棄物を収集する脱着式コンテナ車、汚泥や液状廃棄物を収集するタンクローリ車・強力吸引車（ブロワー車）、廃棄物入りのドラムを収集する平ボディ車など
建設廃棄物を収集する車両	パッカンに入った混合廃棄物を収集するクレーン車、建設汚泥を収集する強力吸引車（ブロワー車）、マンホール管内を高圧洗浄して発生する汚泥を収集する強力吸引車（ブロワー車）、ダンプ車など
その他の廃棄物を収集する車両	食品廃棄物等を収集するパッカー車、ビルピット清掃等により排出される廃棄物を収集するタンクローリ車・強力吸引車（ブロワー車）、医療系廃棄物等を収集する保冷車など

　出典：公益社団法人全国産業廃棄物連合会（現　全国産業資源循環連合会）「産業廃棄物収集運搬業社内管理体制のすすめ」及び公益社団法人大阪府産業廃棄物協会（現　大阪府産業資源循環協会）「廃棄物収集作業マニュアル（第 2 版）」

下回るドライバー数の会社が多い。このため安全に配慮した効率的な運行計画や運行管理が益々重要になっており、DX の活用が求められている。

　収集運搬車両のドライバー・作業員は排出事業者（多くの場合廃棄物担当の責任者）との最初の接点であり、産業廃棄物の引き取り作業内容の確認を含め、日頃からのコミュニケーションが重要である。引き取り現場では、許可品目にあった産業廃棄物であるか、WDS に従った情報提供がされているか、紙マニフェストが正しく交付されるとともに A 票を渡す、あるいは電子マニフェストに必要な情報がすでに登録されているかといったことは、収集運搬業側で重要である。

　産業廃棄物の収集運搬のための運行計画を作成し管理する観点から、環境に配慮した高度化な収集運搬に関する最近の状況を紹介する（特集／収集運搬の高度化、INDUST, Vol.29, No.9, 2014 を参照）。収集運搬の高度化の方向を探ると、①省エネルギー・低炭素の収集運搬車両の導入、② IT 機材を利用した運行状況の記録化とそれによる運行改善、③ IT 技術を利用した迅速な配車・運搬ルート設定、④運行情報のみならず法令、原価、労務等の情報を統合した管理システムの導入などである。IT の通信技術は、無距離・瞬時に、多数の職員と経営者に情報の伝達と共有を可能としている。法令知識、作業マニュアル、顧客情報、配車手配、緊急連絡などを、スマートフォン・タブレットにより時間をおかず多くの者に同時に伝えることが可能である。

【収集運搬の高度化の方向】（特集／収集運搬の高度化、INDUST, Vol.29, No.9, 2014 を参照）

①省エネルギー・低炭素の収集運搬車両の導入
　天然ガス車、ハイブリッド車をはじめとした、燃費が良く、低炭素な車両が注目されるが、多くの場合、通常車両より車体価格が割高になることから、省エネルギー・低炭素化の収集運搬車両の購入にあたっての補助金制度が用意されている。収集運搬車両は通常走行距離が 100 万キロを超えた時点で買い替えがされると聞いているが、その際には既存の補助金制度を調べ、有利な補助メニューを利用することが大事である。
②IT 機材を利用した運行状況の記録化とそれによる運行改善
　通常、ドライブレコーダーやデジタルタコグラフが収集運搬車両に搭載されている。これにより燃費が 5% 程度は改善できたとの声を聞く。その分だけ燃料費の削減にも寄与する。一部の例であるが、収集運搬車両に GPS 装置と ETC 機材を載せ、収

集運搬ルートの可視化と効率化のみならず、計量作業と電子マニフェスト登録の時間短縮を達成している例も報道されている。また、GPS装置を導入して、収集運搬車の運行管理・記録管理・マニフェスト管理を統合している事業者も増えている。

③IT技術を利用した迅速な配車・運搬ルート設定

　このことを行える事業者は、必要な機材とシステムを導入でき稼働できる、ある規模以上の事業者である。不定期な収集運搬の委託発注があり、また手持ちの車両の数や空きに制限があるなど、収集運搬事業者として臨機に応じた対応が求められる。労務管理の面も含めて、効率的な車両管理を行うことが、IT技術による運行計画づくりにより可能となってきている。

④運行情報のみならず法令、原価、労務等の情報を統合した管理システムの導入

　収集運搬事業者は、運行に限った情報システムをまず導入し、その後、必要となる他の情報システムを結合してきていることが多い。より多くの情報を一元的に管理するシステムに増強していく上では、将来の事業発展の可能性を見据えることが求められる。

3-2-2　中間処理業

　全国で中間処理業（産業廃棄物・特別管理産業廃棄物）の許可を有している事業者は約1万社である。中間処理業は、資源循環の社会を実現する上で、中核的な業態である。処理の「受け手」から資源・エネルギーの「創り手」へ向かう産業廃棄物処理業において重要な役割を担う。収集運搬された産業廃棄物を粗選別し、破砕そして高度な選別を行うことで、再資源化のための様々な素材や材料を創りだすとともに、再資源化に経済的あるいは技術的に向かない産業廃棄物を焼却する、または最終処分場で埋立処分を行う。産業廃棄物の焼却においては発生する熱を回収し、直接利用・発電を可能な限り行う。再資源化のための様々な素材や材料については、中間処理業者自らが再資源化施設を保有して再生品を製造する、あるいは再資源化施設を有する事業者に供給する。

　破砕機と焼却炉の施設については、廃棄物処理法では一定規模以上の施設の設置許可を都道府県又は廃棄物処理法政令市から得ることが求められる。許可が与えられた施設の数を、毎年環境省は都道府県等から報告を受け集計・公表している（産業廃棄物行政組織等調査）。平成24年（2012年）4月1日現在と令和4年（2022年）4月1日現在における許可施設数を見比べると、この10年間で、破砕施設では約2割増加しており、一方焼却施設では廃プラスチック類の焼却施設とその他の焼却施設（汚泥、廃油、廃プラスチック類、PCB廃棄物を除く。）が

表 3-2　廃棄物処理法第15条に基づく産業廃棄物処理業者の
破砕・焼却施設許可数

施設の種類	平成 24 年（2012 年）4 月 1 日現在	令和 4 年（2022 年）4 月 1 日現在
廃プラスチック類の破砕施設	1,719	2,202
木くず又はがれき類の破砕施設	8,976	10,129
汚泥の焼却施設	468	477
廃油の焼却施設	517	456
廃プラスチック類の焼却施設	650	587
PCB 廃棄物の焼却施設	1	4
その他の焼却施設（汚泥、廃油、廃プラスチック類、PCB 廃棄物を除く）	1,055	830

出典：環境省ホームページ「産業廃棄物処理施設の設置、産業廃棄物処理業の許可等に関する状況」(https://www.env.go.jp/recycle/waste/kyoninka.html)

それぞれ約 1 割、約 2 割減少している。

　産業廃棄物の中間処理として、破砕、選別、焼却を述べたが、これ以外にも圧縮、中和等化学処理、飼料化、堆肥化、脱水、固型化が代表的な処理方法である。産業廃棄物をこれらの中間処理の施設で受け入れるためには、処理対象物が廃棄物処理法の業許可品目であることが大前提である。そして受け入れる処理対象物の性状、有害性を把握し、保有する施設において安全に処理できるかを判断する必要がある。適正処理のため、そして再資源化のため、安全な処理は必須である。

　処理対象物の有害性は細かく分けると十数項目に及ぶ。**破砕・選別の施設**では、爆発性、可燃性、発火性が重要である（近年のリチウムイオン電池が混入する処理対象物には要注意である）。**焼却処理の施設**では、爆発性、引火性、可燃性、発火性、水との反応性のほか、感染性、腐食性、毒性（毒性ガス発生可能性を含む）に注意が必要である。**中和等化学処理の施設**では、爆発性、引火性、毒性（毒性ガス発生可能性を含む）、腐食性、重合反応性が重要である。

　なお、爆発性、毒性、感染性その他人の健康又は生活環境に係る被害を生ずるおそれがある性状を有するかに着目して特別管理産業廃棄物が指定されており、

表 3-3　中間処理の施設と注意すべき主な有害性

破砕・選別の施設	爆発性、可燃性、発火性
焼却処理の施設	爆発性、引火性、可燃性、発火性、水との反応性のほか、感染性、腐食性、毒性（毒性ガス発生可能性を含む。）
中和等化学処理の施設	爆発性、引火性、毒性（毒性ガス発生可能性を含む。）、腐食性、重合反応性

環境省「廃棄物情報の提供に関するガイドライン -WDSS ガイドライン - (第 2 版)」を元に作成

処理対象物がこれに該当する場合、事業者は特別管理産業廃棄物の業許可と施設許可が必要である。特別管理産業廃棄物は、一部の廃油、強酸性の廃酸、強アルカリ性の廃アルカリなどであり、詳しくは資料編の資料 1-2 を参照されたい。

　中間処理は、様々な目的や機能を持つ設備を使って行う。そこで、設備の故障を最小限にする、設備の停止時間を最小にする、設備部品を長持ちさせる等、処理効率を維持することが大切である。また、労働災害を防止するためにも、設備保全の体制を現場に即し整備し適切に運用することが求められる。このことは引いては、産業廃棄物処理会社としての持続的な経営につながる。設備の停止は月単位の処理量を減らし、処理売上や再生品販売を減らすことにもなる。

　設備保全は、予防保全と事後保全、そして改良保全に分類される（表 3-4）。予防保全の徹底により、設備の故障を最小限に留めたい。最近話題になる IoT 技術を設備保全に活用することが省力化の観点から今後は多くなっていくであろう。これは「予防」を一歩すすめて「予知」につながる。

表 3-4　設備保全の種類

予防保全	設備のトラブルの未然防止、問題点の発見と改良を行う。
事後保全	設備の故障のつど直す、異変を感じたときに点検・修理する。
改良保全	設備の性能向上のため、改良修理や改良工事を行う。

公益社団法人全国産業資源循環連合会「産業廃棄物処理業務主任者テキスト案」における澤田譽啓氏（元日曹金属化学（株））による執筆内容を元に作成

（1）　破砕・選別

表3-5　破砕機の種類

破砕機の種類	破砕のメカニズムと対象物
1．圧縮式	固い二面の間で対象物を圧縮することにより破砕する。建設廃材、ガラスくず、鉱さいに最適。
2．往復動式	往復動する切断刃による剪断力を加えて対象物を破砕する。竪型と横型がある。竪型は、廃プラスチック類、紙くず、木くず、繊維くず、金属くずに最適。
3．回転式	回転軸を垂直に置き、衝撃力で破砕する（竪型）。回転軸を水平に置き、剪断力で破砕する（横型）。竪型と横型とも、廃プラスチック類、紙くず、木くず、繊維くず、燃えがら、鉱さい、金属くず、建設廃材、ガラスくず、など多くのものに最適。

　破砕は固体の産業廃棄物の減容化に欠かせない。また、その後の高度な選別を容易にする。さらに、焼却対象となる産業廃棄物の粒径を揃え空隙を作ることで、焼却炉への定量供給と燃焼の安定を可能とする。

　破砕機の種類は3つに大別される（表3-5）。

　選別は粗選別と破砕後の高度選別に分かれる。そして手選別と選別機による機械選別が目的に応じて組み合わさっている。選別機は湿式と乾式に大別されるが、ほとんどの場合、乾式の選別機である。乾式の選別機は、従来から、磁力、遠赤外線、風力、振動、粒度、比重差などを利用するものである。最近では、遠赤外線の吸収・反射の差を利用する光学選別機にAI機動のピッカーも搭載したものが普及しはじめている。

　破砕機と選別機は、処理対象物と選別目的に応じて複数機が組み合わされて利用されている。

　（表3-5を含め3-2-2（1）の記述は、公益社団法人全国産業資源循環連合会「産業廃棄物処理業務主任者テキスト案」における澤田譽啓氏（元日曹金属化学（株））・高橋潤氏（高俊興業（株））による執筆内容を元に作成）

（2）焼却

　産業廃棄物の焼却では、一般的に「有機物」、「無機物」及び「水分」からなる

産業廃棄物を、「水分」の乾燥、「有機物」の分解・燃焼、そして「無機物」の分解を経て、「排ガス（ばいじんを含む）＋燃えがら」に変える。一連の燃焼の流れを、水分の乾燥→有機物の分解→可燃性ガスの発生までを「一次燃焼」、その後の炎燃焼を「二次燃焼」、無機物の分解と燃え残りの焼却を「おき燃焼」と区分してとらえることがある。

産業廃棄物の燃焼の流れ

産業廃棄物の投入→水分の乾燥→有機物の分解→可燃性ガスの発生→炎燃焼→無機物の分解・燃え残りの燃焼→灰燃焼

効率的な燃焼のために、可燃性物質の燃焼に必要な酸素を空気として供給する必要がある。無機物の酸化にも酸素は消費されるので、可燃性物質の完全燃焼に必要な空気量（理論空気量）よりも多い空気を供給することになる。焼却炉の構造にもよるが供給する空気量は、理論空気量に比べ 1.7 ～ 1.9 程度とされている。

焼却施設では、焼却炉のタイプにより付帯する設備が異なるが、焼却炉以外の部分はいずれの施設でも大きな差がみられない。焼却炉のタイプとして、火格子焼却炉（ストーカ式焼却炉）、固定床焼却炉、回転床焼却炉、回転式焼却炉（ロータリキルン）、熱分解ガス化炉・ガス化溶融炉などが代表的なものである。なお、ストーカ式焼却炉とロータリキルンを接合した炉も利用されている。

ダイオキシン類の発生抑制のため、燃焼室内燃焼ガス温度（800℃以上）、燃焼室内燃焼ガス滞留時間（2秒以上）、集じん器に流入する燃焼ガス温度（おおむね200℃以下）とすべき構造基準が廃棄物処理法で定められている。また合わせて排ガス中のダイオキシン類濃度の維持管理基準も満足することが求められている。

一般廃棄物の焼却炉は 100 トン／日以上の焼却能力を持つ炉が多いが、焼却能力で見ると産業廃棄物の焼却炉は一般廃棄物の焼却炉に比べ小さなものが多い。この点から、焼却に伴い発生する熱の回収・利用や回収した熱による発電において、産業廃棄物焼却炉は不利であることが多い。しかしながら産業廃棄物の処理に伴い発生する二酸化炭素についてみると、再生が困難な廃プラスチック類や再生利用が難しい廃油の焼却処理に伴うものが産業廃棄物処理業界で大きな割合を占めている。このため、産業廃棄物処理業界では、焼却に伴い発生する熱の回収・利用や回収した熱による発電が推奨される。なお、CCU の技術は開発途上

であるが、排ガス中の二酸化炭素を回収し有用な化合物に変え利用することが、2050年実質カーボンニュートラルを達成する上で真剣に議論され始めている。

　（3-2-2（2））の記述は、公益社団法人全国産業資源循環連合会「産業廃棄物処理業務主任者テキスト案」における齋藤雅博氏（（株）市原ニューエナジー）による執筆内容を元に作成）

（3）中和等化学処理

　中和等化学処理の目的は、埋立処分が禁止されている廃酸や廃アルカリを環境に悪影響を及ぼすことがなく廃棄するため、水質汚濁防止法の排水基準の範囲になるように中和等の化学処理を行い、河川等の公共用水域に排出できるようにすることである。また、一部焼却処理の前処理としても行われている。

　中和の一般的な流れでは、受け入れた廃酸や廃アルカリの廃水について、中和剤によりpHの調整を行い、凝集剤による沈殿を経て、上澄み液は生物学的処理等がされ、沈殿した汚泥は脱水ろ過される。汚泥と処理水はそれぞれ廃棄物処理法と水質汚濁防止法が定める基準を満足するよう処分等が行われる。

　（3-2-2（3））の記述は、公益社団法人全国産業資源循環連合会「産業廃棄物処理業務主任者テキスト案」における奥野成俊氏（（株）興徳クリーナー）による執筆内容を元に作成）

3-2-3　最終処分業

　全国で最終処分業（産業廃棄物・特別管理産業廃棄物）の許可を有している事業者は約780社である。産業廃棄物の最終処分量は資源循環等により減少傾向は続くと考えられる。しかし、資源循環が一層叫ばれたとしても技術的又は経済的な理由から埋立処分せざるを得ない廃棄物があり、最終処分場そのものの必要性は変わらない。平時における産業廃棄物の受入・埋立に加えて、社会貢献として災害廃棄物（廃棄物処理法上は一般廃棄物）の受入も行われてきている（災害廃棄物についても再資源化は可能な限り行われるが）。

　産業廃棄物の最終処分場は、「一般廃棄物の最終処分場及び産業廃棄物の最終処分場に係る技術基準を定める省令」により、「安定型最終処分場」、「管理型最終処分場」、「遮断型最終処分場」の3つに分類される。

　最近の最終処分場の施設は遮水構造・排水処理を含め高度化されている。この高度化された施設を、確実に維持管理することが事業者の責務である。埋立物の

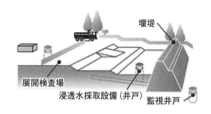

産業廃棄物のうち安定5品目と呼ばれる廃プラスチック類、ゴムくず、金属くず、ガラスくず・コンクリートくず及び陶磁器くず、がれき類のうち、有害物や有機物等が付着していないものを安定型最終処分場に埋立処分することができる。

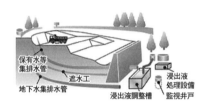

管理型最終処分場の概念図
有害物質の濃度が判定基準に適合した燃え殻、ばいじん、汚泥、紙くず、木くず、繊維くず、動植物性残さ、鉱さい、動物のふん尿等の産業廃棄物が埋立処分される。

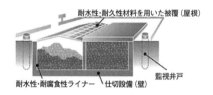

遮断型最終処分場の概念図
有害物質等を含む産業廃棄物の中で、その溶出濃度が埋立判定基準に適合しない産業廃棄物は遮断型最終処分場に埋立処分される。

図 3-4　最終処分場の三分類

出典：国立環境研究所ホームページ「環境儀 No.24」
　　　(https://www.nies.go.jp/kanko/kankyogi/24/04-09.html)

早期安定化と埋立終了後の短期間での最終処分場の廃止が最終処分業の経営にとって重要である。これに向けては、搬入物の検査、異物除去を含めて埋立作業の適正化が重要である。公益社団法人全国産業資源循環連合会では、「改訂版産業廃棄物最終処分場維持管理マニュアル」を発刊し最終処分関係者に技術情報を提供している。

　なお、参考のため、令和4年4月1日現在の最終処分場設置許可件数及び残存容量は資料編の資料15に掲載している。

表 3-6　最終処分場の廃止基準の概要（平成 10 年 6 月）

保有水等水質：2 年以上排水基準等を満足
　　発生ガス：ガスの発生が認められない又は 2 年以上発生量が増加しない
埋立地内部温度：周辺地中温度に比して異常な高温になっていない　等

概要を示したものであり、詳細は廃棄物処理法の廃止基準の規定を参照のこと。

　焼却施設の立地も同様であるが、最終処分場の設置には、構想から完成まで長い年数を要する。事業者からみた最終処分場設置の大まかなライフは、最終処分場を設置する予定地の周辺の住民への説明に少くとも約 2 年、生活環境影響調査（いわゆるアセスメント）に約 4 年、行政による学識経験者の検討に約 3 年、行政における設置許可の書類審査手続きに 3 年その後設置許可が下り建設・操業が開始となる、と言われている。この間に行政担当者の異動がある。このように設置許可が下りるには、最終処分場の建設を社内で決めてから少くとも 10 年以上となるので、地域活動に貢献するなど地域住民と良好な関係づくりが必要であるとともに、長いプロセスを維持できる資金的な手当てが欠かせない（都築宗政氏に聞く、「最終処分場は今後も必要不可決」、INDUST, Vol.27, No.7, 2012）。（著者の注書き：学識経験者の検討と、行政における設置許可の書類審査手続きは時期としては重なる）。

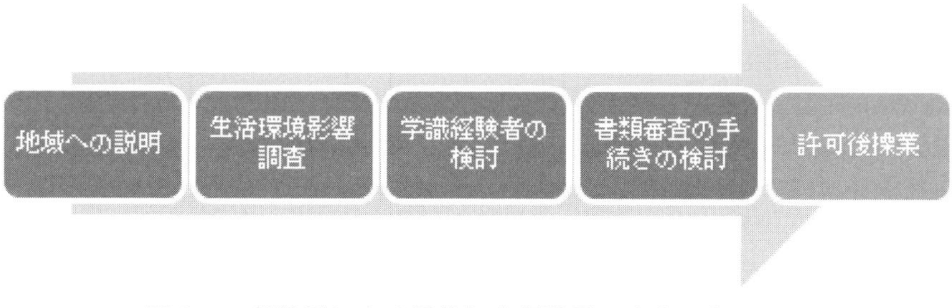

図 3-5　都築氏による最終処分場設置の大まかなライフ

【最終処分場の設置等に係る規制の変遷】

　半世紀ほど前は地面に穴を掘り産業廃棄物の埋め立てをしていた多くの最終処分場が、廃棄物処理法により、どのように規制強化されてきたかを振り返ってみる。昭和 46 年（1971 年）から昭和 52 年（1977 年）3 月までは、すべての最終処分場の

設置にあたり届出は不要であった（処理基準は適用）。昭和52年（1977年）3月からは、遮断型はすべて、管理型1,000平方メートル以上、安定型3,000平方メートル以上の最終処分場の設置届出が必要となり、さらに平成4年（1992年）7月からはこれらの最終処分場の設置には許可が必要となった。そして、<u>平成9年（1997年）12月から最終処分場の規模要件が撤廃となり、すべての最終処分場の設置に許可が必要となった。</u>さらに平成10年（1998年）6月には最終処分場の廃止基準が新設された（資料編の**資料16**「最終処分場に係る法規制の変遷）を参照）。

種類	昭和46.9.24	昭和52.3.15	平成4.7.4	平成10.6.17
遮断型 （規模要件無し）	設置届出不要	設置届出	設置許可 埋立終了	設置許可 埋立終了 廃止確認
管理型 （1,000 m²以上） 安定型 （3,000 m²以上）	処理基準	共同命令・ 処理基準	共同命令・ 処理基準	基準省令
管理型 （1,000 m²未満） 安定型 （3,000 m²未満）				処理基準

3-3 事業発展のモデル

　産廃処理業界を取り巻く社会経済動向や、産業廃棄物処理会社の数と売上高等についてすでに述べた。それでは、産業廃棄物処理会社が事業を拡大し発展していくためには、どのような方法があるか？
　産業廃棄物処理の本業の規模拡大・発展のためには、資金、人材、技術の確保が欠かせない。産業廃棄物処理業の周辺には産業廃棄物のコンサルタント業があり排出事業者向けの新たなビジネスとしてとらえられる（資源化や二酸化炭素の削減などの分野）。また、副次的なビジネスとして産業廃棄物の焼却処理で得られる熱を利用して、地域での熱供給、温室栽培などの事業を行う例が見られる。この他、他社と協力しながら、食品廃棄物のメタン発酵による発電事業を、これ

までの経験と技術の延長として始める例もある。また今後は、人口の減少と財政難を背景として、市町村委託によるごみ焼却やプラスチックのリサイクルも増えると思われる。いずれにしても、廃棄物処理法又はリサイクル促進の法律の特例がある場合は別であるが、産業廃棄物を扱う限り廃棄物処理法上の業と施設の許可を得ている必要がある。

　さて、個々の事業者が収集運搬、中間処理又は最終処分の事業やその周辺の事業拡大を目指すことは自然なビジネスモデルであるが、この他話題となるビジネスモデルとしては、対象とする産業廃棄物を安定して大量に確保し、高度処理による良質なリサイクル品を作り出すため、複数の事業者によるネットワーク、複数の事業者による協同組合、異なる事業者による協業、さらにはM＆A（合併吸収）などがあり、以下の表3-7で整理してみた。

　1．自社事業範囲の拡大、2．複数事業者の協同組合、3．複数事業者のネットワーク（業務提携）、4．複数業者による協業（共同出資による会社の創業、業務統合）、5．事業者のM＆A（合併吸収）、6．排出事業者、製造業者、産廃処理業者による協業。なお、6．は動静脈連携と呼ばれるもので、プラスチック資源循環促進法で作り出された主務大臣認定事業はひな形となる。この主務大臣認定事業については、3-6-4で解説する。

　繰り返しになるが、産業廃棄物処理会社のすべてに近いほとんどの会社は中小企業である。株式を上場している産業廃棄物処理会社は極めて少数である。今後は、業務提携や業務統合を通じて大きな会社が増えることは、後継経営者の不足も一因となって十分ありうる。それと同時に、産業廃棄物の排出量の減少も予想され、産業廃棄物の同業会社どうしの競争激化は不可避となろう。

　なお、後継経営者の不足をきっかけとして多くの投資ファンドが産業廃棄物処理会社にも注目する事例が増えている。投資ファンドによる産業廃棄物処理会社の株式保有・取締役派遣と、同業者による業務提携や業務統合とは同じ性格のものとは考えにくい。前者はどちらかといえば短期的な企業価値の向上を、後者はより中長期的な事業発展を目指すと思われる。

　なお、私が知りうる、産業廃棄物処理業を行う上場会社としては、TREホールディングス株式会社、株式会社エンビプロ・ホールディングス、株式会社ミダックホールディングス、株式会社ダイセキ、大栄環境株式会社、AREホールディングス株式会社である。一方、親会社は上場しているが、自らは上場していない大きな産業廃棄物処理業の会社としては、DOWAエコシステム株式会社と

表 3-7　事業発展のモデル

タ　イ　プ	例　　　　示
1. 自社事業の拡大	①新たな顧客を拡大するため、収集運搬業の許可対象地域を拡大する。②破砕選別の工程を高度化して新たな品目も処理する。③焼却処理において発生する熱を回収し発電事業を始める。④産廃処理の経験を活かし、コンサルティング事業を行う。
2. 複数事業者の協同組合	協同組合が同組合に参加する事業者に産業廃棄物処理の受注斡旋などを行う。また、再生品の共同販売や重機等の共同購買を行う。
3. 複数事業者のネットワーク	ネットワーク内の事業者がそれぞれ得意とする事業を核としてビジネスを展開する。取り扱う産業廃棄物ごとに収集運搬、処分に関わる事業者は様々な形である。ゆるやかな協業。
4. 複数業者による協業（共同出資による会社の創業、業務統合）	①共同出資による会社で広いエリアから収集運搬を行い中間処理を行う。②得意分野が異なる2社がHD会社を創り同社に株式を移転してwin-winの経営統合を行う（2社はHD会社の子会社となる）。
5. 事業者間のM&A（合併吸収）	後継者不足など事業の継承に問題がある会社と、事業の拡大と多角化を目指す会社がマッチングし、M＆Aを行う。
6. 排出事業者、製造業者、産廃処理業者による協業	①製造会社と産廃処理会社が資源循環のための会社を設立する（再生原材料を使用した製品づくり）、②プラスチック資源循環促進法に基づき、排出事業者、製造業者、産廃処理業者が環境大臣の認定を得て、プラスチックの資源循環を行う。

Ｊ＆Ｔ環境株式会社が有名である。

　少し古いが、環境省・平成23年度産業廃棄物処理業実態調査業務報告書では、「営業強化策の取組み」について全国の産業廃棄物処理業者に質問した結果が掲載されている（加藤商事株式会社請負　有効発送数1万3,290　回収率57.2％）。総回答数7,598のうち、

　1. 排出事業者への廃棄物の資源化有効利用のコンサルティング業務の実施
　　18.0％

2. 排出事業者への CO2 削減等の環境コンサルティング業務の実施 4.0％

3. 自社の CO2 削減の取組みを推進する 24.9％

4. 複数の県をまたぐ広域的な事業の展開 13.9％

5. 産業廃棄物処理業者間の連携 32.7％

6. その他（自由記入）8.4％　であった。

　また、中間処理業を行う会社では、「5.」が 39.5％、「4.」が 20.3％で、中間処理業と最終処分業を行う会社では、「5.」が 54.1％、「4.」が 19.0％であった。このことからも、とりわけ、複数の事業者のネットワーク、複数の事業者による協同組合、異なる事業者による協業、事業者の M & A（合併吸収）が、今後の重要なビジネスモデルといえる。

　なお、資料編の**資料14**には、平成23年度産業廃棄物処理業実態調査業務報告書からの抜粋として、産業廃棄物処理業者の受託量（収集運搬・中間処理・最終処分）の分布を参考のため掲載する。

　産業廃棄物処理業者が新たな事業展開を検討するためには、まず、政策の方向・市場ニーズ・自社のポテンシャルを踏まえなくてはならない。その上で、競争力のある製品・サービスを見出し、効率的な経営体制の構築と、必要に応じ業務提携・協業を確立する必要がある。その前提として人材、安全、技術、資金がしっかりしていることが重要である。特に脱炭素化社会の実現が求められる今世

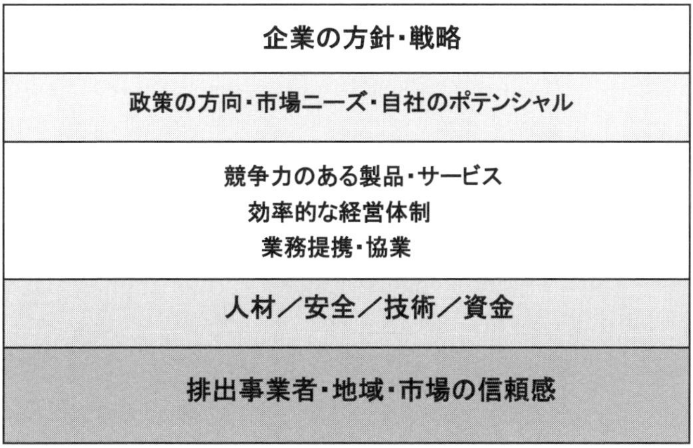

図 3-6　企業の方針・戦略

紀においては、新たなビジネスモデルではエネルギー効率性と資源効率性の両面が求められよう。また、製品としてのリサイクル品の品質を向上させていかなくてはならない（単なる再生品ではなく実際に利用されるものを）。そして、何より大事なことは排出事業者、地域、市場の信頼感の確保であり、法令の遵守は不可欠である。

3-4　上場会社の事業紹介

　昭和45年（1970年）以降に産業廃棄物処理を目的として起業した会社の中には、産業廃棄物処理業そのものを拡大するのみならず、その他の分野の事業も始めることにより、今や株式を上場するに至っている会社がある。その数は図3-2で示した主業者が約1.2万者に対して未だ0.1％程度に過ぎないが、その数は徐々に増えていくと思える。ここでは、東京証券取引所プライムに上場している

T社　本店：東京都千代田区		
決算年月日	2023年3月	事業の内容
売上高（百万円）	90,712	（1）廃棄物処理・再資源化事業（28.1％）
経常利益（百万円）	7,600	（2）資源リサイクル事業（49.4％）
純資産額（百万円）	67,137	①金属リサイクル ②自動車リサイクル
自己資本比率（％）	49.5	③産業廃棄物処理
自己資本利益率（％）	8.1	④家電リサイクル
従業員数（名）	2,169	（3）再生可能エネルギー事業（15.1％） （4）その他（7.4％）
グループ	当社、連結子会社33社及び持分法適用関連会社6社	①環境エンジニアリング ②環境コンサルティング ・受入資源量 　138.6万トン／年（2022年度） ・再資源化率　92％　（2022年度）

　注）「事業の内容」における括弧内の数値は、T社グループの連結売上高に占める割合を示す。また、受入資源量と再資源率の数字は、T社の統合報告書2023に書かれているもので、「受入資源量」は、建設系廃棄物、鉄・非鉄スクラップ、使用済み自動車、廃家電、小型家電の受入量である。

　3社（T社、DE社、DS社）について、会社の規模、事業の内容、特徴などを紹介したい。産業廃棄物処理を行っている会社の経営者にとって事業拡大の先行事例と考えていただき、今後の発展を構想する上で参考として欲しい。なお、元になるデータは、T社、DE社、DS社がホームページで公開している2022年度分有価証券報告書及び統合報告書・ESG報告書である。

　T社は、主に建設廃棄物の収集運搬・中間処理・最終処分を行ってきた会社と、鉄・非鉄のスクラップの仕入・加工・販売と自動車リサイクル・家電リサイクルを行ってきた会社が、2022年10月に経営統合して誕生した会社である。間伐材等の焼却発電や環境エンジニアリングも手掛けている。

　DE社は、総残容量が約1,100万立方メートルである最終処分場を複数所有している（6地域で管理型処分場、1地域で安定型処分場）。収集運搬車両の保有数と選別・破砕の総許可能力は、全国一である。また、産業廃棄物のみならず地

DE社　本店：大阪府和泉市		
決算年月日	2023年3月	事業の内容
売上高（百万円）	67,658	（1）環境関連事業
経常利益（百万円）	16,702	廃棄物処理・資源循環（83.5%）
純資産額（百万円）	78,969	土壌浄化（8.8%） 　施設建設・運営管理（2.9%）
自己資本比率（%）	48.0	コンサルティング（0.9%）
自己資本利益率（%）	15.2	エネルギー創造（0.4%）
従業員数（名）	2,089	森林保全（0.1%） 　その他（0.1%）
グループ	当社及び連結子会社30社、非連結子会社2社、持分法適用関連会社5社、持分法非適用関連会社7社	（2）その他（有価資源リサイクル事業） 　アルミペレット（2.4%） 　リサイクルプラスチックパレット（0.8%） ・廃棄物受入量 　189.3万トン／年（2022年度） ・汚染土壌受入量 　66.8万トン／年（2022年度）

注）「事業の内容」における括弧内の数値は、DE社グループの連結売上高に占める割合を示す。「廃棄物受入量」と「汚染土壌受入量」の数字は、DE社の有価証券報告書に書かれている。

DS社　本店：愛知県名古屋市		
決算年月日	2023年2月	事業の内容
売上高（百万円）	58,572	産業廃棄物の収集運搬・中間処理
経常利益（百万円）	13,060	土壌汚染調査・処理
純資産額（百万円）	84,426	使用済バッテリーの収集運搬・再生利用 鉛の精錬及び非鉄金属原料の販売
自己資本比率（％）	76.3	タンク洗浄及びタンクに付帯する工事
自己資本利益率（％）	11.3	VOCガスの回収作業 スラッジ減量化作業
従業員数（名）	1,114	COW洗浄機販売
グループ	当社、連結子会社6社	石油化学製品・商品の製造販売 ・リサイクル処理入荷量 　206.1万トン/年（2022年度） ・リサイクル率　87.7％（2022年度）

注）「事業の内容」の事業は単一セグメントであるため、セグメントごとの売り上げの記載は省略されている。リサイクル処理入荷量とリサイクル率の数字は、DS社のESG報告書2023に書かれている。

方自治体（取引自治体数425）からの一般廃棄物処理を請け負っている。

　DS社は、主力事業が工場廃液を中心とした産業廃棄物の処理事業である。廃液・廃油・汚泥が主な対象である。さらに、廃石膏ボードのリサイクルも手掛けている。

　T社とDE社とも産業廃棄物の収集運搬・中間処理・最終処分のワンストップサービスを行っているが、創業以来T社ではより中間処理が、DE社ではより最終処分が発展の大きな原動力になっている。今後については、T社とDE社とも既存事業の拡大・深化、従来から行っているM＆Aやアライアンスの拡大、地方自治体との連携強化、脱炭素に向けての取組促進を、中長期における重要な方向と位置付けている。また、DS社は循環経済（サーキュラーエコノミー）において自社の企業価値を高めることを目指している。

　さて、M＆Aやアライアンスの拡大は、この3社に限ったものではなく、売上高が近い他社でも、またそれに及ばないが大手の会社でも志向されていくと思える。そして、総じて言うと創業時のトップ経営者から次の世代あるいは次々の世代へ継承が進んでおり、M＆Aやアライアンスは特別な事例ではなく会社の

発展方策を考える上での普通のオプションとなりつつある。

3-5　個別リサイクル法その他

　平成 7 年（1995 年）に成立した容器包装リサイクル法を皮切りに、廃棄物から資源やエネルギーを創り出す、リサイクルに係る 6 本の法律が成立・施行されてきた。

1. 容器包装リサイクル法（平成 7 年（1995 年）6 月成立、平成 18 年（2006年）6 月改正）
2. 家電リサイクル法（平成 10 年（1998 年）6 月成立）
3. 建設リサイクル法（平成 12 年（2000 年）5 月成立）
4. 食品リサイクル法（平成 12 年（2000 年）6 月成立、平成 19 年（2007 年）6 月改正）
5. 自動車リサイクル法（平成 14 年（2002 年）7 月成立）
6. 小型家電リサイクル法（平成 24 年（2012 年）8 月成立）

これらリサイクル法では、総じて言うと対象となる品目を定め、それについての引渡引取・収集運搬・解体・再生等の仕組みを構築する（廃製品には拡大生産者責任の概念を根底においている）。そして、製造者・販売者・排出者・行政・処理業者・団体等における実施措置と負担の役割を決める、対象となる品目の回収や再商品化又は再資源化の目標を設定する、廃棄物処理法上の業許可の特例を適宜設ける。さらに、再資源化等の仕組みを維持するための費用負担のあり方を適宜リサイクル法ごとに決めている。なお、個々のリサイクル法で対象となる廃棄物の区分は、一般廃棄物である場合（容器包装リサイクル法）、産業廃棄物である場合（建設リサイクル法）、一般廃棄物と産業廃棄物の両方である場合（食品リサイクル法等）となっている。

　容器包装リサイクル法、家電リサイクル法、自動車リサイクル法、小型家電リサイクル法は「廃製品」を対象としているが、建設リサイクル法は建設工事（解体を含む）に伴い発生する「廃棄物」を、そして食品リサイクル法は食品の製造や流通・消費に伴い発生する「廃棄物」を対象としている。

　対象となる品目が有価ではなく無価値の廃棄物の場合には一般廃棄物や産業廃棄物であり、排出者としては一般消費者や特定の事業者、行政としては都道府県や市町村、処理業者としては一般廃棄物処理業者や産業廃棄物処理業者が関わる。

製品廃棄物（使用済み家電、使用済み自動車）については、製品使用者が、使用済み家電では使用後に、使用済み自動車では使用前にリサイクルに係る費用を支払う。

　有価物扱いである古紙や鉄スクラップのリサイクルは昔から行われている。また、廃棄物から資源やエネルギーを回収するリサイクルは、これらの6本の法律が対象とする品目以外の品目にもされている。タイヤ、バッテリー、ガラス、プラスチック、コンクリート、石膏、建設汚泥など、これらの6本の法律が扱う廃棄物以外の廃棄物もリサイクル（マテリアルあるいはサーマル）はされている。その一部は廃棄物処理法に定める広域認定制度や再生利用指定制度に基づき行われている。なお広域認定制度の詳細は、環境省ホームページ・広域認定制度関連（https://www.env.go.jp/recycle/waste/kouiki/index.html）を参照されたい。

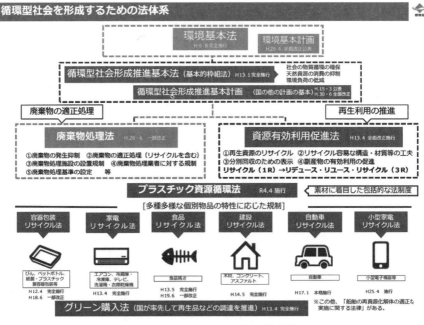

図3-7　リサイクル法と関連法

出典：環境省ホームページ「静脈産業の脱炭素型資源循環システム構築に係る小委員会（第1回）」資料3「脱炭素に向けた資源循環を取り巻く状況」（https://www.env.go.jp/council/content/03recycle06/000150351.pdf）

表3-8　6本のリサイクル法と資源有効利用促進法

対象品	仕組み	実績
容器包装リサイクル法（＊1） ・ペットボトル、プラスチック製容器包装 ・ガラスびん ・紙製容器包装、段ボール、紙パック、 ・スチール缶、アルミ缶 下線の対象品は、容器メーカーや商品メーカー等の特定事業者に再商品化の義務有り	1．消費者が分別排出、2．市町村が分別収集、3．事業者がペットボトル等をリサイクルすることを義務化。 容器包装リサイクル法上の指定法人として、（公財）日本容器包装リサイクル協会（容リ協）が指定されている。容器包装リサイクル法に基づく、特定事業者からの受託による分別基準適合物の再商品化事業を行う。 特定事業者が指定法人ルートで再商品化を実施するために指定法人（容リ協会）に支払う委託料を負担する。	令和3年度末時点の市町村による分別収集の実施率（全市町村あたり）は、 ・ペットボトル　約99％ ・プラスチック製容器包装　約76％ ・ガラスびん 　約94％（無色）、約94％（茶色）、約96％（その他の色） ・紙製容器包装　約34％ ・段ボール　　　約92％ ・紙パック　　　約73％ ・スチール缶　　約97％ ・アルミ缶　　　約97％ で近年大きな変化なし。 　一方、過去20年の収集実績量については、ペットボトルとプラスチック製容器包装では大きな増加に対し、スチール缶では大きな減少、ガラスびん（無色、茶色）ではゆるやかな減少。 　日本容器包装リサイクル協会における引取実績量に対する再商品化製品販売量の比率は、ペットボトルで83％、プラスチック容器包装で67％、ガラスびんで96％、紙製容器包装で98％である（容リ協令和3年度実績報告）。
家電リサイクル法（＊2） ・エアコン	小売業者に引取り・引渡しを義務付け、製造業者等に引取り・再商品化等を義務付け。	指定引取場所における引取台数は、エアコン369万台、ブラウン管式テレビ64万台、液晶・プラズマテレビ309万台、

・テレビ（ブラウン管式・液晶式（＊）・プラズマ式） ・電気冷蔵庫・電気冷凍庫 ・電気洗濯機・衣類乾燥機 （＊）携帯テレビ、カーテレビ及び浴室テレビ等を除く。	廃家電4品目ごとに再商品化等の基準を設定。また、2030年度までに廃家電4品目合計の回収率を70.9％以上（エアコンの回収率は53.9％以上）とするとの目標（2019年度の回収率は64.1％）。 排出者は、廃家電4品目の排出時に、小売業者が定めた収集運搬料金と製造業者等が定めた再商品化等料金それぞれを支払う（排出時課金）。	電気冷蔵庫・電気冷凍庫352万台、電気洗濯機・衣類乾燥機401万台（令和4年度） 　再商品化率は、エアコン93％、ブラウン管式テレビ72％、液晶・プラズマテレビ86％、電気冷蔵庫・電気冷凍庫80％、電気洗濯機・衣類乾燥機92％（令和4年度）
建設リサイクル法（＊3） ・コンクリート塊（プレキャスト板等を含む。） ・アスファルト・コンクリート塊 ・建設発生木材 　以上が特定建設資材	一定規模以上の建設工事について、受注者に対し、建設資材の現場での分別解体等及び再資源化等を義務付ける。 建設リサイクル推進計画で特定建設資材その他について再資源化率等の目標を設定。	再資源化率は、アスファルト・コンクリート塊99.5％、コンクリート塊99.3％、再資源化・縮減率は建設発生木材96.2％、建設汚泥94.6％、建設混合廃棄物63.2％（平成30年度）。ただし建設汚泥及び建設混合廃棄物は建設リサイクル法に基づく特定建設資材廃棄物に指定されていない。
食品リサイクル法（＊4） 製造、流通、外食等の食品関連事業者から排出される食品廃棄物	食品の売れ残りや食べ残し、製造・加工・調理の過程に応じて生じた「くず」等の食品廃棄物等について、①発生抑制と減量化、②飼料や肥料等への利用、熱回収等の再生利用。 発生抑制の目標値（業種別）、再生利用等実施率の目標値（業別）を設定。	再生利用等実施率は、食品製造業96％、食品卸売業68％、食品小売業56％、外食産業31％（令和2年度）

自動車リサイクル法（＊5） 使用済み自動車に含まれるシュレッダーダスト、エアバッグ類、フロン類 （※鉄スクラップは市場で有価となるため再資源化の対象物品ではない）	使用済み自動車から発生する自動車破砕残さ等を、自動車製造業者等に引取り及びリサイクル等を義務付け。 自動車リサイクル法上の指定法人として、（公財）自動車リサイクル促進センター（JARC）が指定されている。JARCは、資金管理、指定再資源化及び情報管理を担う。 自動車製造業者等の再資源化目標（平成27年度（2015年度）の時点）：エアバッグ類（85％）及びシュレッダーダスト（マテリアルリサイクル及び熱回収を合わせて）70％）。 原則新車購入時にリサイクル料金を預託。	自動車製造業者等による<u>再資源化率（令和2年度）</u>は、 エアバッグ類：95％ シュレッダーダスト：96.1％（27.1％はマテリアルリサイクル、69.0％は熱回収）。なお、3.9％は最終処分。
小型家電リサイクル法（＊6） 使用済みのパソコン、携帯電話、ゲーム機、デジタルカメラ等の小型電子機器等28品目	市町村等が分別収集し、事業者がリサイクルすることを促進。 再資源化を実施すべき量の目標は、令和5年度（2023年度）までに、14万トン／年。	参加市町村は全国の1,390市町村（全国の約85％）（令和元年7月）。令和2年度における市町村による回収量は、61,646トン、認定事業者による回収量が40,844トン。99,923トンが認定事業者によって処理され、うち再資源化された金属の重量は52,222トン、再資源化されたプラスチックの重量は7,529トン。
資源有効利用促進法（＊7）	業種や製品等を指定し、製造事業者等による自主的な3Rを促進。	<u>指定再資源化製品の再資源化率（令和3年度）</u>は、デスクトップパソコン（本体）82.0％、

| 指定再資源化製品として
・パソコン
・小型二次電池 | 指定再資源化製品については、回収及び再資源化を製造等事業者に義務付け。また、再資源化率の目標を設定。 | ノートブックパソコン68.7%。ブラウン管式表示装置75.4%、液晶式表示装置80.2%、ニッケルカドミウム蓄電池76.4%、ニッケル水素蓄電池76.6%、リチウム蓄電池56.9%、密閉型鉛蓄電池50.1%（それぞれ回収量に対する比率）。 |

参考とした情報源
（＊1）環境省ホームページ・容器リサイクル関連
https://www.env.go.jp/recycle/yoki/a_1_recycle/index.html 及び関連サイト、公益財団法人日本容器包装リサイクル協会ホームページ　https://www.jcpra.or.jp/
（＊2）環境省ホームページ・家電リサイクル関連
https://www.env.go.jp/recycle/kaden/index.html 及び関連サイト
（＊3）国土交通省ホームページ・建設リサイクル推進施策検討小委員会
https://www.mlit.go.jp/policy/shingikai/s204_recycle01_past.html 及び関連サイト
（＊4）環境省ホームページ・食品リサイクル関連
https://www.env.go.jp/recycle/food/01_about.html 及び関連サイト、農林水産省ホームページ・食品リサイクルの推進 https://www.maff.go.jp/j/shokusan/recycle/syoku_loss/161227_7.html 及び関連サイト
（＊5）環境省ホームページ・自動車リサイクル関連
https://www.env.go.jp/recycle/car/automobile_recycle/index.html 及び関連サイト
（＊6）環境省ホームページ・小型家電リサイクル関連
https://www.env.go.jp/recycle/recycling/raremetals/index.html 及び関連サイト
（＊7）環境省ホームページ・資源有効利用促進法の概要
https://www.env.go.jp/recycle/recycling/recyclable/gaiyo.html 及び関連サイト、令和5年版　環境・循環型社会・生物多様性白書

　一般的に、リサイクルの事業は廃棄物処理法やリサイクル法の規制下で市場動向に左右される。6本の法律によるリサイクルの事業とそれ以外のリサイクルの事業においても、内外のバージン材の資源価格が再生品の価格に大きな影響を与える。リサイクルのためのコストを賄う上では再生品の価格が低下することは一般的に不利といえる。再生品の販売価格や再生品の材料を調達する上でのコストがリサイクルの事業の採算性を大きく左右する。
　ところで、3-5-8で後述する「船舶の再資源化解体の適正な実施に関する法律」は平成30年（2018年）に成立したが、その施行は成立のきっかけとなった国際条約の発効を要件としており、国際条約発効の日（2025年6月見込み）と

なっている。また、海洋汚染の防止等のため廃プラスチック全般のリサイクルを促進するため「プラスチックに係る資源循環の促進等に関する法律」が令和 4 年（2022 年）4 月から施行されている。これについては、3-6 で解説する。

さて、表 3-8 でとりあげた、6 本のリサイクル法と資源有効利用促進法の変遷をこれまでの約 10 年を重点に概観すると、以下のとおりである。

3-5-1　容器包装リサイクル法

平成 7 年（1995 年）6 月に成立し、平成 9 年（1997 年）4 月から一部施行、平成 12 年（2000 年）4 月から完全施行。平成 18 年（2006 年）6 月に改正。改正概要は、①消費者の意識向上・事業者との連携の促進、②事業者に対する排出を抑制するための措置の導入、③事業者が市町村（質の高い分別収集を実施する場合）に資金を拠出する仕組の強化、④ただ乗り事業者に対する罰則の強化、⑤円滑な再商品化に向けた国の方針の明確化、である。

改正法の施行から 5 年目に当たる平成 25 年（2013 年）9 月から中央環境審議会・産業構造審議会合同会合において点検評価が開始され、容器包装リサイクル法の一部施行から 20 年目にあたる平成 28 年（2016 年）5 月に「容器包装リサイクル制度の施行状況の評価・検討に関する報告書」がとりまとめられた。その後優良な事業者を念頭において、プラスチック製容器包装に係る再商品化入札制度の見直し（材料リサイクルに係る総合的評価）が行われた。

また、最近では、政府の「プラスチック資源循環戦略」の決定（令和元年（2019 年）5 月）を受けて、令和元年（2019 年）12 月に、「プラスチック製買物袋有料化実施ガイドライン」が示され、容器リサイクル法省令改正により令和 2 年（2020 年）7 月からプラスチック製買物袋有料化が施行されている。

（環境省ホームページ・容器リサイクル関連 https://www.env.go.jp/recycle/yoki/a_1_recycle/index.html 及び関連サイト、公益財団法人日本容器包装リサイクル協会ホームページ https://www.jcpra.or.jp/ を元に記述）

3-5-2　家電リサイクル法

平成 10 年（1998 年）6 月に成立し、平成 13 年（2001 年）4 月に本格施行。平成 21 年（2009 年）4 月から、液晶テレビ及びプラズマテレビ並びに衣類乾燥機を対象品目に追加、さらに製造業者等が最低限達成すべき法定再商品化率の引き上げ等が行われれた。なお、法定再商品化率については平成 27 年（2015 年）4

月にも引き上げられ、エアコン 80％、ブラウン管式テレビ 55％、液晶式・プラズマ式テレビ 74％、電気冷蔵庫・電気冷凍庫 70％、電気洗濯機・衣類乾燥機 82％となっている。

　平成 25 年（2013 年）5 月から平成 26 年（2014 年）7 月まで、中央環境審議会・産業構造審議会合同会合は家電リサイクル制度について審議、平成 26 年（2014 年）10 月に「家電リサイクル制度の施行状況の評価・検討に関する報告書」（平成 26 年報告書）をとりまとめた。これに従い、①回収率目標を法に基づく基本方針に定める、②リサイクル費用の実績・内訳を、資源売却益を含めて、毎年合同会合に報告、③法定再商品化率の引き上げを政令で定める、④重要な金属や素材の一層の分別回収と水平リサイクルの促進を基本方針に定める、こととなった。

　さらに令和 3 年（2021 年）4 月から令和 4 年（2022 年）1 月まで、中央環境審議会・産業構造審議会合同会合は家電リサイクル制度について審議、令和 4 年（2022 年）6 月に「家電リサイクル制度の施行状況の評価・検討に関する報告書」（令和 4 年報告書）をとりまとめた。これを踏まえて、①有機 EL テレビについて速やかに対象品目とするよう検討（令和 6 年（2024 年）4 月から対象品となる。）、②他の対象品目より回収率が低い（潜在的な有価性の高い）エアコンの回収率向上に重点的に取り組む、③新たな回収率目標（2030 年：対象 4 品目合計で 70.9％）を設定、④脱炭素への移行に向けて、環境配慮設計（DfE）やリサイクルの質の向上とともに、フロンを使用するエアコンの回収率の向上により、温室効果ガスの排出を削減等、についての意見具申が中央環境審議会から環境大臣に行われた（令和 4 年 6 月 23 日）。なお、リサイクル料金を排出時負担（後払い）から変更することについては、現時点では、直ちに料金制度の変更が必要になるだけの問題が生じているとは考えにくいため、制度変更は実施するべきではない。しかし、現行制度及び制度を変更した場合の課題等に関する技術的・実務的な検討を引き続き行う、との結論になった。

　（環境省ホームページ・家電リサイクル関連 https://www.env.go.jp/recycle/kaden/index.html 及び関連サイトを元に記述）

3-5-3　建設リサイクル法

　平成 12 年（2000 年）5 月に成立。平成 20 年（2008 年）12 月、中央環境審議会・社会資本整備審議会合同会合において、「建設リサイクル制度の施行状況の評価・検討について」報告書をとりまとめた。これを受け、平成 22 年（2010 年）

2月に関係省令の改正（石膏ボードを含む建築物の解体工事時の分別解体）が行われた。その後は、社会資本整備審議会建設リサイクル推進施策検討小委員会での審議を経て、平成26年（2014年）8月に「建設リサイクル推進に係る方策」と同年9月に「建設リサイクル推進計画2014」が取りまとめられた。さらに令和元年（2019年）11月から令和2年（2020年）9月にかけての同小委員会での審議を経て、「建設リサイクル推進計画2020」（令和2年（2020年）9月30日）が策定された。

　建設廃棄物のリサイクル率について、1990年代は約60％程度だったものが、2018年度は約97％となっている。これを踏まえ、「建設リサイクル推進計画2020」では、1990年代から2000年代のリサイクル発展・成長期から、維持・安定期に入ってきたと考えられることから、今後はリサイクルの「質」の向上が重要な視点となると想定している。すなわち、より付加価値の高い再生材へのリサイクルを促進するなど、リサイクルされた材料の利用方法に目を向けるとしている。

　そして、計画期間を最大10年間（必要に応じて見直し）とし、建設副産物の再資源化率等に関しては2024年度達成基準値を設定し、建設リサイクルを推進するとともに、主要課題を次の3項目により整理している。3項目は、①建設副産物の高い再資源化率の維持等、循環型社会形成へのさらなる貢献、②社会資本の維持管理・更新時代到来への配慮、③建設リサイクル分野における生産性向上に資する対応等。

　また、新規施策として、「廃プラスチックの分別・リサイクルの促進」、「リサイクル原則化ルールの改定」、「建設発生土のトレーサビリティシステム等の活用」に取り組むこととしている。

　なお、これまで本省と地方で分かれていた計画を統廃合している。

（国土交通省ホームページ・建設リサイクル推進施策検討小委員会
https://www.mlit.go.jp/policy/shingikai/s204_recycle01_past.html 及び関連サイトを
元に記述）

3-5-4　食品リサイクル法

　平成12年（2000年）6月に成立し、平成13年（2001年）5月1日に施行。平成19年（2007年）6月に改正（食品関連事業者関係）。平成25年（2013年）3月から平成26年（2014年）6月まで、中央環境審議会と食料・農業・農村政策

審議会の合同会合において施行状況の点検。これを受けて関係省令・告示を改正し、食品廃棄物等の再生利用手法の優先順位を「飼料化、肥料化、メタン化等飼料化及び肥料化以外の再生利用」の順とするとともに、既存 26 業種及び新規 5 業種について食品関連業者の食品廃棄物等の発生抑制の目標値（令和元年度（2019 年度）まで）を設定した。また、食品循環資源の再生利用等を実施すべき量に関する目標（令和元年度（2019 年度）まで）を、食品製造業では 95%、食品卸売業では 70%、食品小売業では 55%、外食産業では 50% と定めた。

　さらに、平成 30 年（2018 年）10 月から平成 31 年（2019 年）2 月まで、中央環境審議会と食料・農業・農村政策審議会の合同会合において施行状況の点検。これを受けて関係省令・告示を改正し、食品廃棄物等の再生利用手法の優先順位を改めて「飼料化、肥料化、きのこ菌床への活用、その他（炭化、油脂化及び油脂製品化、エタノール化、メタン化)」の順とするとともに、食品廃棄物等の発生抑制をより進める観点から、令和元年（2019 年）7 月に、既存 31 業種及び新規 3 業種について目標（令和 5 年度（2023 年度）まで）を設定した（3 業種で新規設定、19 業種で引き上げ）。また、食品循環資源の再生利用等を実施すべき量に関する目標（令和 6 年度（2024 年度）まで）を、食品製造業では 95%（前回同）、食品卸売業では 75%（前回＋5%）、食品小売業では 60%（前回＋5%）、外食産業では 50%（前回同）と定めた。

　なお再生利用等の内訳としては、川上の食品製造業では飼料化が、一方で川下の食品小売業と外食産業では飼料化も 1 割程度あるが焼却等が過半を占めている（令和 2 年度（2020 年度))。

　さて、食品廃棄物等（家庭系と事業系）の総量は、平成 20 年度（2008 年度）から 2 割以上削減されているが、近年は横ばいである。令和 2 年度（2020 年度）における食品廃棄物等は年間 2,372 万トンであり、うち食品ロス量（可食部分と考えられる量）は 522 万トンで 22% に相当する（事業系で 275 万トン、家庭系で 247 万トン）。このため、食品ロスの削減が課題であり、「食品ロスの削減の推進に関する法律」が令和元年（2019 年）5 月に制定されている。

　食品リサイクル法においては、一定の要件を満たしたリサイクル事業者からの申請に基づき、国が登録を行い、廃掃法等の特例（荷卸しに係る一般廃棄物の運搬業の許可不要、一般廃棄物処分手数料の上限規制の撤廃等）等を講ずることにより再生利用を円滑に実施する「登録再生利用事業者制度」が運用されている（令和 3 年度（2021 年度）で 154 事業者）。さらに、食品リサイクル法においては、

食品関連事業者とリサイクル業者、農業者等の 3 者が連携して策定した食品リサイクルループの事業計画について、主務大臣の認定を受けることにより、廃掃業者は廃棄物処理法に基づく収集運搬業の許可（一般廃棄物に限る。）が不要となる特例を活用することが可能となっている（再生利用事業計画認定制度）。令和 4 年（2022 年）3 月末現在、認定件数は 51 件（飼料化 20 件、肥料化 30 件、飼料化・肥料化 1 件）である。

　令和 4 年（2022 年）9 月から中央環境審議会と食料・農業・農村政策審議会の合同会合は、「規制改革実施計画」（令和 5 年 6 月 16 日閣議決定）及び「令和 4 年の地方からの提案等に関する対応方針」（令和 4 年 12 月 20 日閣議決定）における食品リサイクル法関連の項目を対象に、今後の食品リサイクル制度のあり方について検討を行い、検討結果を踏まえて整理された「今後の食品リサイクル制度のあり方について（案）」を令和 5 年（2023 年）12 月に取りまとめ公表した。食品リサイクル法の基本方針におけるエネルギー利用の推進等の位置付け、食品関連事業者以外の者への収集運搬の特例制度の適用及び登録再生利用事業者制度における実績要件に関して具体的な対応が示されている。今後これらに関して措置されることになろう。

（環境省ホームページ・食品リサイクル関連 https://www.env.go.jp/recycle/food/01_about.html　及び関連サイト、農林水産省ホームページ・食品リサイクルの推進 https://www.maff.go.jp/j/shokusan/recycle/syoku_loss/161227_7.html 及び関連サイトを元に記述）

3-5-5　自動車リサイクル法

　平成 14 年（2002 年）7 月に成立し、平成 17 年（2005 年）1 月に施行。産業構造審議会・中央環境審議会の合同会合において、平成 22 年（2010 年）1 月、平成 27 年（2015 年）9 月及び令和 3 年（2021 年）7 月に、「自動車リサイクル制度の施行状況の評価・検討に関する報告書」がまとめられている。

　これらの評価・検討では、指定法人の公益財団法人自動車リサイクル促進センター（JARC）の運営に関して、特預金の扱い、リサイクル料金の余剰（徴収したリサイクル料金と実際にかかったリサイクル費用との差）の活用方途、自動車製造業者等からの自主的拠出の休止、情報管理システムの大規模改造が取り上げられ議論された。「特預金」とは、事故等によりフロン類の破壊の必要がなくなった場合や、中古車の輸出を行ったもののリサイクル料金の返還請求がされな

かった場合等、再資源化等のために使われることがなくなったリサイクル料金で、これまで離島地域で発生した使用済み自動車の輸送費用等の支援や不法投棄車両の処理の支援等の法に定められた使途に用いられている。特預金はその発生額に比して出えん額が少なく、令和2年度末時点の残高は約200億円（利息等を含む）となっている。これらの特預金は、環境配慮設計及び再生資源利用の進んだ自動車に係るリサイクル料金割引制度や今後の自動車リサイクル情報システムの大規模改造等に要する資金に充てることが検討されている。

令和3年の報告書においては、今後の自動車リサイクルの基本的な方向として3項目が示されている。

1．自動車リサイクル制度の安定化・効率化

　　自動車リサイクル制度が、景気変動や大規模災害発生、感染症感染拡大等の状況下においても安定的に機能し、不法投棄や不適正処理等を防止するための措置を講じる。また、再資源化等の制度運用に必要な費用を低減すること等により、社会的コストの最小化を目指す。

2．3Rの推進・質の向上

　　循環経済への移行に向けて、設計段階における環境配慮設計や再生資源の利用促進、解体・破砕段階における部品・素材回収の促進等により、リデュース・リユースを拡大するとともに、リサイクルの質をさらに向上し、指定3品目だけでなく使用済み自動車全体の資源循環を推進する。

3．変化への対応と発展的要素

　　2050年カーボンニュートラルの実現に向けて、電動化の推進や車の使い方の変革等に応じた新しい部品・素材の使用における環境配慮設計等を求めるとともに、適切な回収・リユース・リサイクル体制の整備や、使用済み自動車全体の資源循環における温室効果ガス排出削減等、制度の柔軟な見直しを含む必要な措置を講じる。また、我が国のこれまでの知見を活かした形で、発展途上国へのノウハウ提供等の支援を展開する。

この他、令和3年の報告書では、自動車のシュレッダーダスト（ASR）発生量を削減する観点からもプラスチック、ガラスの回収・リサイクルの促進に加え、リチウムイオン電池や炭素複合繊維材料（CFRP）への対応等を議論している。また、2050年実質カーボンニュートラルに向けて電動車の普及が加速し、新たな部品として駆動用モーター、大容量・高電圧の蓄電池、燃料電池、水素タンク等が搭載されるとして、これらについての自動車リサイクル制度上の扱いが将来

課題と認識されている。

　なお、自動車リサイクル法そのものの改正は成立後行われていないが、使用済み自動車の適正処理における安全性を確保する観点から、破砕業者の引取拒否理由に「解体自動車に発炎筒が残置されていること」を追加するため、施行規則第13条及び第15条の改正（平成28年（2016年）6月30日施行）が行われた。

　（環境省ホームページ・自動車リサイクル関連 https://www.env.go.jp/recycle/car/automobile_recycle/index.html 及び関連サイトを元に記述）

3-5-6　小型家電リサイクル法

　平成24年（2012年）8月に成立。平成25年（2013年）4月1日施行。制度の対象品目は、使用済みのパソコン、携帯電話、ゲーム機、デジタルカメラ等の小型電子機器等28品目である。小型家電リサイクル法に基づき、再資源化事業計画を作成し、環境大臣・経済産業大臣による当該計画の認定を受けた者（認定事業者）が中心的な役割を果たす。認定事業者と当該計画に記されている委託者（委託者がいる場合）が、対象品目を市町村、小売店等から回収し、破砕、選別等の中間処理を行い、金属製錬等の事業場に搬入する。金属製錬等によりレアメタル、有用金属等が再資源化される（認定事業者又はその委託を受けた者は、当該再資源化事業の実施にあたり、市町村長等の廃棄物処理業の許可が不要）。再資源化を実施すべき量の目標は、令和5年度（2023年度）までに、14万トン/年であり、令和2年度（2020年度）における回収量は10万2,489トンである。なお、令和5年（2023年）8月29日現在、小型家電リサイクル法に基づく認定事業者数は全国で64者である。

　（環境省ホームページ・小型家電リサイクル関連 https://www.env.go.jp/recycle/recycling/raremetals/index.html 及び関連サイトを元に記述）

3-5-7　資源有効利用促進法

　平成12年（2000年）5月に成立。平成13年（2001年）4月に施行。10業種・69品目を対象業種・対象製品として、事業者に対し3R（リデュース・リユース・リサイクル）の取組みを求める。業種としては、「特定省資源業種」及び「特定再利用業種」が指定されている。製品としては、「指定省資源化製品」、「指定再利用促進製品」、「指定表示製品」及び「指定再資源化製品」が指定されている。また、これらに加え「指定副産物」が指定されている。

「指定再資源化製品」は、パソコン（ブラウン管式・液晶式表示装置を含む）、小型二次電池（ニッケルカドミウム蓄電池、ニッケル水素蓄電池、リチウム蓄電池及び密閉形鉛蓄電池）である。平成13年（2001年）4月から事業系パソコン、平成15年（2003年）10月から家庭用パソコンの回収及び再資源化を義務付ける。再資源化率をデスクトップパソコン（本体）が50%以上、ノートブックパソコンが20%以上、ブラウン管式表示装置が55%以上、液晶式表示装置が55%以上と設定。また、平成13年（2001年）4月から小形二次電池（ニッケルカドミウム蓄電池、ニッケル水素蓄電池、リチウム蓄電池及び密閉形鉛蓄電池）の回収及び再資源化を製造等事業者に対して義務付け。再資源化率をニッケルカドミウム蓄電池60%以上、ニッケル水素蓄電池55%以上、リチウム蓄電池30%以上、密閉形鉛蓄電池50%以上と設定。

また「指定副産物」は、電気業の石炭灰、建設業の建設発生土、コンクリートの塊、アスファルト・コンクリートの塊、木材である。令和4年（2022年）9月には、本法の政令及び省令改正があり、このうち建設業の建設発生土に係る再生資源利用計画の対象工事が、搬入量「1,000m³以上」から「500m³以上」に引き下げられ、また、搬出量「1,000m³以上」から「500m³以上」に引き下げられた（令和5年（2023年）1月1日施行）。

（環境省ホームページ・資源有効利用促進法の概要　https://www.env.go.jp/recycle/recycling/recyclable/gaiyo.html 及び関連サイト、令和5年版　環境・循環型社会・生物多様性白書、国土交通省ホームページ・報道発表資料　「資源の有効な利用の促進に関する法律施行令の一部を改正する政令」を閣議決定 https://www.mlit.go.jp/report/press/tochi_fudousan_kensetsugyo13_hh_000001_00128.html を元に記述）

3-5-8　船舶の再資源化解体の適正な実施に関する法律

これまで成立してきたリサイクル法は、廃棄物あるいは市況によっては廃棄物となるものを対象としてきた。平成30年（2018年）に成立した「船舶の再資源化解体の適正な実施に関する法律」は、運航後は売船されることが多い船舶を対象とするものである。船舶は、9割以上が再資源可能な材質で建造されている。そして船舶の解体は、人件費の安さ、再資源化ニーズのために、主にインド、バングラデシュ等の開発途上国で実施され、これらの国々での労働災害と環境汚染が国際的な課題となっている。このことを背景として、「2009年の船舶の安全かつ環境上適正な再生利用のための香港国際条約」（シップリサイクル条約）が平

成21年（2009年）5月に採択された。「船舶の再資源化解体の適正な実施に関する法律」（シップリサイクル法）は本条約を国内で担保するための法律である。本条約は、3要件を持って発効することになっている（囲みの引用を参照）。令和5年（2023年）6月にバングラデシュとリベリアが条約を批准し条約発効の要件が充足した。これにより法律の施行は条約発効の日（2025年6月見込み）となった。

　シップリサイクル法は、法の目的として「船舶の再資源化解体に従事する者の安全及び健康の確保並びに生活環境の保全に資すること」とあるように、船舶の再資源化解体時の労働災害・環境汚染の防止を行うもので、主な事項としては、（1）有害物質一覧表の作成、（2）再資源化解体業の許可、（3）特定船舶の再資源化解体計画の承認手続きである。

> シップリサイクル条約は、①15カ国以上が締結し、②それらの国の商船船腹量の合計が世界の商船船量の40％以上となり、かつ、③それらの国の直近10年における最大の年間解体船腹量の合計がそれらの国の商船船腹量合計の3％以上となる国が締結した日の24カ月後に効力を生じることとなっている。2020年10月時点の批准国は、15カ国であり、世界の30％以上の船舶を解撤する「世界最大の船舶リサイクル国」であるインドが、2019年末に同条約を批准したことは世界に大きな影響を与え、近い将来条約が発効する可能性が高まっている（出所　（一財）日本海事協会船舶管理システム部主管　山元建夫著、海洋政策研究所 Ocean Newsletter 第491号（2021.1.20発行）「シップリサイクル条約と EU 規則」からの引用）。

（1）有害物質一覧表の作成

　特定船舶（総トン数500トン（長さ約40メートル）以上の船舶）で排他的経済水域（EEZ）外を航行する船舶の所有者に対し、当該船舶に含まれる有害物質の使用場所、使用量等を記した有害物質一覧表の作成及び国土交通大臣の確認を受けることを義務付け。有害物質一覧表は、船舶の「どこに」「どれだけの」有害物質が含まれているかを記した書類であり、関連する書類を添付すると、一般的な船舶で1,000ページを超えるものとなる。船舶の建造時（既存船は条約発効後5年以内）に有害物質一覧表を作成し、以後は5年に一度国土交通大臣の確認を受ける必要がある。有害物質一覧表の確認を受けることにより、他の寄港国による条約の抑留措置を受けることなく航行することが可能となる。

　なお、国土交通省によると、平成29年（2017年）時点で、有害物質一覧表を

表 3-9　シップリサイクル法有害物質一覧表

現存船	新造船
<u>4 物質</u>：・石綿（アスベスト） ・ポリ塩化ビフェニル（PCB） ・防汚化合物及び防汚方法（有機スズ） ・オゾン破壊物質	<u>13 物質</u>：左記 4 物質＋ 9 物質 ・カドミウム及びカドミウム化合物 ・六価クロム及び六価クロム化合物 ・鉛及び鉛化合物 ・水銀及び水銀化合物 ・ポリ臭化ビフェニル ・ポリ臭化ジフェニルエーテル ・ポリ塩化ナフタレン（塩素原子が四以上のもの） ・放射性物質 ・塩化パラフィン（クロロアルカン）（炭素数が 10 〜 13 のもの及びその混合物）

＊新造船：「条約発効日以後に建造契約が結ばれる船舶」及び「条約発効日前に建造契約を結んだ船舶で、条約発効後 30 か月以降に引き渡される船舶」

出典：環境省ホームページ「中央環境審議会循環型社会部会（第 29 回 令和元年（2019 年）5 月 29 日）」参考資料 4 「船舶の再資源化解体の適正な実施に関する法律施行令及び施行規則の公布について」令和元年 5 月、環境省環境再生・資源循環局廃棄物規制課　https://www.env.go.jp/council/03recycle/900417922.pdf）

作成している日本船舶数は 100 隻であり、令和 7 年（2025 年）における見通しは 800 隻としている（「船舶の再資源化解体の適正な実施に関する法律案」国土交通省ホームページ　https://www.mlit.go.jp/common/001224756.pdf）。

（2）再資源化解体業の許可

特定船舶の再資源化解体を行おうとする者に対し、主務大臣（国土交通大臣、厚生労働大臣（労働災害の防止）及び環境大臣（環境汚染の防止））の許可（5 年ごとの更新制）取得を義務付け。許可を持たない施設については、特定船舶の再資源化解体を禁止する。

（3）特定船舶の再資源化解体計画の承認手続き

再資源化解体業者がリサイクルの目的で特定船舶の譲受等を行おうとするときは、再資源化解体業者に対し、再資源化解体計画の作成及び主務大臣（国土交通大臣、厚生労働大臣（労働災害の防止）及び環境大臣（環境汚染の防止））の承認を受けることを義務付け。特定船舶の所有者が、自ら再資源化解体業者として

日本国内で解体を行う際には、同様なことを義務付け。なお、再資源化解体計画は、船舶の解体工程等を基準として定めることとなっている。

　これまで成立してきた 6 つのリサイクル法は、市場で有価ではない廃棄物あるいは市況によってはそのような廃棄物となるものを対象としてきた。その点においてシップリサイクル法は、有価取引される使用済みの船舶を対象としていることで、他のリサイクル法とは性格が違う。一方で、廃棄物であれ使用済み品であれ、再資源化することを確実にすることを目指している方向性は同じと言える。さらに、船舶の所有者、解体業者、再資源化業者が連携する枠組みが必要とされることは、例えばプラスチックに係る資源循環の促進等に関する法律において製造者、販売者、収集運搬業者、中間処理業者等が連携する形を大臣認定の事業としていることと似ている。

（3-5-8 の記述は、環境省ホームページ　中央環境審議会循環型社会部会（第 29 回令和元年（2019 年）5 月 29 日）参考資料 4 船舶の再資源化解体の適正な実施に関する法律施行令及び施行規則の公布について　令和元年 5 月　環境省環境再生・資源循環局廃棄物規制課 https://www.env.go.jp/council/03recycle/900417922.pdf を元に作成）

3-5-9　バッテリーのリサイクル

　欧州委員会は令和 2 年（2020 年）12 月にバッテリー規則案を公表した。この中で、事業者に対する電池回収義務（2023 年から）、リサイクル事業者に対する一定水準以上のマテリアル回収率要求（2025 年から）、電池製造時に一定以上のリサイクル材の使用義務（2030 年から）を示している。

（経済産業省ホームページ「蓄電池産業戦略　蓄電池産業戦略検討官民会議」（2022 年 8 月 31 日）https://www.meti.go.jp/policy/mono_info_service/joho/conference/battery_strategy/battery_saisyu_torimatome.pdf）。

　日本においても、自動車の EV 化が拡大しようとしていることから、自動車リサイクルにおけるバッテリーの回収・再利用原材料について議論が本格化する可能性がある。

3-5-10　その他

　ところで、公益社団法人全国産業廃棄物連合会（現　全国産業資源循環連合会）リサイクル推進委員会では、都道府県におけるリサイクル製品優先利用の取

組状況を調査し、平成26年（2014年）2月に報告書を取りまとめた。

その「まとめ」では、リサイクル製品の製造事業者に、利用する側のニーズに応じた品質、価格のリサイクル製品の開発・製造と、需要に応じた安定供給等を求めている。リサイクル製品全般について共通する指摘なので、「都道府県におけるリサイクル製品優先利用の取組状況調査報告書　平成26年（2014年）2月」（https://www.zensanpairen.or.jp/wp/wp-content/themes/sanpai/assets/pdf/activities/report_recycle_25.pdf）から、編集して以下に紹介する。

すなわち、利用する側のニーズに応じた品質、価格のリサイクル製品の開発・製造と、需要に応じた安定供給ができる体制の整備こそが、資源循環を行う産業廃棄物処理業者に求められる。

---

1. 都道府県によるリサイクル認定品であっても、価格、品質、量の確保の面で利用する側に不安があり、優先的に利用されていない状況がある。すなわちリサイクル認定品のいくつかは利用側の要求を十分に満足していないと言える。また利用する側は、リサイクル認定品とバージン材から出来た製品とを比較して、より優れた製品を利用するという傾向がある。
2. リサイクル品認定制度の創設・充実だけではなく、それに加えてバージン材から出来た製品と十分に競争できる、すなわち利用する側のニーズに応じた、価格、品質のリサイクル品の開発・製造が望ましい。また同時に、そのようなリサイクル品の需要の確保が求められる。
3. リサイクル品認定制度を有していない都道府県においては、自らが品質を担保することが出来ないとの声がある。このことから、リサイクル品の利用普及には、バージン材から出来た製品と同様に、統一的な規格（たとえばJIS規格等）を設けることも有効な手段である。

3-6　プラスチックリサイクル

3-6-1　プラスチックとは

「トコトンやさしいプラスチック材料の本」（高野菊雄著、B&Tブックス、日刊工業新聞社）によると、「工業生産された最初のプラスチックは、1870年につくられたセルロイドで、綿花からのリンターや木材からのパルプを原料としての…。工業生産された最初の人工の合成樹脂は1909年に米国でつくられたフェノール樹脂です。」。

日本での汎用プラスチックの本格的な工業化は、石油化学工業が立ち上がった

頃からで、筆者も小学生の時にプラモデルを通じてその存在を知った。

　プラスチックには、電気を通しにくい、熱を通しにくい、成形しやすい、大量生産が可能、といった特徴があり、さらに、軽くて丈夫・密閉性がある・複合材が作れる・透明性があって着色も自由であることから、食品等の容器包装として大量に使用されている（「プラスチックとリサイクル　8つの「？はてな」」（一般社団法人プラスチック循環利用協会））。

　これまでプラスチックは、その特徴のため、数々の素材を代替してきた。代替された素材としては紙、木材、天然繊維をはじめガラス、陶磁器などである。今や自動車、家電にも多種のプラスチックが使用されている。

　熱可塑性があるプラスチックとしては、PE（ポリエチレン）、PP（ポリプロピレン）、PS（ポリスチレン）、PVC（塩化ビニル樹脂）、PET（ポリエチレンテレフタレート）が代表的なものとして挙げられる。

3-6-2　プラスチックリサイクル

　プラスチックのリサイクルは、3つに大別される（表3-10）。マテリアルリサイクル（プラスチック製品の原料）、ケミカルリサイクル（化学原料等）、サーマルリサイクル（エネルギーとして回収）である。なお、プラスチック資源循環促進法では、サーマルリサイクルは熱回収とされている。

　表3-11は、国内で産業廃棄物扱いの廃プラを処理別に整理している。最近の発生量は減少傾向にあり約400万トンである。

　マテリアルリサイクルの再生利用をみると、2017年以降増加しているが、2021年は107万トンとなっている。このカテゴリーでは海外への再生利用目的分も含まれていたので、2017年12月からの中国による輸入禁止が影響している。きれいな単一のプラスチックのみがほぼマテリアルリサイクル向けとされていたと言える。2021年時点で全体の約4分の1である。マテリアルリサイクルに向かないプラスチックは燃料化、発電や熱利用の焼却、埋立に向かう。顕著な動きは、固形燃料／セメント原・燃料としてのRPF製造である。1997年の2万トンから2017年には138万トンに、2021年には169万トンに大幅に増加している。産業廃棄物扱いの廃プラの発電焼却は、1997年から一気に増加したが、近年は伸び悩み2021年には40万トンに減少している。なお、2021年までに単純焼却は減少し埋立は激減している。

表3-10　プラスチックのリサイクルの方法・用途・利用先

リサイクルの方法	用途・利用先
○マテリアルリサイクル 廃プラスチックの再生処理により プラスチック製品の原料とする。	様々な熱可塑性のプラスチック製品原料（全量あるいは一部）。例、パレット、車止め、洗面器、すのこ、植木鉢、レジ袋。
○ケミカルリサイクル 廃プラスチックを化学的な分解等により化学原料に再生する。モノマー化、ガス化、油化については循環的なケミカルリサイクルと呼ばれることがある。	ボトル to ボトルといった原料・モノマー化
	還元剤としての高炉原料化
	コークス炉化学原料化
	ガス化（水素・メタノール・アンモニア・酢酸等の化学原料、燃料）。燃料としての再利用はサーマルリサイクルともいえる。
	油化（生成油、燃料）。燃料としての再利用はサーマルリサイクルともいえる。
○サーマルリサイクル 廃プラスチックを固形燃料とする。あるいは廃プラスチックを焼却して熱エネルギー回収する。	RPF などの固形燃料化
	セメント原・燃料化
	焼却熱利用・発電

出典：「プラスチックとリサイクル　8つの「？はてな」」（一般社団法人プラスチック循環利用協会）中の「プラスチックのリサイクル手法と成果物」を簡単化した上で編集

表3-11　産業系プラスチックの発生量及び処理量

単位　万トン

	年	1997	2007	2017	2021
産業系廃棄物	発生量	471	492	485	405
	再生利用	108	147	144	107
	高炉・コークス炉原料／ガス化／油化	1	7	13	2
	固形燃流／セメント原・燃料	2	52	138	169
	発電焼却	4	99	85	40
	熱利用焼却	96	89	48	31
	単純焼却	39	59	22	15
	埋立	221	39	36	30

出典：一般社団法人プラスチック循環利用協会「プラ再資源化フロー図バックナンバー及びプラスチックリサイクルの基礎知識2022」より作成

3-6-3　プラスチックに係る資源循環の促進等に関する法律

　プラスチックに係る資源循環の促進等に関する法律（プラスチック資源循環促進法）が成立する前までは、特定の性状を有するものを対象としたリサイクル促進に係る法律はなかった。それ以前のリサイクル促進に係る法律としては、容器包装リサイクル法、家電リサイクル法、建設リサイクル法、食品リサイクル法、自動車リサイクル法、小型家電リサイクル法である。これらについては、3-5で解説した。

　令和4年（2022年）4月からプラスチック資源循環促進法が施行され、すでに基本方針及び政令省令並びに手引き等が公表されている。法律の目的に、「国内外におけるプラスチック使用製品の廃棄物をめぐる環境の変化に対応して、プラスチックに係る資源循環の促進等を図る」と記されているとおり、法律は海洋汚染の防止、中国等の使用済みプラスチック製品の輸入禁止への対応、そして焼却処理に伴う二酸化炭素の排出抑制、国内資源循環を促進することを狙っている。また、3R + Renewable とのスローガンにより、化石資源由来のプラスチックへの依存から再生可能な素材（バイオマス）利用への転換も意図している。

　政府としては、すでに令和元年（2019年）5月31日に「プラスチック資源循環戦略」（消費者庁・外務省・財務省・文部科学省・厚生労働省・農林水産省・経済産業省・国土交通省・環境省策定）を決定し、3R + Renewable を基本原則とした。そして、① 2030年までにワンウェイプラスチックを累積25％排出抑制すること、② 2025年までにプラスチック製容器包装及び製品のデザインをリユース又はリサイクル可能なデザインにすること、③ 2030年までにプラスチック製容器包装の6割をリユース又はリサイクルすること、④ 2035年までに使用済みプラスチックを100％リユース又はリサイクル等により有効利用すること、⑤ 2030年までにプラスチックの再生利用を倍増すること、⑥ 2030年までにバイオマスプラスチックを最大限約200万トン導入すること、との野心的なマイルストーンを目指すべき方向性として掲げた。

　廃プラを処理してきた産業廃棄物処理会社が、プラスチック資源循環促進法の成立をピンチととらえるか、チャンスととらえるか様々であるが、法律の示す方向が国際的なものであるので、産業廃棄物処理会社のこれまでの実績、経験、商売上のネットワークを生かして、事業拡大のための機会としてとらえて欲しいと考える。産業廃棄物である廃プラスチックのみならず一般廃棄物であるプラスチックの処理において、法律で導入された主務大臣による認定計画における実施

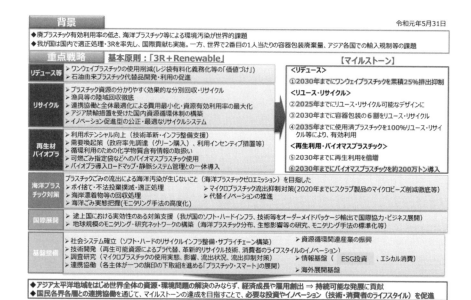

図 3-8　プラスチック資源循環戦略

出典：環境省ホームページ（https://plastic-circulation.env.go.jp/about/senryaku）

者として活躍できる可能性が高い。

　プラスチック資源循環促進法では、プラスチック製品を製造する事業者等が努めるべき環境配慮設計に関する指針が策定され、指針に適合した製品であることを認定する仕組が設けられた（設計・製造段階の措置）。また、ワンウェイプラスチックの提供事業者（小売・サービス事業者など）が取り組むべき判断基準が策定され、主務大臣の指導・助言、ワンウェイプラスチックを多く提供する事業者への勧告・公表・命令が規定されている（販売・提供段階の措置）。

　そして、排出・回収・リサイクルの措置として、主務大臣の認定による事業に関する法的枠組みが３つ用意されている。

　1．市区町村の分別収集及び再商品化（法第５章）

　2．製造・販売事業者等による自主回収及び再資源化（法第６章）

　3．排出事業者の再資源化等（法第７章）

　さて、2．と3．の法的枠組みを利用した取組みを進めるためには製造事業者、販売事業者、排出事業者、処理業者、その他の関係者が関与する必要がある。と

プラスチックに係る資源循環の促進等に関する法律の概要

製品の設計からプラスチック廃棄物の処理までに関わるあらゆる主体におけるプラスチック資源循環等の取組（3R+Renewable）を促進するための措置を講じます。

■ 背景

○ 海洋プラスチックごみ問題、気候変動問題、諸外国の廃棄物輸入規制強化等への対応を契機として、国内における**プラスチックの資源循環**を一層促進する重要性が高まっている。
○ このため、多様な物品に使用されているプラスチックに関し、**包括的に資源循環体制を強化**する必要がある。

■ 主な措置内容

1. **基本方針の策定**
   ● プラスチックの資源循環の促進等を**総合的かつ計画的**に推進するため、以下の事項等に関する**基本方針を策定**する。
     ➢ プラスチック廃棄物の排出の抑制、再資源化に資する環境配慮設計
     ➢ ワンウェイプラスチックの使用の合理化
     ➢ プラスチック廃棄物の分別収集、自主回収、再資源化　等

2. **個別の措置事項**

設計・製造	【環境配慮設計指針】 ● 製造事業者等が努めるべき**環境配慮設計に関する指針**を策定し、指針に適合した製品であることを**認定**する仕組みを設ける。 ➢ 認定製品を**国が率先して調達する**（グリーン購入法上の配慮）とともに、リサイクル材の利用に当たっての**設備への支援**を行う。 ＜付け替えボトル＞
販売・提供	【使用の合理化】 ● ワンウェイプラスチックの提供事業者（小売・サービス事業者など）が取り組むべき**判断基準を策定**する。 ➢ 主務大臣の**指導・助言**、ワンウェイプラスチックを多く提供する事業者への**勧告・公表・命令**を措置する。 ＜ワンウェイプラスチックの例＞

排出・回収・リサイクル

【市区町村の分別収集・再商品化】	【製造・販売事業者等による自主回収】	【排出事業者の排出抑制・再資源化】
● プラスチック資源の分別収集を促進するため、**容リ法ルートを活用した再商品化**を可能にする ＜プラスチック資源の例＞ ● 市区町村と再商品化事業者が**連携して行う再商品化計画**を作成する。 ➢ 主務大臣が認定した場合に、市区町村による**選別、梱包等を省略**して再商品化事業者が実施することが可能に。	● 製造・販売事業者等が製品等を**自主回収・再資源化する計画**を作成する。 ➢ 主務大臣が認定した場合に、認定事業者は廃棄物処理法の**業許可が不要**に。 ＜店頭回収等を促進＞	● 排出事業者が排出抑制や再資源化等の取り組むべき**判断基準を策定**する。 ➢ 主務大臣の**指導・助言**、プラスチックを多く排出する事業者への**勧告・公表・命令**を措置する。 ● 排出事業者等が**再資源化計画**を作成する。 ➢ 主務大臣が認定した場合に、認定事業者は廃棄物処理法の**業許可が不要**に。

➡ : ライフサイクル全体でのプラスチックのフロー　　　＜施行期日：公布の日から１年以内で政令で定める日＞

資源循環の高度化に向けた環境整備・循環経済（サーキュラー・エコノミー）への移行

図 3-9　「プラスチックに係る資源循環の促進等に関する法律」の概要

出典：環境省ホームページ（https://www.env.go.jp/content/900517105.pdf）

りわけ、これらの関係者による役割分担を企画提案する者の存在が不可欠である（法律では明示されないが）。

産業廃棄物処理会社としては、２．製造・販売事業者等による自主回収・再資源化に関する認定事業、３．排出事業者の再資源化に関する認定事業に関わることが期待される。これらの認定事業の下での事業者は廃棄物処理法の業の許可が不要となっているが、廃棄物処理法の基準や規制がかかるので、技能と技術を有する産業廃棄物処理会社は確実に活躍できると思う。

3-6-4　主務大臣認定事業

主務大臣による３種の認定事業を、特に廃棄物処理法に定める業許可が必要か否かを中心に整理すると、以下のとおりである。なお、認定事業の制度を理解する上で、環境省から都道府県・廃棄物処理法政令市に出された「プラスチックに係る資源循環の促進等に関する法律の施行について（通知）」 環循総発2204016号令和４年４月１日、環境省環境再生・資源循環局長から各都道府県知事・各政令市市長あて、https://www.env.go.jp/content/000050390.pdf）が重要である。同通知では、熱回収によるエネルギー利用の位置付けを、「より持続可能性が高まることを前提に再生可能性の観点から再生プラスチックや再生可能資源（紙、バイオマスプラスチック等）に適切に切り替え、徹底したリサイクルを実施し、それが難しい場合には熱回収によるエネルギー利用を図ることで、プラスチックのライフサイクル全体を通じて資源循環を促進する」との整理がされている。

|１．市町村の分別収集及び再商品化（法第５章）|

○指定法人への委託による再商品化事業（第32条）

   a. 対象品：市町村の区域内におけるプラスチック使用製品廃棄物

   b. 委託行為：市町村は、分別収集物（環境省令で定める基準に適合するものに限る）の商品化を、容器リサイクル法に規定する指定法人に委託することができる。

- 適用除外（第５章すべてについて）

   家電リサイクル法及び自動車リサイクル法において対象となるプラスチック使用製品が廃棄物となったもの。

- 廃棄物処理法の業許可

   市町村の委託を受けて分別収集物の再商品化に必要な行為（一般廃棄物又

は産業廃棄物の運搬又は処分）を実施する指定法人又は指定法人の再委託を
受けて分別収集物の再商品化に必要な行為（一般廃棄物又は産業廃棄物の運
搬又は処分）を業として実施する者は、これに係る業許可が不要。

- 廃棄物処理法の規定適用

　　指定法人（市町村の委託を受けて分別収集物の再商品化に必要な行為を実
施する場合）は、みなし一般廃棄物処理業者又はみなし産業廃棄物処理業者
となり、廃棄物処理法における産業廃棄物処理業者の規定（これらの規定の
罰則を含む）が適用される。

　　指定法人の再委託を受けて分別収集物の再商品化に必要な行為を業として
実施する者は、みなし一般廃棄物処理業者又はみなし産業廃棄物処理業者と
なり、廃棄物処理法における一般廃棄物処理業者の規定（これらの規定の罰
則を含む）又は廃棄物処理法における産業廃棄物処理業者の規定（これらの
規定の罰則を含む）が適用される。

- 参考補足

　　再商品化費用の負担者は、プラスチック容器包装については特定事業者
（市区町村負担分を除く）；プラスチック製品については市区町村。また、指
定法人への委託による再商品化は特別交付税措置の対象となる。

○市町村計画による再商品化事業（第33条）
　　a. 対象品：市町村の区域内におけるプラスチック使用製品廃棄物
　　b. 再商品化計画の申請・認定：市町村（単独で又は共同して）が作成した
　　　再商品化計画を主務大臣が認定

- 容器包装リサイクル再商品化法の特例

　　認定再商品化計画に記載されたプラスチック容器包装廃棄物については、
これを容器包装再商品化法第2条第6項に規定する分別基準適合物とみなし
て、容器包装再商品化法の規定を適用する。

- 廃棄物処理法の業許可

　　再商品化実施者は、認定再商品化計画に従い分別収集物の再商品化に必要
な行為（一般廃棄物又は産業廃棄物の収集若しくは運搬又は処分）を業とし
て実施する者は、これ係る業許可が不要となる。

- 廃棄物処理法の規定適用

　　再商品化実施者は、みなし一般廃棄物処理業者又はみなし産業廃棄物処理

再商品化計画の認定は、プラスチック容器包装廃棄物及びそれ以外のプラスチック使用製品廃棄物の両方を収集、プラスチック容器包装廃棄物のみを収集、プラスチック容器包装廃棄物以外のプラスチック使用製品廃棄物のみを収集のいずれのパターンであっても対象となります。

（材料リサイクルの例）

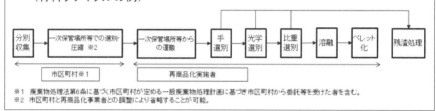

図 3-10　再商品化のイメージ

出典：環境省ホームページ「プラスチックに係る資源循環の促進等に関する法律に係る再商品化の認定申請の手引き（1.1版）令和5年1月」
　　　（https://www.env.go.jp/content/000107322.pdf）

業者となり、廃棄物処理法における一般廃棄物処理業者（これらの規定の罰則を含む）又は廃棄物処理法における産業廃棄物処理業者の規定（これらの規定の罰則を含む）が適用される。

- 参考補足

　市区町村は、再商品化実施者との調整により、選別・保管等を省略できる。再商品化費用の負担者は、プラスチック容器包装については特定事業者（市区町村負担分を除く）；プラスチック製品については市区町村。また、再商品費用の決定は、計画の認定基準を踏まえ市区町村が行う。さらに、市町村計画による再商品化は特別交付税措置の対象となる。

　詳しくは、「プラスチックに係る資源循環の促進等に関する法律に係る再商品化の認定申請の手引き（1.1版）、令和5年1月、環境省」を参照。主務大臣による認定事例は、令和5年（2023年）9月現在、3例であり、認定を受けた者は、それぞれ宮城県仙台市（令和4年（2022年）9月30日認定）、愛知県安城市（令和4年（2022年）12月19日認定）、神奈川県横須賀市（令和4年（2022年）12月19日認定）である。

<u>２．製造事業者等による自主回収及び再資源化(法第6章)</u>
○自主回収・再資源化事業（第39条）

    a. 対象品・事業者：自らが製造し、若しくは販売し、又はその行う販売若しくは役務の提供に付随して提供するプラスチック使用製品（当該プラスチック使用製品と合わせて再資源化を実施することが効率的なプラスチック使用製品を含む）が使用済みプラスチック使用製品となったものの再資源化を行う者（委託を受けた者を含む）

    b. 自主回収・再資源化計画の申請・認定：自らが作成した自主回収・再資源化計画を主務大臣が認定

    c. 委託行為：認定自主回収・再資源化事業者は、認定自主回収・再資源化事業計画に従った収集運搬及び処分を委託することができる。

- 適用除外（第6章すべてについて）

　　家電リサイクル法、自動車リサイクル法及び小型家電リサイクル法において対象となるプラスチック使用製品

- 廃棄物処理法の業許可

　　認定自主回収・再資源化事業者は、再資源化に必要な行為（一般廃棄物又は産業廃棄物の収集運搬又は処分）に係る業許可が不要となる。また、同事業者から認定自主回収・再資源化事業計画に従い収集運搬及び処分を行うことを委託された者も業許可が不要となる。

- 廃棄物処理法の規定適用

　　認定自主回収・再資源化事業者及び同事業者から認定自主回収・再資源化事業計画に従い収集運搬及び処分を行うことを委託された者は、みなし一般廃棄物処理業者又はみなし産業廃棄物処理業者となり、廃棄物処理法における一般廃棄物処理業者の規定（これらの規定の罰則を含む）又は廃棄物処理法における産業廃棄物処理業者の規定（これらの規定の罰則を含む）が適用される。

　　<u>詳しくは、「プラスチックに係る資源循環の促進等に関する法律に係る製造・販売事業者等による自主回収・再資源化事業計画認定申請の手引き（1.0版）、令和4年3月、環境省」を参照。</u>主務大臣による認定事例は、令和5年（2023年）9月現在、1例であり、認定を受けた者は、緑川化成工業株式会社（令和5年（2023年）4月19日認定）である。

○再資源化事業（サーマルリサイクルは対象外）（第 48 条）

    a. 対象品：排出事業者が排出するプラスチック使用製品産業廃棄物等

    b. 事業者１：排出事業者自ら（委託を受けた者を含む）（一号認定）

    c. 事業者２：複数の排出事業者の委託を受けた者（二号認定）

    d. 委託行為：プラスチック使用製品産業廃棄物等の収集、運搬及び処分

- 再資源化事業の適用除外

    家電リサイクル法、自動車リサイクル法及び小型家電リサイクル法におい

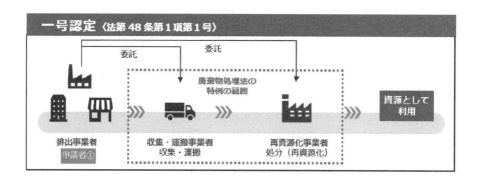

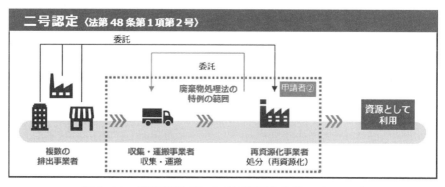

図 3-11　排出事業者による再資源化事業のイメージ

出典：環境省ホームページ「プラスチックに係る資源循環の促進等に関する法律に係る排出事業者等による再資源化事業計画認定申請の手引き（1.0 版）令和 4 年 3 月」（https://plastic-circulation.env.go.jp/wp-content/themes/plastic/assets/pdf/tebiki_haisyutsu_ninteishinsei.pdf）

て対象となるプラスチック使用製品が廃棄物となったもの。

- 再資源化計画の申請・認定

    bの事業者1又はcの事業者2が作成した再資源化計画を主務大臣が認定

- 廃棄物処理法の業許可

    bの事業者1及びcの事業者2は収集運搬及び処分の業許可が不要となる。また、cの事業者2から委託を受けた者は、収集運搬の業許可が不要となる。

- 廃棄物処理法の規定適用

    bの事業者1及びcの事業者2（委託を受けた者を含む。）は、みなし産業廃棄物処理業者となり、廃棄物処理法における産業廃棄物処理業者の規定（これらの規定の罰則を含む。）が適用される。

　詳しくは、「プラスチックに係る資源循環の促進等に関する法律に係る排出事業者等による再資源化事業計画認定申請の手引き（1.0版）、令和4年3月、環境省」を参照。主務大臣による認定事例は、令和5年（2023年）9月現在、2例であり、認定を受けた者は、それぞれ三重中央開発株式会社（令和5年（2023年）4月19日認定）とDINS関西株式会社（令和5年（2023年）4月19日認定）である。

3-6-5　廃プラスチックの選別

　3－6－4で解説した主務大臣による事業において、廃プラスチックを性状、形状、リサイクル目的に応じて適確に選別することは極めて重要である。

　オフィスのような事業所やプラスチック製品製造事業所から排出される複数の材質からなる廃プラスチックを、プラスチック材質別に選別する流れを概観するとおおよそ次のとおりである。

　まず、リチウムイオン電池を含む品目など選別工程に支障を及ぼす異物・危険物の除去が手作業で始まる。磁選機による金属の除去、そして光学選別、破砕、洗浄、比重選別、（選別工程全体からの）残渣回収となる。プラスチック製品の再生原料（マテリアルリサイクル）や石油化学原料（ケミカルリサイクル）に向かない残渣は、RPF製造の素材あるいは焼却処理（熱回収後の発電又は熱直接利用）や埋立処分の該当物となる。最近では、上記の光学選別としてAIを搭載した機械（学習するロボット）が利用され始めており、以前ではこの部分が目視による手作業によっていた際に比べ、効率的になっている。なお、脱炭素化の要請を踏まえよりグリーンな電力を利用することが望まれる。

建設廃棄物に含まれる廃プラスチックの選別について補足すると、建設廃棄物の粗選別は上記と同様にリチウムイオン電池を含む品目など選別工程に支障を及ぼす異物・危険物の除去を手作業で始まる。次に磁気選別と破砕を行い、鉄、廃プラスチック・木くずの可燃物、その他の不燃物等はそれぞれに処理を行うことになる（＊）。廃プラスチックについては、光学選別、（選別工程全体からの）残渣回収となる。プラスチック製品の再生原料（マテリアルリサイクル）や石油化学原料（ケミカルリサイクル）に向かない残渣は、焼却処理（熱回収後の発電又は熱直接利用）や埋立処分される。

　（＊）建設廃棄物の不燃物は、例えば再生砕石、再生砂、アルミ、その他の非鉄に選
　　別されている。

　焼却処理や埋立処分の量を減らし（外部への委託処理量の削減）、またマテリアルリサイクル向けの原料を増やす（有価物を増加）ため、産業廃棄物処理を行う各社は、選別工程の効率化と高度化を日夜進めている。通常の廃プラスチックの選別では、複合材プラスチックはマテリアルリサイクルにとって、そして塩素含有が高いプラスチックはサーマルリサイクル（RPF 利用）にとって支障があるので、引き続き高度な選別装置の開発と実用化が望まれる。

　さて、最後に国連環境計画（UNEP）の動きを簡単に紹介する。すでに 2022年の後半から、プラスチック汚染の防止を目的とした国際的な法的枠組み（an international legally binding instrument）案の作成に係る政府間交渉が始まっている。2024 年末までに作成作業を終えることが合意されている。主な目的がプラスチック汚染の防止であるが、その具体策として、プラスチックの資源循環が取り上げられることは間違いなく、この点に関して 2025 年以降に国内外で改めて議論されることが予想される。

3-6-6　ケミカルリサイクル

　すでに３−６−２において、廃プラスチックの処理として、再生利用すなわちマテリアルリサイクルをはじめ、焼却熱利用、燃料化などを説明した。これらの従来の処理方法とは違う、新しい動きを紹介する。物質循環を目的としたケミカルリサイクルである。

　廃プラスチックを収集運搬し、洗浄選別した上で、石油化学の会社に供給し、石油製品を再び製造するために原料化するものである。製造会社と産業廃棄物処理会社の連携が想定されている。

　令和2年（2020年）の暮れ、日本化学工業会は、傘下の石油業界と化学工業界の各社により、廃プラスチックを化学製品の原料に変えるケミカルリサイクルを拡大し、2030年には150万トン、2050年には350万トンとしたい旨を発表した。現在では、高炉還元等によるケミカルリサイクルが廃プラ全体の4％である30万トンにすぎないので、目標量は大変大きな量である。

　具体的な技術手法として、油化、モノマー化、ガス化が取りあげられている。受入可能となる廃プラの品質は技術手法ごとに異なると考えられる。

　産業廃棄物の中間処理会社からみると、RPF化、焼却、埋め立て以外の処理先が増えることになる。焼却処理や埋立処分を行っている会社にとっては今後の本ケミカルリサイクルの進展が気になるところである。今のところ、この数年では、年間で数万トンの油化が中心と聞いているが、動静脈連携として、大量の廃プラスチックをケミカルリサイクル向けに収集運搬・洗浄・選別することを産業

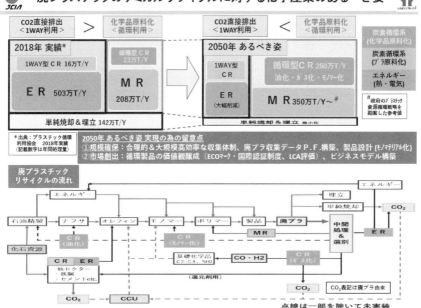

図3-12　循環型ケミカルリサイクル
出典：一般社団法人日本化学工業協会ホームページ

廃棄物処理会社が担う可能性がある。ケミカルリサイクルの今後の展開については産業廃棄物処理業界として注目する必要がある。

3-7 脱炭素化

3-7-1 廃棄物分野の温室効果ガス（GHG）

　我が国の温室効果ガス（GHG）排出量・吸収量（確報値）が、環境省により毎年公表されている。令和5年（2023年）4月に公表された令和3年度（2021年度）の排出量・吸収量（確報値）をみると、排出量は11億7,000万トン（2013年度比-16.9%）である。このうち二酸化炭素の排出量は10億6,400万トンであり、廃棄物分野（一般廃棄物及び産業廃棄物等）からの排出量は2,990万トン（2.8%）となっている（環境省ホームページ https://www.env.go.jp/content/000128750.pdf）。

3-7-2 脱炭素化への挑戦

　世界の気温上昇は産業革命後で約1.5℃となっている。人間は遠い未来、遠い場所での問題の把握と対処は得意でない。そうであるからこそ、意識して50年100年先まで気候変動を見通す必要がある。気候変動に対処する脱炭素化の取組みは、現在の産業廃棄物処理会社の経営者や後継者、そして次世代の者にとっても引き継いでいくべき地球規模の問題である。

　令和2年（2020年）10月26日、菅総理大臣による2050年カーボンニュートラルを目指すとの所信表明を受けて、令和4年（2022年）5月25日には地球温暖化対策推進法の一部改正（地域の再生可能エネルギーを活用した地域脱炭素化促進事業その他）が成立し、令和5年（2023年）5月12日には「脱炭素成長型経済構造への円滑な移行の推進に関する法律」（GX推進法）が成立した。

　産業廃棄物処理業界から排出される二酸化炭素は日本全体の1〜2%であるが、脱炭素化に可能な限り取り組むことが、産業廃棄物処理会社が経済社会における存在である以上必要である。

　金融機関が産業廃棄物処理会社の設備投資に資金提供する際には、脱炭素化に向けての会社の取組方針や姿勢が審査対象となるであろう。脱炭素化に向けての会社の取組方針や姿勢の情報はいわゆる非財務情報であるが、金融機関のみならずスコープ3（3-7-3で後述）を意識する排出事業者からは、益々重要視され

ていくであろう。

> (参考)　金融庁の動き
> 金融庁は、2022 年 7 月に「金融機関における気候変動への対応についての基本的な考え方」を示した。その中で、1．顧客企業の気候変動に関連する課題の解決に向けたコンサルティングやソリューションの提供、2．顧客企業の気候変動への対応の評価に基づく成長資金等の提供、3．(サプライチェーンを意識した) 面的企業支援及び関係者間の連携強化、が述べられている。

　さて環境省は令和 3 年 (2021 年) 8 月、廃棄物・資源循環分野の中長期シナリオ (案) を示した。政府が 2050 年カーボンニュートラルを宣言したことが背景にあり、削減シナリオが 6 つ示されている (令和 3 年 (2021 年) 8 月 5 日 中央環境審議会循環型社会部会 (第 38 回) 資料 1　https://www.env.go.jp/council/content/i_03/000048390.pdf)。

　この削減シナリオを、環境省廃棄物規制課による令和 3 年 12 月時点の説明資料も参考に解説する。

　削減シナリオは産業廃棄物のみについてのものではなく、産業廃棄物と一般廃棄物の両方を対象としている。1. BAU シナリオ、2. 拡大計画シナリオ、3. イノベーション実現シナリオ、4. イノベーション発展シナリオ、5. 実質排出ゼロシナリオ、6. 最大対策シナリオの 6 つである。BAU シナリオ以外のシナリオでは、次に来るシナリオになるほど技術的、経済的に克服すべきことが多く、とりわけ 6. 最大対策シナリオが最も至難のシナリオとなっている。また、シナリオごとに、バイオマスプラスチック、焼却、CCUS (二酸化炭素回収・利用・貯留、3-7-4 で後述) の想定に差がある。

　1. BAU シナリオは 2019 年度付近の対策のままで 2050 年まで推移するとのもの、2. 拡大計画シナリオは政府や民間の既存計画における対策プラスアルファが講じられたものである (日化協のケミカルリサイクルは織り込まれている)。3. イノベーション実現シナリオと 4. イノベーション発展シナリオでは、脱炭素等の技術開発が進むとのシナリオになっており、4. は 3. より野心的なものとなっている。4. イノベーション発展シナリオを基に、さらに CCUS を見込むのが 5. 実質排出ゼロシナリオと 6. 最大対策シナリオである。6. 最大対策シナリオでは CCUS の導入を最大としたものである。バイオマスプラスチックの利用拡大が 3.

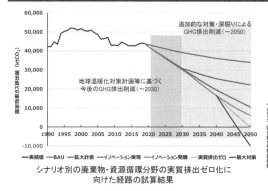

廃棄物・資源循環分野の中長期シナリオと温室効果ガス排出量の見通し

シナリオ別の廃棄物・資源循環分野の実質排出ゼロ化に
向けた経路の試算結果

2050年のシナリオ別・排出源別のGHG排出量試算結果

(ktCO2)	シナリオ					
	BAU	拡大計画	イノベーション実現	イノベーション発展	実質排出ゼロ	最大対策
埋立	1,350	898	851	834	834	834
生物処理	377	377	377	377	377	377
焼却	11,172	4,299	3,167	2,126	2,126	2,126
原燃料利用	16,703	14,696	4,636	2,827	2,827	2,827
エネ起CO2	4,367	1,911	1,468	0	0	0
CCUS※	0	0	0	0	-6,164	-16,138
合計	33,968	22,180	10,499	6,164	0	-9,975

（左端の縦項目：排出源）

※ 廃棄物焼却施設から排出される排ガス中のCO2をCCSした場合の削減効果を計上

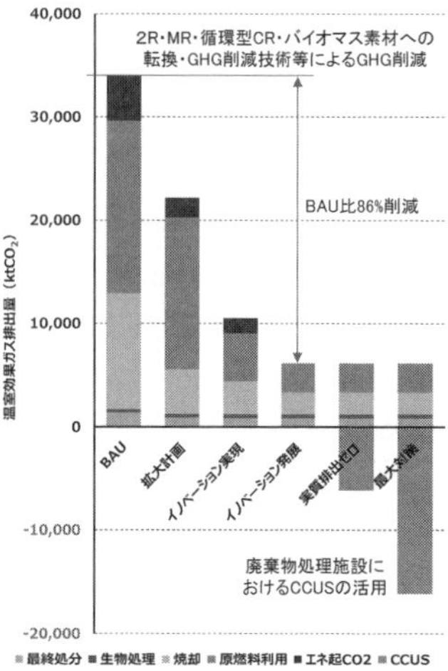

2050年のシナリオ別の廃棄物・資源循環分野
のGHG排出量試算結果

図 3-13　2050 年に向けての削減シナリオ

出典：環境省ホームページ「令和 3 年（2021 年）8 月 5 日 中央環境審議会循環型社会部会（第
38 回）資料 1 」（https://www.env.go.jp/council/content/i_03/000048390.pdf）

イノベーション実現シナリオ以降では大きく見込まれている。

　さて、最も関心を呼ぶ廃プラスチック等の単純焼却の今後であるが、現状の計画シナリオにおいても、2035 年度までに廃プラスチックを焼却するすべての施設においてエネルギー回収が行われると想定されている（プラスチック資源循環戦略のマイルストーンに対応）。ただし、既設炉への対応は要検討とされている。また、廃プラスチックの焼却量（熱回収する焼却炉分を含む）については、2030年には 3 割減、2050 年には半減が見込まれている。1. BAU シナリオを除き、それ以外のシナリオ間の差は小さい。

　CCUS については、5. 実質排出シナリオと 6. 最大対策シナリオに盛り込んでいるが、2040 年代にその開始が想定されている。6. 最大対策シナリオでは、既設を含む全焼却施設に CCUS を導入した場合を試算しているが、実現可能性は

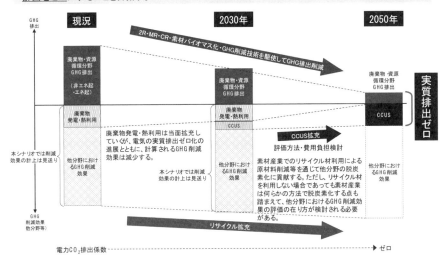

図 3-14　2050 年実質排出ゼロに向けての道行き

出典：環境省ホームページ「令和3年（2021年）8月5日 中央環境審議会循環型社会部会（第38回）資料1」（https://www.env.go.jp/council/content/i_03/000048390.pdf）

考量されていない。我が国全体のカーボンニュートラル達成に向けて、廃棄物分野での CCUS の実施がどこまで求められるのかは、今後議論すべきこととなっている（筆者としては、とりわけ既設焼却施設では、CCUS 施設の用地確保を始め、解決すべき技術的、経済的な課題が現状では多いと考える）。

　廃棄物・資源循環分野の中長期シナリオ（案）に盛り込まれた図3-14は読み解きが難しい図である。中央横線の上方向は、廃棄物・資源循環分野からの排出量を示している。中央横線の下方向は、廃棄物による発電、RPF 等の製造利用といった他分野での削減効果を示している。図3-14は、先ほど述べた5. 実質排出ゼロのシナリオにおける排出量等を現在から2050年に向けてイメージしたものである。上の青色の斜め矢印では、マテリアルリサイクル・ケミカルリサイクルの進展、バイオマス利用の拡大、CCUS 等の実現をイメージしている。これにより廃棄物・資源循環分野からの GHG の排出は2050年に向けて減る。一方、

廃棄物からの発電・熱利用及び RPF 等の廃棄物燃料による化石燃料を代替する効果は、日本全体の電力のグリーン化拡大により減少する。さらに 2050 年には、その時点でも焼却せざるを得ない廃棄物があることから二酸化炭素を利用する CCUS を導入しないと廃棄物・資源循環分野からの実質排出ゼロはできない、とする姿を示している。

　環境省が示す中長期シナリオ案では、CCUS 施設の用地確保をはじめ、解決すべき技術的、経済的な課題をどのように克服するかは触れていない。中長期シナリオ案をどのように実行するかについては環境省で現在検討中と聞いているので、その検討結果の早急な公表を待ちたいところである。

　産業廃棄物処理業界でどのような脱炭素化を目指すにしても、産業廃棄物処理会社だけの努力のみでは達成できない。業界外の企業や行政に実施してもらうことがある。表 3-12 は、収集運搬車両、廃プラ処理、廃油処理、最終処分、重機、機械といった分野において、産業廃棄物処理業の努力のみならず、産業廃棄物処理業・リサイクル業と製造業との連携、そして業界外のメーカーや行政への要望を一覧にしたものある。

　例えば収集運搬車両では、産業廃棄物処理会社が省エネ車両の使用拡大や DX を利用した収集運搬を合理化をするとしても、省エネ車両の開発をメーカーが行うこと、省エネ車両導入の支援を行政が進めることが欠かせない。また重機や機械についても同様であり、さらに電力のグリーン化は電力会社により行われることが必要となる（太陽光パネルを産業廃棄物処理会社が自社内に設置しある程度電力のグリーン化をしたとしても）。

　廃プラ処理では、産業廃棄物処理会社が選別を高度化しマテリアルリサイクルやケミカルリサイクルを行う者へ供給する、RPF 製造を行う、焼却による熱回収（発電・熱利用）を行うとしても、ケミカルリサイクルの中核部分について石油化学会社により、またバイオマスプラスチックの利用拡大は化学会社に行ってもらう必要がある。

　エネルギーの使用の合理化等に関する法律とその他 4 つの法律が、「安定的なエネルギー需給構造の確立を図るためのエネルギーの使用の合理化等に関する法律等の一部を改正する法律」により改正された（施行は令和 5 年（2023 年）4 月 1 日）。

　一部の大きな産業廃棄物処理会社以外の会社は、この法律改正により新たに措置することはないと考えられるが、改正内容は大規模なエネルギー業・製造業に

表 3-12　産業廃棄物処理における対策と外部との連携・協力

対象分野	処理業	動静脈の連携	メーカーや行政
収運車両	省エネ車両の使用拡大 DX を利用した収集運搬合理化		省エネ車輌の開発 省エネ車輌導入時の支援
廃プラ処理 （処理委託量を処理業が抑制することは考えにくい。）	焼却しない廃プラを選別する →マテリアルリサイクル →ケミカルリサイクル →RPF 製造	マテリアルリサイクルの連携 ケミカルリサイクルの連携 RPF 製造・利用の連携	バイオマスプラスチックの拡大 破砕選別機の開発
	焼却熱による発電		建設設置の支援
	焼却熱の直接利用		建設設置の支援
	単純焼却炉の抑制		
	RPF		
廃油処理 （処理委託量を処理業が抑制することは考えにくい。）	焼却しない廃油を選別する →再生油リサイクル →ケミカルリサイクル	再生油リサイクルの連携 ケミカルリサイクルの連携	
	焼却熱による発電		建設設置の支援
	焼却熱の直接利用		建設設置の支援
	単純焼却炉の抑制		
最終処分 （処理委託量を処理業が抑制することは考えにくい。）	早期安定化		廃止基準判定の明確化
重機	省エネ重機の使用拡大		省エネ重機の開発 省エネ重機導入時の支援 電力のグリーン化
機械	省エネ機械の使用拡大		省エネ機械の開発 省エネ機械導入時の支援 電力のグリーン化

浸透していき、いずれ製造業の会社の多くで、また多くの産業廃棄物処理会社にとっても類似の対応を検討すべきものになると思われる。少なくとも、このような転換に付随する変化を注視する必要がある。

　産業廃棄物処理会社でも、化石エネルギーと再生可能エネルギーのそれぞれについて使用実績を記録化する、また太陽光発電やバイオマス発電からの再生可能エネルギーを増やしていく、といった取組みを、委託者の排出事業者、また株主・銀行といった企業経営上のステークホルダーに示すことが主流化する可能性がある。また、ここ数年で普及は無理かもしれないが、産業廃棄物の焼却処理に伴う発電で得られた余剰電気を利用して水素を製造し、事業所内の燃料電池に使用することは検討課題である。また、余剰電気を蓄電し、事業所内で利用することも可能となろう。

（参考）　省エネ法の改正　（施行は令和5年（2023年）4月1日）
　まず、改正内容のうち**需要構造の転換**で注目されることは、非化石エネルギーの普及拡大により、供給側の非化石化が進展しているので、これを踏まえ、エネルギー使用の合理化（エネルギー消費原単位の改善）の対象に、非化石エネルギーを追加し、化石エネルギーに留まらず、エネルギー全体の使用を合理化しようとすることである。次に、工場等で使用するエネルギーについて、化石エネルギーから非化石エネルギーへの転換（非化石エネルギーの使用割合の向上）を求め、一定規模以上の事業者に対して、非化石エネルギーへの転換に関する中長期的な計画の作成を求めることである（エネルギーの使用の合理化等に関する法律関係）。
　次に、改正内容のうち**供給構造の転換**で注目されることは、位置づけが不明瞭であった水素・アンモニアをエネルギー供給構造高度化法上の非化石エネルギー源として位置付け、それら脱炭素燃料の利用を促進すること、また火力発電であってもCCSを備えたもの（CCS付き火力）はエネルギー供給構造高度化法上に位置付け、その利用を促進することである（エネルギー供給構造高度化法関係）。
（経済産業省ホームページ　安定的なエネルギー需給構造の確立を図るためのエネルギーの使用の合理化等に関する法律等の一部を改正する法律案の概要 https://www.meti.go.jp/press/2021/03/20220301002/20220301002-1.pdf を元に編集）

3-7-3　スコープ3

　世界資源研究所（WRI）と持続可能な開発のための世界経済人会議（WBCSD）により策定されたGHGプロトコールは、GHG排出量の測定・管理するための標準枠組みで、民間セクター、公的セクター、バリューチェーンから

の GHG（CO2 その他）排出量を対象としている。バリューチェーンにおける排出算定は自社又は他社、あるいは直接または間接の観点から、Scope 1、Scope 2 及び Scope 3 の3つに仕分けされている。環境省のグリーン・バリューチェーンプラットフォームのホームページでは Scope 1、Scope 2 及び Scope 3 が次のように定義されている。

Scope 1：事業者自らによる温室効果ガスの直接排出（燃料の燃焼、工業プロセス）

Scope 2：他社から供給された電気、熱・蒸気の使用に伴う間接排出

Scope 3：Scope 1、Scope 2 以外の間接排出（事業者の活動に関連する他社の排出）

　この Scope 3 の一部分として、「事業から出る廃棄物：廃棄物（有価のものは除く）の自社以外での輸送、処理」が含まれていることから、大企業では、委託処理をする産業廃棄物について、産業廃棄物処理業者による収集運搬と処理に伴う CO2 等の GHG に対する関心が高くなっている。

　製造事業者や販売事業者は、狭い意味の自らの生産・製造に係る二酸化炭素の排出のみならず、原材料調達、流通・販売、使用・維持管理、廃棄・リサイクルも含め全工程に係る排出量を算出する方向となる。この排出量とその削減に向けての取組みを金融機関が融資判断における重要事項と考える。また、気候変動対応に係る情報は非財務情報であるが、上場企業はその情報開示を 2023 年 3 月期から有価証券報告書において行うことが義務となる。製造事業者等から産業廃棄物処理委託を受ける会社としては、これらが背景となり産業廃棄物処理における排出量と排出削減に向けての取組みに関する情報を公開することが迫られること

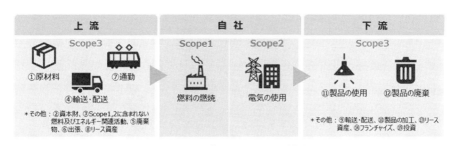

図 3-15　サプライチェーン排出量

出典：環境省ホームページ「グリーン・バリューチェーンプラットフォーム」（https://www.env.go.jp/earth/ondanka/supply_chain/gvc/estimate.html#no02）

が多くなろう。

　国内では、環境省と経済産業省が製品ごとに全工程で排出される二酸化炭素を表示するカーボンフットプリント（CFP）のガイドラインを示した（令和5年（2023年）3月）。また、一部のゼネコン会社が全建設現場での二酸化炭素排出量のモニタリングを開始した。

　ところで、公益社団法人全国産業資源循環連合会が公益財団法人日本産業廃棄物処理事業振興センターから委託を受けて行った2022年度の調査結果（令和4年度産業廃棄物処理における脱炭素に向けた取組調査報告書）では、「産業廃棄物処理業界が計画を定めることや、産業廃棄物処理業者が情報を公開することに対し、排出事業者と産業廃棄物処理業者との間の必要度に大きな乖離がある」とまず述べている。そして、排出事業者と産業廃棄物処理業者に対するヒアリング結果を踏まえ、「産業廃棄物処理業者は、GHG削減目標の設定とGHG排出量の公表を進めるべきである。今後、排出事業者は、消費者や投資家の動向を意識しながら行政施策の進展を待たずにScope 3を含むGHG削減目標の設定とGHG排出量の公表を進めて成長を加速させていくものと考えられる。このような排出事業者と協働できる産業廃棄物処理業者が求められる」としている。さらに、「排出事業者に提供できるよう、収集運搬業者は、中間処理以降のGHG情報を収集すべきである。排出事業者は、産業廃棄物の中間処理以降の処理の流れの把握や、中間処理業者の選定にあたっては、収集運搬業者から情報を得ているケースも多いようである。収集運搬業者は、運搬先である中間処理施設及びさらにその二次処理先について情報を集め、中間処理以降のGHG情報を得て、排出事業者に提供することが求められていると言える」としている（全国産業資源循環連合会ホームページ https://www.zensanpairen.or.jp/wp/wp-content/themes/sanpai/assets/pdf/activities/decarbonization_2022.pdf）

　上記のヒアリングにおける排出事業者は大企業の環境担当者のものであるが、今後、大企業と取引のある企業においてもScope 3の排出量の算定が行われ、Scope 3排出量に着目して産業廃棄物処理業者を選定しようとする傾向が強まる可能性がある。全国産業資源循環連合会に登録されている第1カテゴリーの会員企業（温室効果ガス削減目標等を定め、ＣＳＲ報告書等により公表し、同連合会が行う実態調査に協力する企業）の産業廃棄物処理業者は約100社とまだまだその数が限られている。排出事業者における委託先選定の要素としてScope 3排出量の把握が重視されるにつれて、第1カテゴリーの会員企業を含めより多くの

産業廃棄物処理業者が、自らの排出量（Scope 1 と Scope 2）を算定し、求めに応じて排出事業者に報告することになると思われる。従って、収集運搬及び処理に伴う CO2 等の GHG ガスの算定結果を比較可能とするため、この算定に関する技術的ガイドラインが公的機関より示されることが望まれる。

3-7-4　CCUS（二酸化炭素回収・利用・貯留）

　自然界では木は成長に伴い大気中の二酸化炭素を固定する。そして枯れた木は、長い時間をかけて分解し炭素を自然界に戻す。CCUS といわれる事業は、有機物の焼却に伴い発生する二酸化炭素を人為的に回収し、これを元に燃料・原料となる化合物を製造する（CCU）、あるいは回収した二酸化炭素を地層中深く貯留する（CCS）ものである。「人為的」とは、特別の装置、薬品、エネルギーを用いることである。焼却処理における CCUS（CCU と CCS）は、焼却に伴い発生する気体の二酸化炭素を、他の物質に変えてそのままである間は大気中に出さない、あるいは地層中に貯留して大気中に出さないことを目的としている。なお、CCUS は、Carbon Dioxide Capture, Utilization or Storage の略である。

　環境省が令和3年（2021年）8月に、「廃棄物・資源循環分野における2050年温室効果ガス排出実質ゼロに向けた中長期シナリオ（案）」を公表し、その中で廃棄物焼却施設からの脱炭素技術として CCUS の利用に期待を寄せている。

　CCU の一つの技術は、アミン系物質や人工合成膜で燃焼排ガスから二酸化炭素を回収し、水素等によりメタンを造り出し燃料、原料を得ようとするものである。ただし、このためにはエネルギーが必要であり、必要なエネルギーを化石燃料からではなく太陽光、風力等の再生可能エネルギーから得なくては、CCU で脱炭素を実現する大きな意味がない。なお、CCU で得られた燃料、原料が利用され最終的に二酸化炭素となるシナリオでは、そうなるまでの間二酸化炭素をなくしていると理解される。

　CCU とともに話題になる CCS は、二酸化炭素を回収し、地層中に永久に貯蔵しようとする技術である。もともと CCS は、天然ガスや石油を採取した結果生じた貯蔵空間に二酸化炭素を注入し、地上への産出量が減ってきているガス田や油田を活性化する技術である。この CCS については、経済産業省 CCS 長期ロードマップ検討会の最終取りまとめ（令和5年（2023年）3月）では、「CCS の導入時期を先送ることで2050年カーボンニュートラルの実現に必要な年間貯留量の確保が困難となる懸念がある」、「2050年時点で年間約1.2～2.4億 t の CO2 貯

留を可能とすることを目安に、2030年までの事業開始に向けた事業環境を整備し（コスト低減、国民理解、海外CCS推進、法整備）、2030年以降に本格的にCCS事業を展開することをCCS長期ロードマップの目標とする」としている（経済産業省ホームページ「CCS長期ロードマップ検討会最終取りまとめ」https://www.meti.go.jp/shingikai/energy_environment/ccs_choki_roadmap/20230310_report.html）。

CCUとCCSを実際に実現するための（二酸化炭素あたりの）費用は、欧州等で行われている排出量取引での（二酸化炭素あたりの）価格を上回っており、特にCCS単体では副次的な収益がないことから、現状ではCCSのみならずCCUの事業化は、事業会社外部からの公的支援などがないと大変難しいと考える。産業廃棄物の焼却炉からの二酸化炭素をCCUの対象とすることは、設備投資の費用の面のみならず、事業所に追加的に必要となるスペースと適切な技術者の確保の面で、さらに得られた燃料・原料の安定した利用の面でも、大手の産業廃棄物処理会社にとっても極めてハードルの高い挑戦である。

3-7-5　全産連・低炭素社会実行計画

公益社団法人全国産業資源循環連合会（全産連）では、平成27年（2015年）5月26日に「低炭素社会実行計画」を策定し（平成29年（2017年）3月14日に一部改正）、中間処理業及び最終処分業における焼却や最終処分等の処理、収集運搬業における燃料消費等から排出される温室効果ガス（二酸化炭素、メタン、一酸化二窒素）の削減を目指している。この実行計画は京都議定書第一約束期間（平成20年度から平成24年度）を対象とした「全国産業廃棄物連合会　環境自主行動計画」の後継計画である（全産連ホームページ・地球温暖化対策https://www.zensanpairen.or.jp/activities/globalwarming/）。

「低炭素社会実行計画」では、全産連の正会員（都道府県産業資源循環協会）の会員企業が、2020年度における温室効果ガス排出量を全体として基準年度の2010年度比で同程度（±０％）に抑制する。2030年度における温室効果ガス排出量を全体として基準年度の2010年度比で10%削減する、としている。

「低炭素社会実行計画」（一部改正を含む）の背景には、平成27年（2015年）12月13日にパリで開催された国連気候変動枠組条約第21回締約国会議（COP21）において、法的文書であるパリ協定（The Paris Agreement）が採択され（平成28年（2016年）11月4日に発効）、国内では2030年度削減目標の達

成に向け「地球温暖化対策計画」を平成 28 年（2016 年）5 月 13 日に閣議決定された
ことがある。

（参考）パリ協定のポイント
(https://www.env.go.jp/earth/cop/cop21/cop21_h271213.pdf)
・　世界共通の長期目標として 2℃目標のみならず 1.5℃未満に向けて努力すること
・　主要排出国を含むすべての国が削減目標を 5 年ごとに提出・更新すること、共
　　通かつ柔軟な方法でその実施状況を報告し、レビューを受けること
・　森林等の吸収源の保全・強化、途上国の森林減少・劣化からの排出を抑制
・　適応の長期目標の設定及び各国の適応計画プロセスと行動の実施
・　先進国が引き続き資金を提供すること並んで途上国も自主的にすること
・　5 年ごとに世界全体の状況を把握する仕組み

　廃棄物処理法の業許可を得て行う産業廃棄物処理業者の業務は、排出事業者か
らの処理委託による業務である。製造品や製造量を自ら変えられる通常の製造業
とは違い、産業廃棄物処理業は委託業務なので、委託契約内容が焼却処理であれ
ば受け入れた産業廃棄物は焼却処理しなくてはいけない（これにより二酸化炭素
を排出する）。そこで委託業務であることを大前提として、産業廃棄物処理業の
低炭素や脱炭素を考えなくてはならない。

　産業廃棄物処理業界でどのような低炭素化や脱炭素化を目指すにしても、産業
廃棄物処理会社だけの努力のみでは達成できない、業界外の企業や行政に実施し
てもらいたいことがある。この点は表 3-12 の説明ですでに述べたところである。
産業廃棄物処理業の努力のみならず、産業廃棄物処理業・リサイクル業や製造業
との連携、そして業界外のメーカーや行政による取組、による総合力が必要とな
る。

　さて、業界内では中間処理を行う産業廃棄物処理会社は破砕・切断・圧縮、分
別・選別、焼却・溶融、飼料化・肥料化など、資源循環のための重要なプロセス
を担っている。これによりバージン資源の使用を減らすことにつながる。さら
に、廃棄物の焼却から熱を回収し発電等を行えば、その分だけ化石燃料の使用を
抑えられる。とりわけ、バイオマス系の廃棄物からの再資源化や発電等のための
熱回収が進めば、地産地消の観点からも好ましい。

　産業廃棄物から資源やエネルギーを得る方向は強まると考えるが、技術的ある
いは経済的な理由により再資源化ができないものは最終処分場で安全に埋立処分

表 3-13　低炭素社会実行計画における業態別の対策メニュー

業種	これまでに実施した対策		
中間処理業	対策 1	焼却時に温室効果ガスを発生する産業廃棄物の 3R 推進	選別率の向上、産業廃棄物を原料とした燃料製造、バイオマスエネルギー製造、コンポスト化、選別排出の促進
	対策 2	産業廃棄物焼却時のエネルギー回収の推進	廃棄物発電設備の導入、発電効率の向上、廃棄物熱利用設備の導入
	対策 3	温室効果ガス排出量を低減する施設導入・運転管理	ダイオキシン類発生抑制自主基準対策済み焼却炉における基準の遵守、下水汚泥焼却炉における燃焼の高度化
最終処分業	対策 4	準好気性埋立構造の採用	準好気性構造の採用、最終処分場発生ガスの回収・焼却
	対策 5	適正な最終処分場管理	法令等に基づく適正な覆土施工、浸出水集排水管の水位管理・維持管理、計画的なガス抜き菅の延伸工事、目詰まり等に留意した埋立管理
	対策 6	生分解性廃棄物の埋立量の削減	中間処理業者の選別率向上の促進、分別排出の促進、直接最終処分の削減
	対策 7	最終処分場の周辺及び処分跡地の緑化・利用	処分場周辺地及び跡地の公園化・植林、太陽光発電パネルの導入
収集運搬業	対策 8	収集運搬時の燃料消費削減	エコドライブの推進、車両点検整備の徹底、ディーゼルハイブリッド車の導入
	対策 9	収集運搬の効率化	モーダルシフトの推進、運行管理の推進、収集運搬の協業化、共同組合化によるルート収集の推進
	対策 10	バイオマス燃料の使用	バイオディーゼルの導入、バイオエタノールの導入

| 全業種共通 | 対策11　省エネ行動の実践 | 重機の効率的使用、アイドリングストップ、エンジン回転数の制御等、施設の省エネ（照明オフの徹底等） |
| | 対策12　省エネ機器等の導入 | LED照明、省エネOA機器、太陽光発電設備、天然ガス・ハイブリッド車、省エネ型破砕施設、省エネ型建設機械等 |

出典：環境省ホームページ・低炭素社会実行計画フォローアップ専門委員会「産業廃棄物処理事業における地球温暖化対策の取組」（全産連2023年3月16日）（https://www.env.go.jp/content/000120179.pdf）

することになる。再資源化が難しい廃棄物のうち可燃性のものは焼却処理により、また飼料化や肥料化が難しい有機性のものはメタン発酵等の生物処理により、熱回収・発電を行なうことが期待される。

　中間処理のプロセスおける再資源化・エネルギー回収には、それを行うためのエネルギーが必要である。廃棄物を運搬する車両が使用する軽油（Scope 1）、搬送・投入する重機の軽油（Scope 1）、破砕選別機を動かす電気（Scope 2）などのエネルギーである（電力の一部については、焼却処理における熱回収・発電、あるいは太陽光発電でよる事業所もある）。事業の経費削減のみならず環境の保全の観点から、省エネ機器・車両の導入とエネルギーの効率的な使用が必要である。さらに、収集運搬車両については効率的な利用を行うことが大事である。近年のDX技術に期待するところが大きい。

　業態別に対策メニューが「低炭素社会実行計画」において示されている。重要な点は、廃棄物から資源・エネルギーを創りだすことが、低炭素化のみならず脱炭素化にもつながることである。

　さて、上記の対策メニューにも一部あるが、会員企業の現場で生かせるような対策技術や施設等の運用方法が普及することが望まれる。全産連では、これらのBAT（Best Available Technology）リストを、4分野に分けて整理・紹介している。①焼却処理に関係する発電・熱利用対策、②照明・空調・中間処理施設の動力（モーター）の省エネに関係する技術、③収集運搬に関係する対策、④その他分野の対策。表3-14がその概要である。

　全産連では、毎年会員企業における温暖化対策に関する実態調査を行っている。

表 3-14　BAT リストに載っている対策技術及び運用方法（適用分野別の件数）

適用分野	対策技術（Technology）	運用方法（Practice）
①焼却処理に関係する発電・熱利用対策	●廃棄物発電設備の導入（9件） ●発電効率の向上（1件） ●廃棄物熱利用設備の導入（6件）など	●燃焼管理（1件） ●タービン排気の圧力管理（1件） ●腐食成分への対策（1件） ●デマンドによる運転管理（1件）など
②照明・空調・中間処理施設の動力（モーター）の省エネ化に関係する技術	●高効率照明設備の導入（1件） ●動力のインバータ制御（3件） ●電気量監視システムの導入（3件）など	●空調効率の向上（2件） ●重機使用時の油圧管理（1件）など
③収集運搬に関係する対策	●エコドライブ関連機器の導入（3件） ●省エネ型車両の導入（1件） ● IoT 等を用いた車両の運転管理（3件）など	●収集運搬の効率化（4件） ●エコドライブ教育（1件） ●作業効率の向上（3件）など
④その他分野の対策	●最終処分場発生ガスの焼却処分（2件） ●自然エネルギーの利用（3件） ● AI による中間処理の効率化（1件） ●バイオマス利用（1件）	

出典：環境省ホームページ・低炭素社会実行計画フォローアップ専門委員会「産業廃棄物処理事業における地球温暖化対策の取組」（全産連 2023 年 3 月 16 日）（https://www.env.go.jp/content/000120179.pdf）

悉皆調査ではなく、電子メールによる依頼が可能な会員企業にアンケート調査票を送付し、回答結果を取りまとめている。ちなみに、令和 4 年度（2022 年度）に行われた実態調査では、中間処理業者 2,505 社へ送付し 825 社が回答（回答率 32.9％）、最終処分業者 328 社へ送付し 145 社が回答（回答率 44.2％）、収集運搬業者 2,982 社へ送付し 907 社が回答（回答率 30.4％）であった。

　平成 22 年度（2010 年度）から令和 4 年度（2022 年度）までの実態調査から得られた、業種別の温室効果ガス排出量と焼却処理・熱回収による温室効果ガス削減量を図 3-16 に示す。各年度に回答を寄せた会社からの報告値を合計し単純に

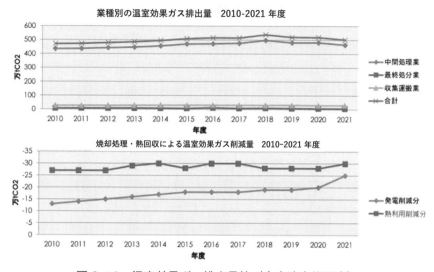

図 3-16　温室効果ガス排出量等（全産連実態調査）

出典：環境省ホームページ・低炭素社会実行計画フォローアップ専門委員会「産業廃棄物処理
　　事業における地球温暖化対策の取組」（全産連 2023 年 3 月 16 日）
　　（https://www.env.go.jp/content/000120179.pdf）

グラフ化したものであるが、中間処理業からの排出量が増加していることがわかる。この増加は次の図 3-16 が示すように、主に廃プラスチックの焼却によるものである。図 3-16 では、産業廃棄物処理会社において、焼却処理における熱回収による発電や熱利用が増えてきていることもわかるが、それを上回る廃プラスチックの焼却量があると考えられる。廃プラスチックの使用削減とマテリアルリサイクル・ケミカルリサイクルの促進を示唆する結果となっている。

　2010 年度から 2021 年度までの間、回答があった廃プラスチックの焼却量を図 3-17 にグラフ化した。2021 年度においては、焼却量上位 40 社の焼却量は、全 142 社の焼却量の約 74％を占めており、業界全体における廃プラスチックからの二酸化炭素の削減において、上位 40 社を含め大規模な焼却炉を保有する会社が重要な役割を担っていることがわかる。また、全 142 社を専業者と兼業者に分け、それぞれの廃プラスチックの焼却量を見ると、やはり専業者からの分が約 79％となり、大きな割合を占める。

　産業廃棄物処理会社において、焼却処理における熱回収による発電や熱利用が

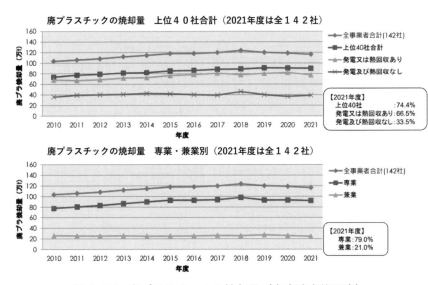

図 3-17　廃プラスチックの焼却量（全産連実態調査）

出典：環境省ホームページ・低炭素社会実行計画フォローアップ専門委員会「産業廃棄物処理
　　　事業における地球温暖化対策の取組」（全産連 2023 年 3 月 16 日）（https://www.env.
　　　go.jp/content/000120179.pdf）

増えてきていることは述べた。社会全体の脱炭素に従い、これらによる二酸化炭
素の削減効果は少なくなること、一方で焼却処理せざるを得ない産業廃棄物もあ
ることから、2050 年カーボンニュートラルに向けて環境省中長期シナリオ案で
は CCU が取り上げられている。すでに述べたが、CCU については、設備投資の
費用の面のみならず、事業所に追加的に必要となるスペースと適切な技術者の確
保の面で、さらに得られた燃料・原料の安定した利用の面でも、大手の産業廃棄
物処理会社にとっても極めてハードルの高い挑戦である。しかしながら、CCU
の実現を真険に検討せざるを得ないことも事実である。

3-8　再生可能エネルギー・水素

3-8-1　FIT と FIP

　最終処分場・中間処理場内の太陽光発電をはじめ、解体家屋からの木くず、製
材所で発生する木くず、間伐材などの未利用材、道路脇に植えられた木々や果樹

園で剪定された剪定枝を燃料とする発電、廃食品のメタン発酵による発電が注目されている。これらの発電は化石燃料に依らない発電なので、脱炭素に向けた地産地消の取組みである。

　再生可能エネルギー固定価格買取制度（FIT 制度）が、東日本大震災後の平成 24 年（2012 年）7 月に創設された。本制度は、再生可能エネルギーで発電した電気を、<u>電力会社が一定価格で一定期間（再生可能エネルギー区分別に 10 年間、15 年間又は 20 年間）買い取る</u>ことを国が約束する制度である（FIT は、Feed-in Tariff の略）。電力会社が買い取る費用の一部を、電気を利用する者から「賦課金」という形で集め、再生可能エネルギーの導入拡大を支えてきた。この制度により、発電設備の高い建設コストなどの回収の見通しが立てやすくなり、再生可能エネルギーによる発電の普及が進んだ。

　しかし、再生可能エネルギーの最大限の導入と国民負担の抑制の両立のため（＊）、令和 4 年度（2022 年度）から FIT 制度に加えて、<u>電気の市場価格と連動</u>

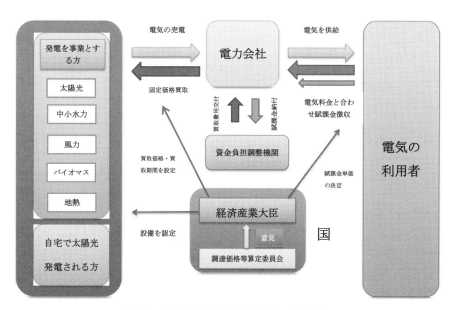

図 3-18　固定価格買取制度　概要図

出典：経済産業省ホームページ「第 1 回 調達価格等算定委員会　資料 5「再生可能エネルギー特措法の概要と調達価格等算定委員会の検討事項」」
（https://www.meti.go.jp/shingikai/santeii/pdf/001_05_00.pdf）を元に作成）

する FIP 制度が導入された（FIP は、Feed-in Premium の略）。FIP 制度の認定を受けた発電事業者は、再生可能エネルギーにより発電した電気を、卸電力取引市場や相対取引により市場で売電することになる。その際、予め設定された「基準価格（FIP 価格）」から、市場取引等の期待収入に連動する「参照価格」を控除した額（「プレミアム単価」）に、再生可能エネルギーによる電気供給量を乗じて得られた「プレミアム」が１カ月ごとに決定され、当該発電事業者に交付される。なお、いったん定めた基準価格（FIP 価格）は一定期間固定される。

（＊）これについては令和 12 年度（2030 年度）の再生可能エネルギーの導入水準の

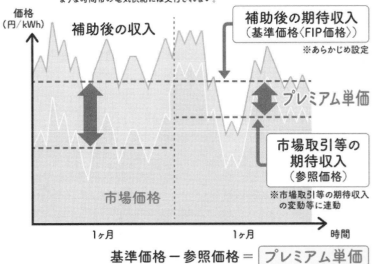

図 3-19　ＦＩＰ制度の概要

出典：資源エネルギー庁ホームページ「再生可能エネルギー FIT・FIP 制度ガイドブック　2023 年度版」（https://www.enecho.meti.go.jp/category/saving_and_new/saiene/data/kaitori/2023_fit_fip_guidebook.pdf）

高さがある。また、FIT 認定量の約 9 割が事業用太陽光、買取費用が約 1.8 兆円、及び一部の電力会社等で接続保留問題が発生したことを踏まえたとされている（経済産業省ホームページ　固定価格買取制度（ＦＩＴ）見直しのポイント　https://www.meti.go.jp/shingikai/enecho/shoene_shinene/shin_energy/pdf/016_s01_00.pdf を参考）。

FIT 制度では、電気を調達する価格が一定に固定されているので、発電の時期によらず同じ電気供給量であれば収入は変わらない。別な言い方をすれば、市場価格が高い需要ピーク時に電気供給量を増やすインセンティブが予め用意されていない。一方 FIP 制度では、毎月の収入は、市場価格で得られる収入とプレミアム収入（毎月決定）の和となる。市場価格が高い需要ピーク時に蓄電池の活用等で電気供給量を増やしたいとするインセンティブがある。ただし、プレミアムは、参照価格に連動して 1 カ月ごとに更新され、また出力制御が発生する時間帯における電気供給には交付されない。

FIT 制度では発電事業者の電気を電力会社が自動的に買い取ってくれる。しかし FIP 制度では発電事業者自らが電気の販売先を確保しなくてはならない。このために、発電事業者における営業部門を整える必要がある。また、発電事業者が毎日電力の需要を予測し、それに応じて発電する電気を調整する必要がある。このため発電事業者に代わって販売先の営業や電気の発電調整業務を代行する会社も登場している。なお、FIT 制度や FIP 制度を利用せず、発電事業者と電力使用者が契約を結んで直接取引する例も徐々にみられはじめている。いわゆるコーポレート PPA（電力購入契約）である。

経済産業省は令和 5 年（2023 年）3 月 24 日に、再生可能エネルギーの FIT 制度・FIP 制度における 2023 年度以降の買取価格等を公表した（経済産業省ニュースリリース 2023 年 3 月 24 日、https://www.meti.go.jp/press/2022/03/20230324004/20230324004.html?from=mj）

先に述べたとおり、多くの産業廃棄物処理会社としては、事業用太陽光発電、またはバイオマス発電に関心が高いと考えられる。令和 6 年度（2024 年度）以降には、250kW 以上の事業用太陽光発電については FIP のみが利用でき入札により買取価格が決定される（令和 5 年度（2023 年度）では 500kW 以上が FIP 認定。（ただし、屋根設置の場合は入札免除））。また、一般木材等バイオマス発電（1 万 kW 以上）・バイオマス液体燃料（50kW 以上）については、令和 5 年度（2023 年度）以降 FIP のみが利用でき入札により買取価格が決定される。

買取価格等は、発電の種類（太陽光、風力、水力、地熱、バイオマス）・その規模、年度ごとに細かく示されているので、詳しくは、上記の経済産業省ニュースリリース 2023 年 3 月 24 日及び資源エネルギー庁再生可能エネルギー FIT・FIP 制度ガイドブック 2023 年度版を参照されたい。

　さて、FIT 制度と FIP 制度について、産業廃棄物処理の観点からの気づきを述べる。

①焼却対象となるバイオマスの廃棄物を多く安定的に集めるためには、焼却を行う産業廃棄物処理業者だけでは十分ではなく、同業者・異業者とのネットワーク・協業が必要である。また、焼却に供する廃棄物としては通常一般廃棄物となっている果樹園・公園等の剪定枝、食品残さもあり、焼却を行う産業廃棄物処理業者が、一般廃棄物処理の業許可と施設許可を円滑に取得でき、広く多種類のバイオマスの廃棄物を処理できれば、経営の安定につながる。

②通常の発電所と異なり、発電を行う産業廃棄物の焼却等の施設は地元との関係から、8 時間運転となっている場合がある。そこで、脱炭素の推進のため地元の理解を得て、8 時間運転ではなく 24 時間連続運転ができれば、経済性が高まる、あるいは、より小規模の焼却等の施設でも採算性が高まる

③廃棄物を処理し発電する施設では、立地にあたっての地元との調整、利用する原料となる廃棄物収集の調整、行政との法的な諸手続きなどが必要であり、計画から稼働、系統連系まで時間がかかる。このため、事業性を左右する将来の買取価格の提示をできるだけ早くする配慮が必要である。

④FIT 制度や FIP 制度は発電事業を応援するが、熱を回収し地域内での利用を促進することも大事である。ドイツでは余熱利用を積極的に行う施設に対してインセンティブ（買取価格へのボーナス）を付与する政策が取られており、その結果非常に多くの施設で余熱利用が進んでいると聞く（発電だけでは、25％程度のエネルギー変換であるが、熱電併給がされれば 70 ～ 80％のエネルギー変換ができると言われている）。このような熱回収へのインセンティブを工業団地（製造業と廃棄的処理業が同居）を中心に付与するとともに、熱移送管やガス管の敷設に関する各種規制の緩和を進めることにより、我が国で遅れがちな地域熱利用システムの構築が期待できる。

3-8-2　太陽光パネルリサイクル

　FIT 制度により太陽光発電が急速に拡大してきている。太陽光発電を担う太

陽電池モジュールの寿命は、20 年から 30 年と言われており、2030 年代半ばから
使用済みの太陽電池モジュールの年間排出量が急増する見込みである（ピーク年
では約 80 万トン / 年程度との予測があり）。一方、耐用年数を迎える太陽電池モ
ジュール以外にも、災害による損壊太陽電池モジュールが発生している。太陽電
池モジュールはフレーム、カバーガラス、出力ケーブル、電池セル（シリコン、
銀、アルミ、その他）、バックシートからなっており、これらを固定する接着材
やバックシート（プラスチック）も適正処理の対象となる。カバーガラスがパネ
ルの大部を占めることから、回収・再生されたガラスの再利用先の確保が重要で
ある。
　環境省は平成 28 年（2016 年）3 月に「太陽光発電設備のリサイクル等の推進
に向けたガイドライン（第一版）」を策定していたが、総務省は平成 29 年（2017

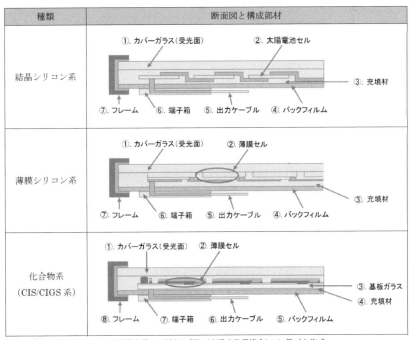

出典：「太陽光発電システムの設計と施工（改訂 5 版）（太陽光発電協会）」に基づき作成

図 3-20　太陽電池モジュールの断面図と構成部材

出典：環境省ホームページ「太陽光発電設備のリサイクル等の推進に向けたガイドライン
　　　（第二版）」（https://www.env.go.jp/content/900512721.pdf）

年）9月8日に適正処理及びリユース・リサイクルの観点から、太陽光発電設備の廃棄処分等に関する実態調査の結果を公表するとともに、結果に基づく必要な改善措置を環境省及び経済産業省に対して勧告した。調査結果のポイントと勧告内容は以下のとおりである。なお、総務省は「太陽電池モジュール」ではなく「太陽光パネル」との表現を採用している。

環境省は、上記の総務省勧告（平成 29（2017 年）年 9 月）や災害等を踏まえ、「太陽光発電設備のリサイクル等の推進に向けたガイドライン（第一版)」の内容を見直した。そして平成 30 年（2018 年）12 月に、「太陽光発電設備のリサイクル等の推進に向けたガイドライン（第二版)」を公表した（環境省ホームページ

1．災害による損壊パネルへの対処（感電等の防止）	
主な調査結果	総務省勧告
・損壊パネルによる感電や有害物質流出の危険性について、一部を除き、地方公共団体・事業者とも十分な認識がなく、地域住民への注意喚起も未実施 ・損壊現場における感電等の防止措置は、一部を除き、十分かつ迅速に実施されていない	・感電等の危険性やその防止措置の確実な実施等について周知徹底（対環境省）
2．使用済みパネルの適正処理・リサイクル	
主な調査結果	総務省勧告
・パネルの有害物質情報は排出事業者から産廃処理業者に十分提供されず、含有の有無が未確認のまま、遮水設備のない処分場に埋立 → 有害物質が流出する懸念 ・処理現場の多くの地方公共団体・事業者からも、家電リサイクル法などと同様、回収・リサイクルシステムの構築が必要との意見。他方、リサイクルの現状は、処理コストの問題、パネルの大部を占めるガラスの再生利用先の確保が困難、（使用済みパネルの）排出量が少ないことなどから、未だ道半ば	・有害物質情報を容易に確認・入手できる措置、情報提供義務の明確化、適切な埋立方法の明示（対環境省、経済産業省） ・パネルの回収・適正処理・リサイクルシステムの構築について、法整備を含め検討（対環境省、経済産業省）

出典：総務省ホームページ「総務省報道資料（平成 29 年 9 月 8 日）太陽光発電設備の廃棄
処分等に関する実態調査＜結果に基づく勧告＞」（https://www.soumu.go.jp/
menu_news/s-news/107317_0908.html)

https://www.env.go.jp/content/900512721.pdf）。改訂のポイントは、①使用済み太陽電池モジュールを埋立処分する場合の処分方法の明確化、②使用済み太陽電池モジュールに含まれる鉛等の有害物質に関する情報提供について関係者の役割の明確化、③災害時の対応に関する章の追加、である。

　ガイドライン（第二版）では、太陽電池モジュールに含有される有害物質情報の提供を支援する一般社団法人太陽光発電協会により「使用済み太陽電池モジュールの適正処理に資する情報提供のガイドライン（第1版）」が紹介されている。そして、ガイドライン（第二版）では、「これにより、太陽電池モジュールメーカーや販売業者が、あらかじめ含有化学物質の情報を提供することで、排出事業者（解体・撤去業者等）が埋立処分業者に、適正処理のために必要な情報を提供する際の参考とすることが求められている」としている。

　以下は、「使用済み太陽電池モジュールの適正処理に資する情報提供のガイドライン（第1版）」からの抜粋である。

4.　情報提供する対象物質の種類と閾値
 1）対象物質
　廃棄時に環境に影響を及ぼす可能性のある化学物質の視点と太陽光発電モジュールの種類に応じた含有の可能性の高さを考慮し、以下の4物質とする。
　鉛、カドミウム、ヒ素、セレン
 2）含有率基準値
　表示を行う際の含有率基準値は以下の通りとし、これを超える場合に4項に定める方法で表示する。
　鉛：0.1wt%
　カドミウム：0.1wt%
　ヒ素：0.1wt%
　セレン：0.1wt%
　尚、対象物質の含有率は、比較的容易に解体できるモジュール部を構成する4つの部位（①フレーム、②ネジ、③ケーブル、④ラミネート部（端子箱を含む、①・②・③以外部分））毎の質量を分母、それぞれの部位中の対象化学物質含有量を分子とし、除して算出する理論値。
（出典：一般社団法人太陽光発電協会ホームページ　「使用済太陽電池モジュールの適正処理に資する情報提供のガイドライン（第1版）（太陽光発電協会）　平成29年（2017年）12月」（https://www.jpea.gr.jp/wp-content/themes/jpea/pdf/t171211.pdf）

さらに、ガイドライン（第二版）では埋立処分に関する廃棄物処理法の規定の遵守として、以下が記されている。

　産業廃棄物の埋立処分は、排出事業者自ら、もしくは排出事業者から委託を受けた埋立処分業者が行い、産業廃棄物処理の規定を遵守することが義務付けられている。

　使用済太陽電池モジュールを廃棄する場合には、資源循環の観点からリユース、リサイクルを推進することが望ましいが、埋立処分する場合も想定される。使用済太陽電池モジュールを処理する際には、一般的には、産業廃棄物の品目である「金属くず」、「ガラスくず、コンクリートくず及び陶磁器くず」、「廃プラスチック類」の混合物として取り扱われる。

　太陽電池モジュールは電気機械器具に該当することから、埋立処分する場合には、廃棄物処理法に定める処理基準に基づき、廃プラスチック類を最大径おおむね 15 センチメートル以下になるよう破砕等をおこなったうえで、管理型最終処分場に埋め立てることが必要である。

　太陽電池モジュールを構成している太陽電池セルは、10 〜 15 センチメートル角の板状シリコンに pn 接合を形成した半導体の一種であり、そのままの発生電圧は約 0.5V 程度である。

　なお、使用済太陽電池モジュールの個別の処分方法については、当該地域における産業廃棄物に関する指導監督権限を有する都道府県等に相談すること。

　現在、環境省と経済産業省では、将来の太陽光パネルのリサイクルの制度化についても検討を行っている。一方、これまで京都府・京都市においては、条例により令和4年（2022年）4月1日から新増設の建築物への太陽光等再エネ設備の導入の義務化が始まっている。また、東京都、川崎市において、新増設の一定要件の建築物に太陽光発電施設の設置を義務付ける条例が成立した。これらの条例の概要は囲み記事のとおりである。なお、当該条例に基づく支援制度も実施・検討されることになっている。

　同様の主旨の条例の検討が、他の自治体で広がる可能性がある。

3-8-3　水素

　政府は欧州や米国等の動きにも刺激され、2017年12月に策定した「水素基本戦略」を、新たに2040年における水素の導入目標、水素産業戦略、水素保安戦略等を盛り込んで改定した（令和5年（2023年）6月6日）。改定後の戦略では、2050年における水素の年間導入量を現状の10倍程度（2,000万トン程度）、2050

京都府　京都府再生可能エネルギーの導入等の促進に関する条例 （令和 2 年（2020 年）12 月 23 日改正）	
太陽光等再エネ設備の導入	①準特定建築物（対象規模は延べ床面積 300 平方メートル以上 2,000 平方メートル未満）について、新築・増築時に太陽光等再エネ設備の導入を義務化、及び②特定建築物（対象規模は延べ床面積 2,000 平方メートル以上）について、新築・増築時に太陽光等再エネ設備の導入義務を強化した。
建築士の建築主への説明義務	特定建築物及び準特定建築物を対象とし、①再エネ設備の導入・設置による環境負荷低減効果等、②建築物に導入・設置可能な再エネ設備、③再エネ設備から得られる電気又は熱の最大量。
施行日	令和 4 年（2022 年）4 月 1 日
京都市における適用	京都府再生可能エネルギーの導入等の促進に関する条例は指定都市である京都市にも適用される。ただし、建築物への再エネ設備の導入の義務については、京都市地球温暖化対策条例に基づき、導入・手続き等が必要となる。
以下を元に作成。 京都府ホームページ https://www.pref.kyoto.jp/energy/ saienedounyuusokusinnjourei.html 京都市ホームページ https://www.city.kyoto.lg.jp/tokei/page/0000172303.html	

東京都　都民の健康と安全を確保する環境に関する条例 （令和 4 年（2022 年）12 月 22 日改正）	
供給事業者（ハウスメーカー、ビルダー、デベロッパー等約 50 社が対象見込み）	都内年間供給延床面積が 2 万 m^2 以上の大手住宅供給事業者等は、太陽光パネルの設置義務者となる。
注文住宅の施主（注文住宅の施主及び賃貸住宅のオーナー）	注文住宅の施主等は、供給事業者からの説明を聞いた上で必要な措置を講じ、環境負荷低減に努めるという立場を踏まえ、注文等について判断する仕組を設定。
建売分譲住宅の購入者等（建売分譲住宅の購入者及び賃貸住宅の賃借人）	建売分譲住宅の購入者等は、供給事業者からの説明を聞き、環境性能等の理解を深め、環境負荷低減に努めるという観点から検討し、購入等について判断する仕組を設定
施行日	令和 7 年（2025 年）4 月
以下を元に作成。 東京都ホームページ　https://www.kankyo.metro.tokyo.lg.jp/climate/solar_portal/program.html	

川崎市　川崎市地球温暖化対策推進条例 （令和5年（2023年）3月改正）	
特定建築物太陽光発電設備 等導入制度	延べ床面積2,000m² 以上の建築物を新増築する建築主 への太陽光発電設備等の設置義務
特定建築事業者太陽光発電 設備導入制度	延べ床面積2,000m² 未満の新築建築物を市内に年間一 定量以上建築・供給する建築事業者への太陽光発電設 備設置義務
建築士太陽光発電設備説明 制度	建築士に対し、建築主への「太陽光発電設備の設置に 関する説明」を行う説明義務
施行日	令和7年（2025年）4月（建築士太陽光発電設備説明 制度については令和6年（2024年）4月）
以下を元に作成。川崎市ホームページ https://www.city.kawasaki.jp/300/page/0000144656.html https://www.city.kawasaki.jp/300/cmsfiles/contents/0000004/4694/joureikaisei.pdf	

年におけるコストを現状の5分の1以下（20円/Nm³ 以下）とすることに加えて、その10年前の2040年における水素の年間導入量を現状の6倍程度となる1,200万トン程度にする目標も新たに掲げられている。また、水素のサプライチェーンの構築に向けて制度整備するとしている。

　今直ぐにどのような影響が産業廃棄物業界にあるかは予見できない。再生可能エネルギーにより製造された水素が最もグリーンとされるものの、このような動きが、廃棄物の焼却により得られる電気を利用して水素を製造することが魅力的な事業となればと期待する。水素の製造が、創り出した電気を送電系統に送る以外の選択肢となるからである。

　産業廃棄物処理業にとって、水素はまだまだ馴染みがないものであるが、焼却処理において熱回収を行って得られた電気（余剰分）を利用して水素を製造する事例がこれまで2件ある。1社は、水素を燃料電池用の燃料として外部に提供しようとするものである。もう1社は構内のフォークリフト（燃料電池駆動）に水素を利用している。もちろんいずれも本格的な水素利用・商用化ではないが、将来の先駆けとなる兆しを感じる。

　一方、焼却炉から排出される二酸化炭素を回収し、水素と反応させてメタンを合成することが検討されている。得られたメタンを化学品合成のために利用する

水素基本戦略（令和5年（2023年）6月6日改定）のポイント
現状、2030年に最大300万トン／年、2050年に2,000万トン／年程度の導入目標を掲げているところ、水素需要ポテンシャルの見通し等から、新たに2040年における水素導入目標を1,200万トン／年程度を水素（アンモニアを含む）の導入目標として掲げる。
2030年までに国内外において日本関連企業（部素材メーカーを含む）の水電解装置の導入目標を15GW程度として新たに設定し、水素製造基盤の確立を図る。

出典：資源エネルギー庁ホームページ（https://www.meti.go.jp/shingikai/enecho/shoene_shinene/suiso_seisaku/pdf/20230606_1.pdf を元に作成）

CCU の試みである。ある清掃工場の排ガス中の二酸化炭素を回収し水素と反応させてメタンを製造する実証事業が数年間行われている。本実証事業では水素はLP ガス改質により得ているが、将来は脱炭素の観点から太陽光発電で得られた電気による水電解から製造されるものになろう。

　現状では、廃棄物分野における水素製造や水素利用に係る一連の技術は、経済性も含め初期の検討段階であり社会実装に目途がたっているわけではない。しかし、環境省の中長期シナリオで触れられている、廃棄物処理における2050年カーボンニュートラルを達成する上で、今後とも外せない検討課題である。

3-9　DX

　失われた20〜30年という文脈で盛んに言われるように、日本は先進国の中でも DX（デジタルトランスフォーメーション）の分野は立ち遅れている。しかし、DX は産業廃棄物処理業界の「底上げ」と「成長」という方向にとって避けて通れないものである。「中堅・中小企業等向けデジタルガバナンス・コード実践の手引き2.0」（経済産業省ホームページ https://www.meti.go.jp/policy/it_policy/investment/dx-chushoguidebook/tebiki2-0.pdf）において、「DX」を、次のように定義している。

　「企業がビジネス環境の激しい変化に対応し、データとデジタル技術を活用して、顧客や社会のニーズを基に、製品やサービス、ビジネスモデルを変革するとともに、業務そのものや組織、プロセス、企業文化・風土を変革し、競争上の優位性を確立すること」

産業資源循環における DX の利用は、図3-21 の左にあるように労働力不足、省人化・効率化、労災防止へ対応する上で期待されるものである。私が耳にした、興味深い DX の活用事例を紹介する。

①収集運搬のルートを積み込む廃棄物の場所・種類に応じて最適化する。また、積み込む収集運搬の対象となる廃棄物について、コンテナ内の堆積率や内容物をリモートのスマートフォンで知る。

② AI 技術を用いて、ロボットによる Picking を人間の数倍の速度で可能とする。プラスチックについては PET, PE, PP, PS の樹脂別に Picking するロボットが実用化される日が近い。

③機械・設備の IoT・クラウド管理では、現場のデータを internet 経由で収集し、リモートでプログラムを更新し機械・設備の運転を最適化する。また機械・設備の稼働に伴う二酸化炭素を計算する。

④ブロックチェーンによる技術で、産業廃棄物を発生、運搬、処分、そして資源化等の一連の流れを分散型で情報管理する。

もちろん、DX の推進ではより電気を使うことになるので、よりグリーンな電力を使い、産業廃棄物の処理量あたりの温室効果ガス排出を削減することが、脱炭素に向けて望まれる。

図3-22 は「廃棄物処理・リサイクルに係る DX 推進のための研究会」が示し

背　景	適　用　例
□社会のDX化 □デジタル庁創設 □労働力不足 □省人化・効率化 □労災防止	・営　業 電子マニフェスト拡張、電子契約、オンライン顧客対応、営業と現業で情報一体管理 ・収　運 保管情報の集約・管理、配車・車輌情報の集約・管理、CO_2 の計算・管理 ・処　分 AI選別、AIクレーン、機械設備IoT管理、ドローン処分場計測 ・その他 AI翻訳機

図3-21　DX化の背景と適用例

た DX 実現に向けたソリューションである。業務プロセス、すなわち、営業、受付、見積契約、配車収集運搬、処分、マニフェスト、請求入金ごとに、どのようなデジタルツールが用意されているかを示している。そして、デジタルツールの導入により、どのようなメリット、すなわち価値が生み出されるかも例示されている。産業廃棄物処理会社は、必要性や可能性、費用・人材といった事情を検討して、具体的なデジタルツールの導入を決めることが想定されている。

　いずれにしろ、「底上げ」と「成長」のために DX をどのように活用するかは経営トップあるいは経営陣が答えを出さなくてはならない。労働力不足への対応や、処理の効率化や高度化のために DX は欠かせないからである。

　DX の推進に取り組む中堅・中小企業等の経営者や、これらの企業の支援に取り組む支援機関の参考となるよう、経済産業省は、「中堅・中小企業等向けデジタルガバナンス・コード実践の手引き 2.0」（経済産業省ホームページ https://www.meti.go.jp/policy/it_policy/investment/dx-chushoguidebook/tebiki2-0.pdf）を作成・公表し、中堅・中小企業等における DX 取組事例を 8 例解説している。また、6 つの成功ポイントが示されている（①気づき・きっかけと経営者

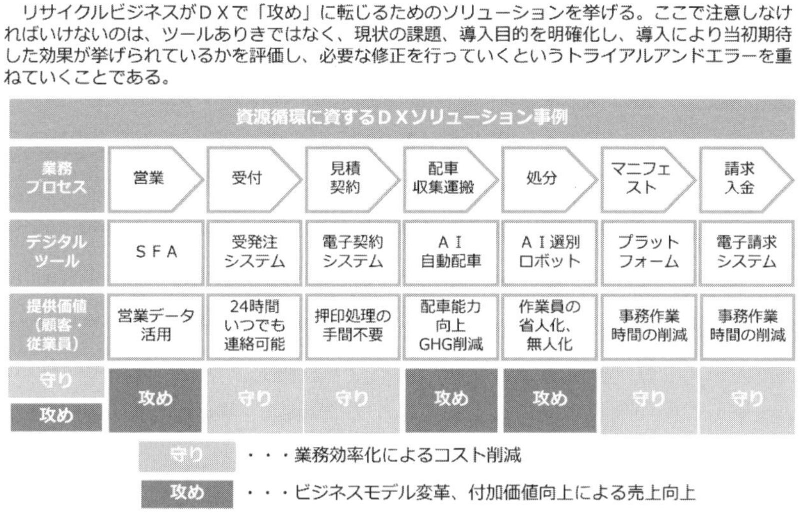

図 3-22　DX 実現に向けたソリューション

出典：「廃棄物処理・リサイクルに係る DX 推進ガイドライン～処理業者編～」（廃棄物処理・リサイクルに係る DX 推進のための研究会　2022 年 3 月 Ver.1.0）

のリーダーシップ、②まずは身近なところから、③外部の視点・デジタル人材の確保、④DX のプロセスを通じたビジネスモデルや組織文化の変革、⑤中長期的な取組の推進、⑥伴走支援の重要性と効果的な支援)。

これらは、産業資源循環に携わる会社にとっても重要である。現場の生産性を向上させるため、現場従事者の DX の教育を進めることが望まれる。狙いは、DX についての基礎知識を習得し、どのような DX 技術を現場の課題解決のため使えばよいかを考え、そして改善提案する能力を高めることである。例えば、選別用のセンサーや遠隔監視のカメラをどこに配置すればより最適であるかを、DX 専門担当者に提案することが考えられる。

3-10　循環経済・動静脈連携

「循環経済」という言葉を最近耳にすることが多い。本書では、産業廃棄物処理の「受け手」から資源エネルギーの「創り手」へと変貌することによる「資源循環」を強調しているが、このことと「循環経済」とはどのような関係にあるか、またどのような違いがあるかを簡単に述べてみたい。

両者は概念の中心部分では、可能な限り最終処分に向かわない物の循環という点で重なるものがあると考えている。また、動脈系と静脈系を連携させるという点でも同じ方向である。しかし、「循環経済」では、産業廃棄物に限らず、一般廃棄物もさらには（有価な）使用済み製品も視野に入っていると考える。ただし、どちらかといえば、メーカーが製造した製品由来の廃棄物・使用済み品に重点があり、汚泥、燃え殻、廃油のような廃棄物については、強調されることはあまりないと思う（有機性汚泥の一部をメタン発酵すること、燃え殻からの金属回収すること、そして廃油を再生油製造することは注目されるが）。

「循環経済」は、本質において全く新しい概念とはいえないが、経済発展と環境保全の両立を目指し経済活動を行うあらゆる主体へ訴えている点で、さらには、投資する者の優先行動を変えることで、今や経済社会の関心を高めることになっている。投資家の行動変容では、短期的な収益のみならずより長期的な収益を重視すること、財務的な指標のみならず非財務的な指標である脱炭素の取組みも注目することを含んでいる。脱炭素の取組みでは排出事業者のスコープ３への配慮もある。

さて、製品由来の廃棄物・使用済み品に限ってみても、これらを効率的に収集

運搬する仕方、再生材や再生品（＊）の品質と安定供給を確保する手立ては、「循環」の成功に欠かせないものである。産業廃棄物であれば、前者については、産業廃棄物収集運搬会社によるところが大きく、後者の品質の確保については、産業廃棄物中間処理業者と製造会社が連携して仕組みを構築する必要がある。その際には、再生材・再生品の品質については、バージン材・バージン品の品質と比較して、ユーザーの受容程度や経済性も考慮した合理的な差を考えるべきである。また、製造会社の積極的な再生材・再生品の利用が前提となる。

　（＊）欧州では、二次資源、二次原料、二次材料では呼ばれることが多い。

　欧州委員会では、循環経済への方向性を示した行動計画を平成27年（2015年）12月に「循環経済パッケージ（CEP）」として公表し、循環経済における優先分野としてプラスチック、食品廃棄物、希少原料、建設・解体、バイオマスが示されている。また、令和2年（2020年）3月公表の「循環経済アクションプラン（CEAP）」では、重点分野として電子機器・ICT機器、バッテリー・車両、容器包装、プラスチック、繊維、建設・ビル、食品・水・栄養が示され、欧州連合内の環境保全と国際競争力の両立を追及する姿が見える。令和5年（2023年）5月には、「持続可能な製品のためのエコデザイン規則案」がEU理事会で合意され、この中でデジタル製品パスポート（DPP（＊＊））が提案されている。DPPでは特に電気・電子、バッテリー、繊維の分野での具体案の検討が欧州委員会では意識されている。また、令和5年（2023年）7月13日には、欧州委員会は「ELV規制案（End of Life Vehicle指令の改正案）」を示し、新車への再生プラスチック利用目標25％（2030年）が提案された。今後欧州議会及び理事会で審議が予定されている。

　（＊＊）消費者へのデータとして、環境影響、循環性、又は関心物質のデータ：バリューチェーン関係者への情報として、再使用、再製造又はリサイクルを促進する情報：行政への情報として、コンプライアンスに関する情報。

　一方、我が国では「循環経済ビジョン2020」が令和2年（2020年）5月に経済産業省から発表され、プラスチック、繊維、CFRP、バッテリー、太陽光パネルが循環システムの検討を急がれる分野として位置付けられた。さらに、資源自律性を強く意識して、「成長志向型の資源自律経済戦略」が令和5年（2023年）3月に経済産業省から発表され、あわせて動静脈連携の加速に向けた制度整備の方向が以下のとおり示されている（経済産業省ホームページニュースリリース

https://www.meti.go.jp/press/2022/03/20230331010/20230331010.html）。

1．「GX実現に向けた基本方針（令和5年2月10日閣議決定）」を踏まえ、動静脈連携による資源循環を加速し、中長期的にレジリエントな資源循環市場の創出を目指して、「資源循環経済小委員会（※現在の「廃棄物・リサイクル小委員会」を改組予定）」を立ち上げ、3R関連法制の拡充・強化の検討を開始。

2．検討項目は、①資源有効利用促進法（3R法）の対象品目の追加、②循環配慮設計の拡充・実効化、③表示制度の適正化、④リコマース（Recommerce）市場の整備、⑤効率的回収の強化を中心に検討を実施。

また、「成長志向型の資源自律経済戦略」の付録として、Appendix Ⅲ動静脈物流解剖図が収録されており、以下の品目についての解説がある。

1金属；1.1鉄、1.2アルミニウム、2プラスチック、3自動車、4バッテリー、5太陽光パネル、6電気電子製品；6.1家電4品目、6.2小型家電、7衣類・繊維、8容器包装；8.1プラスチック製容器包装、8.2PETボトル、8.3紙製容器包装、8.4ガラスびん、9食品

さて、「循環経済パートナーシップ（J4CE）」は、循環経済への流れが世界的に加速化する中で、国内の企業を含めた幅広い関係者の循環経済へのさらなる理解醸成と取組みの促進を目指して、官民連携を強化することを目的として活動している（令和3年（2021年）3月2日に、環境省、経済産業省、一般社団法人日本経済団体連合会により創設される。事務局は、公益財団法人地球環境戦略研究機関（IGES）が務める）。

循環経済パートナーシップは、企業・団体の循環経済に向けての取組みをホームページで公表しているので、参考のため紹介する。

J4CE注目事例集（2022）　https://j4ce.env.go.jp/からアクセス

J4CE注目事例集（2021）　https://j4ce.env.go.jp/からアクセス

- 線形経済：大量生産・大量消費・大量廃棄の一方通行※の経済
  ※調達、生産、消費、廃棄といった流れが一方向の経済システム（'take-make-consume-throw away' pattern）
- 循環経済：あらゆる段階で資源の効率的・循環的な利用を図りつつ、付加価値の最大化を図る経済

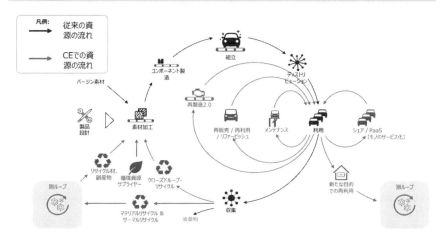

図 3-23　循環経済とは

出典：経済産業省ホームページ「循環経済ビジョン 2020（概要）」
　　　（https://www.meti.go.jp/press/2020/05/20200522004/20200522004-1.pdf）

第4章　業界の基盤

4-1　人材育成

　優秀でやる気がある人材が必要であることにおいて、産業廃棄物処理会社（産業廃棄物処理業の会社）も例外ではない。「産業廃棄物」という言葉に対して世間がネガティブな感覚を未だに持つ中で、産業廃棄物処理が資源循環や持続可能な社会の実現において重要な役割を有していることを理解できる人材が求められる。産業廃棄物処理の現場で働く者は、高いコンプライアンス意識を持って、処理施設に係る知識を吸収し、適正処理と資源化のための技術・技能を習得する必要がある。これらの技術・技能は、どのような産業廃棄物を対象としているかで違いが出る。また、技術・技能の習得は労働安全衛生の確保が伴ったものであることが大切である。さらに、最近では、従来の機械保全の習得のみならずDXの活用方法にも熟知する必要がある。

　廃棄物処理法第14条第1項又は第14条第6項の産業廃棄物処理業の許可、又は同法第14条の4第1項又は第14条の4第6項の特別管理産業廃棄物処理業の許可を得るための講習会（公益財団法人日本産業廃棄物処理振興センター）は、会社の経営者や役員が対象であり、また廃棄物処理法第21条に定める**技術管理者**の資格を得るための講習会（一般財団法人日本環境衛生センター）は、事業場の工場長やそれに準ずる人が対象である。

　（注）**技術管理者**とは、廃棄物処理施設の維持管理に関する技術上の業務を担当する者で、廃棄物処理施設の設置者は、廃棄物処理法第21条により、技術管理者を置くことが義務付けられている。技術管理者は、廃棄物処理法第21条第2項で、施設の維持管理上の基準に係る違反が行われないように、施設を維持管理する業務に従事する他の職員を監督しなければならないとされている。維持管理に関する技術上の業務とは、産業廃棄物処理施設の維持管理の技術上の基準等を遵守するとともに、他の維持管理に必要な関係法令を遵守し、適正に処理施設を維持管理することである。
具体的には、
・廃棄物処理施設の維持管理に関する業務を担当
・廃棄物処理施設の「技術上の基準」に係る違反が行われないように、維持管理に従事する他の職員を監督
・施設の維持管理要領の立案（搬入計画、搬入管理、運転体制、保守点検方法、非常時の対処方法等）

・施設の運転及び運転時の監視、監督
・施設の定期保守点検及び必要な措置の実施
・設置者に対する改善事項等についての意見具申　等

　本書で念頭にある対象は、経営者や工場長の下、収集運搬、中間処理、最終処分の作業を現場で行う従事者であり、とりわけ、中間処理、最終処分の作業現場における作業員を指導監督する主任レベルの者（チームリーダー、職長などと呼

表4-1　主任レベルに必要な知識・能力の項目（案）の例示

共通	1.廃掃法及び業界の基礎知識	2.安全衛生及び諸ルールの遵守
	3.環境保全の取り組み	4.顧客対応
	5.トラブル対応・予防策	6.地域対応・行政対応

収集運搬	1.収集	①収集品確認、②積込、③積下ろし
	2.運搬	①車両の運転、②進行管理、③トラブルの予防と対応
	3.車両点検	①点検の目的の理解、②日常点検、③保全と整備
	4.マニフェスト確認	①マニフェスト確認
	5.積替え・保管	①積替え、②保管、③保管施設の管理

中間処理	1.マニフェスト確認	①マニフェスト確認
	2.検査・分析	①台貫・計測、②検査・分析
	3.受入れ	①受入れ検討、②受入れ判断、③受入れ作業、④搬入場所指示
	4.分類・保管指示	①分類・保管、②保管、③保管施設の管理
	5.操業前工程（段取り）	①前工程の理解、②操業前工程（段取り）、③リスク対策
	6.選別	①選別、②選別ラインの管理
	7.プラント運転	①プラント運転、②プラント運転管理
	8.搬出作業	①搬出選別、②搬出作業
	9.マニフェスト交付	①マニフェスト確認、②二次マニフェストの記入・交付
	10.清掃日常点検	①日常点検・清掃、②定期点検
	11.設備保全	①保全作業の理解と段取り、②保全の実施、③保全の評価
	12.環境への対応	①法令、基準の動向把握、②環境計測、③事業環境への対応方法の立案、④設備改善

最終処分	1.マニフェスト確認	①マニフェスト確認
	2.検査・分析	①台貫・計測、②検査・分析
	3.受入れ管理	①受入れの検討、②受入れの確認と不適合への対応、③受入れの基礎的知識
	4.受入れ作業管理	①受入れの作業管理、②受入れの確認と不適合への対応、③受入れの基礎的知識
	5.埋立作業管理	①埋立ての基礎的情報の入手、②埋立て、覆土作業管理、③作業中の安全確保、④埋立て箇所の維持管理
	6.清掃日常点検	①日常点検・清掃、②定期点検
	7.設備保全	①保全作業の理解と段取り、②保全の実施、③保全の評価
	8.モニタリング	①処分場に求められる環境対策の理解、②水質等各種検査の実施、③環境対策の実施
	9.施設管理	①関連知識の理解、②環境対策の実施、③維持管理
	10.環境への対応	①法令、基準の動向把握、②環境計測、③事業環境への対応方法の立案、④設備改善

出典：環境省ホームページ「平成27年度産業廃棄物処理業における人材育成方策調査検討業務報告書」（https://www.env.go.jp/content/900535997.pdf）を元に作成

ばれる）である。主任レベルの者が、どのような知識・技能が重要かについては、「平成 27 年度産業廃棄物処理業における人材育成方策調査検討業務報告書」（全国産業廃棄物連合会（現　全国産業資源循環連合会）・環境省委託事業）の中から示唆を得ることができる。表 4-1 のとおり、同報告書では、収集運搬、中間処理、最終処分ごとに、重要な項目が例示されている。

　それでは、各分野で作業員や運転員を指導監督する上で重要な事柄を次に見ていく。

4-1-1　収集運搬の知識と能力

　産業廃棄物の収集運搬は、適正処理と資源循環のための一連の流れの入口である。収集運搬業にとって、廃棄物処理法のみならず労働基準法、労働安全衛生法、道路交通法、道路運送車両法の遵守は必須である（自動車運転者の労働時間の管理に関することを参考として下表に示す）。収集運搬業を行う会社における体制は、法令遵守（人、車両、廃棄物）、安全確保、効率的な運行管理、低炭素化など、多くの要求を満たす必要がある。特に道路運送車両法に基づく日常点検整備等は収集運搬業の日常にとって重要である。

　なお、改善基準告示の改正により令和 6 年 4 月から、1 年の拘束時間は 3,516 時間→原則 3,300 時間・最大 3,400 時間、1 箇月の拘束時間は原則 293 時間・最大 320 時間→原則 284 時間・最大 310 時間、1 日の休息時間は継続 8 時間→継続 11 時間を基本として、継続 9 時間。時間外労働の上限が年 960 時間となる。

　排出事業者から受け取る産業廃棄物が委託契約書に定める許可品目であるか、廃棄物データシート（WDS）に従った情報提供が排出事業者からされているか、排出事業者により交付された紙マニフェスト A 票を排出事業者に渡したか（または排出事業者により登録された電子マニフェストを確認したか）は、収集運搬の運転員にとって重要な作業である。収集運搬車両を運転する者が、ほとんどの場合、このような作業も併せて行う。

　運転員を指導監督する主任者には、上記の作業の適確な実施にあたっては運転員が次のような様々な法令知識を身に着けておくようにすることが求められる。まず廃棄物の分類（産業廃棄物、特別管理産業廃棄物、PCB 廃棄物、廃水銀等、水銀使用製品産業廃棄物、廃石綿等、石綿含有廃棄物など）、そして産業廃棄物の収集運搬基準（車両表示義務内容、運搬携帯義務内容を含む）及び積替保管基準、特別管理産業廃棄物の収集運搬基準（車輌表示義務内容、運搬携帯義務内容

自動車運転者の労働時間の管理	
拘束時間	休憩時間を含む始業時間から終業時間において、1日当たり13時間以内を基本（13時間から延長する場合であっても16時間が限度。また、15時間を超える回数は1週間につき2回が限度）。 　1箇月当たり293時間が限度。ただし、労使協定があるときは、1年のうち6箇月までは、1年間についての拘束時間が3,516時間（293時間×12箇月）を超えない範囲内において、1箇月320時間まで延長することができる。
休息時間	拘束時間以外の時間で、かつ次の勤務との間の時間を継続8時間以上とすることが必要である。
運転時間	2日を平均した1日当たりの運転時間は9時間が限度、2週間を平均した1週間当たりの運転時間は44時間が限度。 　連続運転時間は4時間が限度。運転開始後4時間以内又は4時間経過直後に運転を中断して30分以上の休憩等を取る必要がある。ただし、運転開始後4時間以内又は4時間経過直後に運転を中断する休憩等については、少なくとも1回につき10分以上としたうえで分割することができる。
時間外労働及び休日労働	時間外労働及び休日労働は1日の最大拘束時間（16時間）、1箇月の拘束時間（原則293時間、労使協定があるときは320時間まで）が限度。また休日労働は2週間に1回が限度。

出典：厚生労働省ホームページ「トラック運転手の労働時間等の改善基準のポイント」（https://www.mhlw.go.jp/content/001035021.pdf）を元に作成

を含む）及び積替保管基準。運搬携帯義務内容としては、紙マニフェスト、電子マニフェスト、許可証写しに関する携帯物である。なお、特別管理産業廃棄物を収集運搬する者には廃棄物データシート（WDS）や安全データシート（SDS）を携帯させるべきである。

　さらに収集運搬の作業に当たる者に手順書を定めておくことが必須である。通常、手順書が網羅することは、車両・機材・容器の点検、事業場・建設現場への入場、（収集先）事務所での連絡・打合せ、引取場所での確認、引取準備、引取開始・操作、引取完了前作業、引取完了操作、（収集先）事務所での確認、退場、運搬作業、運搬先での作業（荷卸し）、業務終了時の点検確認である。そして道路交通法を遵守し、過積載を行わずエコドライブな運搬を明記することである。

153

マニフェストを取り扱う上での確認・実施すべきこと
（紙マニフェスト使用の場合） ・廃棄物の引渡し時に排出事業者から交付されたマニフェストが種類ごと、運搬先ごとに交付されているか確認すること ・マニフェストの記載内容を確認する際は、交付日、担当者名、署名、種類、荷姿、数量、取扱い時の注意事項、運搬委託先、運搬先などが適正な内容であるか確認すること ・マニフェストの内容確認後、自社の名称と氏名記載の上、A票を排出事業者に渡すこと ・運搬先に到着後、運搬業務終了の日付を記載すること ・自社運搬他社処分（運搬のみ）の場合は、受入処分先で計量、マニフェストに運搬終了の署名後、B1・B2票を受領すること ・排出事業者にB2票を送付すること（業務終了後10日以内） ・処分終了後に処分業者からのC2票を受領し、整理保管しておくこと
（電子マニフェスト使用の場合） ・排出事業者が登録した、種類、数量、運搬先等のマニフェスト情報を確認すること ・運搬が終了した際は、3日以内に情報処理センターへ運搬が終了した旨を報告することまた、排出事業者が数量を計量できない場合が多いので、計量数値を入力すること

　すなわち手順書では一連の作業内容と注意点が明らかにされる必要がある。特に、安全衛生に配慮し、作業に適した作業着等の着用や適切な保護具の使用が徹底されなければならない。また、車両の運行前点検や作業機械器具の作業開始前の点検を行うこと、運転員が業務を開始する前のアルコールチェックを行うことは欠かせない。

　日々の収集運搬における指示書はもとより、運転員が記入する作業報告書や車両・機材の日常点検票については、その様式を予め整備しておくことが大切である。また、交通事故、引取等の作業の事故、廃棄物の漏洩、爆発、火災などの緊急事態を想定して、予め緊急事態に関する対応確認票を用意しておくことも大事である。

　（4-1-1の記述は、公益社団法人全国産業資源循環連合会「産業廃棄物処理業務主任者テキスト案」における高橋潤氏（高俊興業（株））による執筆内容を元に作成）

4-1-2　中間処理の知識と能力

　廃棄物の中間処理では、破砕、圧縮、混合、脱水、選別、焼却、中和等化学処理、飼料化、堆肥化、固型化などが行われる。廃棄物の種類に応じて中間処理の事業場では、様々な機械・設備が使用される。建設資材を造る、焼却する、中和する、飼料・堆肥を造る、埋め立てるといった目的に応じて、廃棄物の前処理が行われる。前処理では通常、異物・危険物の除去、破砕・圧縮・混合・脱水、比重・粒度や磁性・光学特性等の違いを利用した選別が行われる。必要に応じ前処理では手選別が加わる。

　中間処理の一連の流れでは、廃棄物の受入、分別・保管、前処理を経て、処分（破砕選別、焼却、中和、飼料化・堆肥化、固型化など）が行われる。そして原料・資材の製造（再生・リサイクル）、あるいは、それが不適当であるため埋立処分へと搬出される（図4-1）。なお、規模の大きい焼却処理では、発生した熱の直接利用あるいは発電が行われ、また主灰・飛灰の資源化も伴う。残渣は埋立処分基準を満たした上で埋め立てされる。

　廃棄物の受入から、前処理・処分・搬出に従事する者は、これらのプロセスに習熟し、機械・設備の取り扱いと保全、作業の安全確保（労働災害防止）を適正に実施できる必要がある。また、これらのプロセスに関係する廃棄物処理法の基準について理解し、基準順守が必要である。そして、中間処理の作業現場における作業員を指導監督する主任レベルの者は、プロセス全体の習熟、機械・設備の取扱いと保全、作業の安全確保、廃棄物処理法の基準順守において必要な知識と指導監督する能力を有していることが求められる。具体的な項目は表4-1で示したとおりである。

　表4-1に示していないが中間処理における廃棄物処理法の基準としては、①産業廃棄物（特別管理産業廃棄物を除く）の中間処理基準（施行令第6条第1項第2号、施行規則第7条の5～第7条の8の3）及び特別管理産業廃棄物の中間処理基準（施行令第6条の5第1項第2号、施行規則第8条の10の3の2～第8条の12の2）、②処理施設の構造基準の共通基準（施行規則第12条）と種別

図4-1　中間処理の一連の流れ

ごとの個別基準（施行規則第12条の2）、③処理施設の維持管理基準の共通基準（施行規則第12条の6)と種別ごとの個別基準（施行規則第12条の7）、④産業廃棄物の保管の基準（施行令第6条第1項第2号ロ、同号ニ（1）、同号ホ（3）、施行規則第7条の5～第7条の8) 及び特別管理産業廃棄物の保管の基準（施行令第6条の5第1項第2号リ、施行規則第8条の10の4～第8条の12の2)。

　さて、3-2-2において、中間処理の施設で注意すべき処理対象物の有害性について述べた。また、処理効率等の観点から設備保全の重要性と概要についても触れた。表4-2に、作業員やそれを指導監督する主任レベルの者が日々留意し実践・管理すべき作業を例示する。廃棄物の適正処理と資源循環の促進において、労働安全衛生とともに設備保全は怠ることができない。

　なお、廃棄物処理法では、焼却施設、PCB処理関係施設、廃石綿又は石綿含有産業廃棄物の溶融施設、廃水銀等の硫化施設について、都道府県知事による検査（法第15条の2の2第1項）及び施設設置者による維持管理の状況に関する情報の公表（法第15条の2の3第2項）を定めている。また、法施行規則で、これらの施設の維持管理基準が定められており、施設の正常な機能を維持するため、定期的に施設の点検及び機能検査を行うこと（施行規則第12条の6第4号）、施設の維持管理に関する点検、検査その他の措置（法21条の2第1項に規定する応急の措置を含む）の記録を作成し、3年間保存すること（施行規則第12条の6第9号）を定めている。

　廃棄物の受入から、前処理・処分・搬出における実際の作業に関しては、各産

表4-2　設備保全の作業

保全の種類	保全作業の概要
予防保全	給油作業・清掃作業等における**日常点検**。定期的（例えば3か月）に巡回して点検する**定期点検**。部分的な分解点検による**定期点検整備**。設備全体の分解点検による**補修**。
事後保全	突発的に発生した故障の復元・再発防止のための修理を行う**突発修理**。故障が発生した際に時間をおいて修理を行う**事後修理**。
改良保全	設備の経年劣化を防ぐために必要な改善を行う**改良修理**。最新技術を取り入れ改良修理を行う**見直し工事**。

出典：公益社団法人全国産業資源循環連合会「産業廃棄物処理業務主任者テキスト案」における澤田譽啓氏（元日曹金属化学（株)）による執筆内容を元に作成

業廃棄物処理会社において作業手順書を作成し、作業手順の教育・実行・見直しを行い続けることが必須である。その際には、技術管理者や主任レベルの者（チームリーダー、職長などと呼ばれる）が、作業手順書を作成する役割を果たすことが期待される。

　（4-1-2の記述は、公益社団法人全国産業資源循環連合会の講師を務めた澤田誉啓氏（元日曹金属化学（株））の解説テキストを元に作成）

4-1-3　最終処分の知識と能力

　中間処理では、受入れた廃棄物の処分（破砕選別、焼却、中和、飼料化・堆肥化、固型化など）が行われる。資源循環の促進のため、原料・資材の製造（再生・リサイクル）が行われてきているが、経済的あるいは技術的にそれが不適当である廃棄物（例えば焼却処理後の残渣）は埋立処分へと搬出される。産業廃棄物の最終処分場は、「一般廃棄物の最終処分場及び産業廃棄物の最終処分場に係る技術基準を定める省令」により、**安定型最終処分場**、**管理型最終処分場**、**遮断型最終処分場**の３つに分類されているが、大まかに述べると、有害物質が埋立処分に係る判定基準（後述）を超えて含まれる有害な産業廃棄物は遮断型最終処分場で、有機物の付着がなく、雨水にさらされてもほとんど変化しない産業廃棄物は安定型処分場で、そしてそれら以外で埋立処分に係る判定基準に適合する産業廃棄物は管理型最終処分場で埋立処分がされる。

　廃棄物の受入から、埋立、作業管理、施設管理、モニタリングに従事する者は、これらのプロセスに習熟し、車両（トラック）・重機（パワーショベル・コンパクタ・ブルドーザなど）・様々な設備の取扱いと保全、作業の安全確保（労働災害防止）を適正に実施できる必要がある。作業員を指導監督する主任レベルの者は、これらの作業に関して必要な知識と指導監督する能力を有していることが求められる。具体的な項目は表4-1で示したとおりである。

　<u>受入</u>では、マニフェストの確認・性状分析・展開検査・不適合物除去を適確に行うことが重要である。その後廃棄物を計量し埋立予定地に誘導して<u>埋立</u>と覆土（即日、中間、最終）が行われる。埋立・覆土と並行して埋立地の雨水排除に努めるとともに、計画的に出来形管理そして沈下量の測定により<u>作業管理</u>を行う。また最終処分場の主要な<u>施設管理</u>は欠かせない。対象は貯蔵構造物、地下集排水設備（管理型）、遮水工（管理型）、雨水集排水設備（管理型）、保有水等集排水設備（管理型）、浸出水処理設備（管理型）、埋立ガス処理設備（管理型）、浸透

水採取設備（安定型）であり、管理型最終処分場での施設管理の対象は安定型最終処分場と比較して多い。また、施設が健全に機能しているかどうか、公共用水域への放流水が水質基準を満足しているかどうかを確認するために<u>モニタリング</u>が行われる。浸出水（管理型）、浸出水処理水（管理型）、浸透水（安定型）、周縁地下水（管理型・安定型）、埋立ガス（管理型）について定期的に分析が行われる。

　廃棄物の受入から、埋立、作業管理、施設管理、モニタリングまでのプロセスに関係する廃棄物処理法の基準について理解し、基準を順守する必要がある。最終処分における廃棄物処理法の基準としては、①「金属等を含む産業廃棄物に係る判定基準を定める省令（昭和48年総理府令第5号）に規定される判定基準、②産業廃棄物埋立処分基準（施行令第6条第1項第3号）、③特別管理産業廃棄物埋立基準（施行令第6条の5第1項第3号）、④「一般廃棄物の最終処分場及び産業廃棄物の最終処分場に係る技術上の基準を定める省令（昭和52年総理府・厚生省令第1号）に規定される構造基準及び維持管理基準である。

　なお、廃棄物処理法では、最終処分場について、都道府県知事による検査（法第15条の2の2第1項）及び施設設置者による維持管理の状況に関する情報の公表（法第15条の2の3第2項）を定めている。また、法施行規則で、これらの施設の維持管理基準が定められており、施設の正常な機能を維持するため、定期的に施設の点検及び機能検査を行うこと（施行規則第12条の6第4号）、施設の維持管理に関する点検、検査その他の措置（法21条の2第1項に規定する応急の措置を含む）の記録を作成し、3年間保存すること（施行規則第12条の6第9号）を定めている。

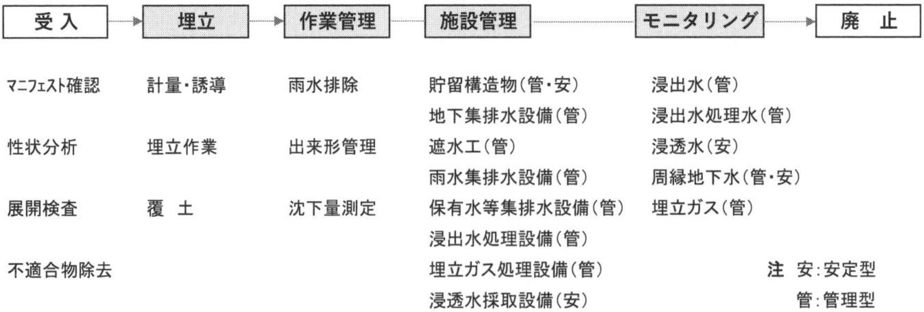

受入	埋立	作業管理	施設管理	モニタリング	廃　止
マニフェスト確認	計量・誘導	雨水排除	貯留構造物（管・安） 地下集排水設備（管）	浸出水（管） 浸出水処理水（管）	
性状分析	埋立作業	出来形管理	遮水工（管） 雨水集排水設備（管）	浸透水（安） 周縁地下水（管・安）	
展開検査	覆　土	沈下量測定	保有水等集排水設備（管） 浸出水処理設備（管）	埋立ガス（管）	
不適合物除去			埋立ガス処理設備（管） 浸透水採取設備（安）		注　安：安定型 　　管：管理型

図4-2　最終処分の一連の流れ

表4-3　埋立可能な産業廃棄物とその他重要事項

最終処分場	埋立可能な産業廃棄物と重要事項
安定型	・**埋立可能な産業廃棄物**：廃プラスチック類、ゴムくず、金属くず、ガラスくず・コンクリートくず及び陶磁器くず、がれき類のうち、有害物や有機物等が付着していないもの。 ・**埋立除外**：廃石膏ボード・シュレッダーダスト・太陽光パネル・水銀使用製品廃棄物・石綿含有産業廃棄物など。 ・**展開検査が必須**：荷卸し後の廃棄物を展開検査場に敷き広げる。目視により埋立可能な産業廃棄物以外の不適合物を確認・除去する。その記録を残す。
管理型	・**埋立可能な産業廃棄物**：有害物質の濃度が判定基準に適合した燃え殻、ばいじん、汚泥、紙くず、木くず、繊維くず、動植物性残さ、鉱さい、動物のふん尿等。水銀含有ばいじん等（ばいじん・燃え殻・汚泥又は鉱さいのうち水銀を15mg/kgを超えて含有するもので特別管理産業廃棄物を除く。）（＊）及び石綿含有産業廃棄物（工作物の新築、改築又は除去に伴って生じた産業廃棄物であって、石綿をその重量の0.1%を超えて含有するもの（廃石綿等を除く。））、安定型最終処分場に埋立可能な産業廃棄物。 ・**埋立除外**：廃酸・廃アルカリ・廃油・感染性廃棄物。 ・**予めの処理**：燃え殻：熱しゃく減量15%以下に焼却。汚泥：含水率85%以下。廃プラスチック類：最大径おおむね15cm以下に破砕・切断。ゴムくず：最大径おおむね15cm以下に破砕・切断。 ・**性状の把握が必須**：契約時と同じ性状かどうかの確認、マニフェスト記載事項との確認、許可品目以外の混入物の確認、ばいじん・燃え殻・汚泥又は鉱さいの分析結果の確認、廃石綿等・石綿含有廃棄物・水銀含有ばいじん等・水銀使用製品廃棄物の有無の確認。
遮断型	・**埋立可能な産業廃棄物**：有害物質等を含む産業廃棄物の中で、その溶出濃度が埋立判定基準に適合しない産業廃棄物

（＊）水銀を1,000mg/kg又は1,000kg/L以上含有するものについては焙焼等の方法で回収がなされているか確認する必要がある。

　廃棄物の受入から、埋立、作業管理、施設管理、モニタリングの作業に関しては、各産業廃棄物処理会社において作業手順書を作成し、作業手順の教育・実行・見直しを行い続けることが必須である。その際には、技術管理者や主任レベ

ルの者（チームリーダー、職長などと呼ばれる）が、作業手順書を作成する役割を果たすことが期待される。なお、公益社団法人全国産業資源循環連合会では、「改訂版産業廃棄物最終処分場維持管理マニュアル」を発刊し、最終処分場の維持管理のための技術・技能の向上のため情報提供を行っており、作業手順書の作成・見直しに役立つと考える。

　（表4-3を含め4-1-3の記述は、公益社団法人全国産業資源循環連合会「産業廃棄物処理業務主任者テキスト案」における松本明利氏（大栄環境（株））・山田正人氏（国立環境研究所）による執筆内容を元に作成）

4-1-4　主任レベルの資格（全産連の取組み）

　公益社団法人全国産業廃棄物連合会（現　全国産業資源循環連合会）では、産業廃棄物業界の発展・振興のためには、どのような方策を講じるべきかを考えるのが長年の課題であった。そこで平成26年（2014年）8月に「産業廃棄物処理業の業法を含めた振興策の検討に関するタスクフォース」（座長　加藤三郎・環境文明21顧問）を設置し約1年間かけて検討を行った。その結果は、全国産業資源循環連合会のホームページで公開されている（https://www.zensanpairen.or.jp/wp/wp-content/themes/sanpai/assets/pdf/activities/report_task_houkokusho.pdf）。

　このタスクフォースの提言の一つが、時代の要請に答える、業界における人材育成を進めることである。具体的には、業界で業務している者に対する、「資格制度の創設」、「研修・講習の充実」、「必要な能力・知識の明示」、「技術レベルの向上」の4点である。

　「資格制度の創設」については、「産業廃棄物業界においては、従来の廃棄物の適正処理に加えて、廃棄物から資源とエネルギーを創り出す循環へと、社会から求められる役割の幅が広がり、技術の高さが求められていることを考えれば、時代の要請に見合った能力等を排出事業者や一般市民にもわかりやすい形で表す資格制度の創設が必要である（業界のイメージアップや社会的信頼の獲得にも有効であり、業界の生き残りのためにも必須と考えられる。）。」としている。また、「必要な能力・知識の明示」については、「資格制度の創設や研修・講習の充実にあたっては、産業廃棄物処理に携わる職員にどのような能力・知識が必要であるかを明らかにする必要がある。とりわけ、業務の現場で実質的に中心役となる者をまず重点とすることが現実的である。そして、収集運搬、中間処理、最終処分の業態ごとに、必要な能力・知識の項目が明らかになれば、それに応じた能力等

160

を向上させる研修内容が決まってくる。」としている。

　なお、公益社団法人全国産業廃棄物連合会（現　全国産業資源循環連合会）が、検討結果の取りまとめ前に行った会員企業へのアンケート調査（2015 年）などでは、より社会に役立ち信頼される業界の姿として、「排出事業者から安心して仕事を任される能力を有し、コンプライアンスが確立されており、地域住民等への安心感を与え、高い技術力を持っている」ことが指摘されている。

　タスクフォースの提言にもあるとおり、業界の企業に働く者の人材育成、そして人材の能力・知識を示す資格制度の創設が必要と考えられるが、その際には、何点か忘れてはならないことがある。

① 　産業廃棄業の業態は、収集運搬、中間処理、最終処分に分かれ、さらにそれぞれの業態において、職員は現業部門と営業・事務等の部門に属する。さらに、大きな会社であればあるほど、担当、主任、課長、部長のような職位の階層からなっている。逆に、小さな会社では、一人の職員が経営管理から現場業務までこなさなくてはいけない。

② 　職員は、企業内の職位に応じ、廃棄物処理法の知識はもとより、労働安全衛生、省エネルギー・脱炭素化、危険物管理など、産業廃棄物処理に関係する多くの分野の知識と技術・技能を必要とする。

③ 　産業廃棄物処理業は、資本金の上でも、あるいは従業員数の上でも中小で零細な企業が多い。このような業界の実態にふさわしい資格制度でなくてはならない。多くの時間と費用を職員の研修等に振り向けにくい企業が多数である。

　タスクフォースの活動後、自由民主党の産業・資源循環議員連盟資源循環促進プロジェクトチームが業界の人材育成の検討を開始する。同プロジェクトチームは、産業廃棄物処理業界にとって重要な事項として、業界を担う人材の育成・確保と、再生品の利用促進を扱い、平成 31 年（2019 年） 3 月 27 日に、検討結果を取りまとめた。人材の育成・確保では、産業廃棄物処理業務従事者の資格制度の創設が取り上げられ、次のように記述された。

　適正処理の確保、高度なリサイクルや低炭素化への対応、安全管理の推進、現場におけるモチベーション向上、最新技術への対応、排出事業者からの信頼確保のため、

現場従事者（現場の主任者、作業員など）のレベルアップが急務である。

そこで、産業廃棄物処理業務従事者の資格制度として全国産業資源循環連合会から提案された「業務主任者$^{(*)}$資格制度」の実現を業界の底上げの観点から目指すべきである。その実現にあたっては、次のことに十分配慮する必要がある。

・中小企業が多数を占める業界であること。
・業許可者数で多数を占める収集運搬業では中小の兼業者が多く、試験による資格付与よりは、講習による資格付与が現実的であること。
・資格付与を決める試験内容については、実技面を含めた具体的な検討をすべきであること。
・資格制度を運営する体制を予め整備することが必要であること。

そこで、業務主任者及びその資格の法的位置づけ等については、全国産業資源循環連合会が資格付与のための試験及び講習等を試行的に実施し、これを踏まえて結論を得ることが適切である。このため、プロジェクトチームは試行等の進捗状況について全国産業資源循環連合会から適宜報告を受けるとともに、業務主任者及びその資格の具体化について、環境省の意見も適宜聴きながら更なる検討を行う。

試行等と並行して、将来の資格制度の運営を担保するため、提案者の全国産業資源循環連合会においては、公正かつ客観性を確保した組織体制を整備する必要がある。

（＊）想定されている「業務主任者」は、産業廃棄物の中間処理又は最終処分の委託処理を行う会社において、一定レベル以上の処理に係る技能・知識を持って産業廃棄物処理の業務管理を担う。そして、社内の作業員が廃棄物処理法に従い適正処理を行うとともに、安全衛生にも十分留意して処理作業ができるよう指導する。また、技術管理者及び安全衛生の管理者等の下、これらの者と協働して産業廃棄物処理の業務管理を行う。なお、収集運搬における業務主任者は、運転員（運搬）と作業員（積替保管）を教育・管理する能力を有する者が想定されている。

これを受けて全国産業資源循環連合会では、業務主任者試験等準備検討委員会と同ワーキンググループ（WG）を設置して試験の試行その他試験等に必要な検討を続けている。

4-1-5　従業員の研修

4-1-1から4-1-3では、産業廃棄物処理会社の現場で業務に従事する者の知識と能力について解説した。

現場で業務に従事する者の人材育成に熱心な産業廃棄物処理会社では、自社の職員に対して、知識等を習得するための講習や研修を行ってきている。新たに入

社した職員に座学研修や現場研修を数カ月程度行い、また各社の創意工夫により
業務配属後に時には先輩職員も協力する形で研修が行われることが多い。
　さて、経営者が職員に対して研修を行う際に、重要と考えられることを以下に
述べる。職員の能力向上のみならず会社としての基盤の底上げを期待する観点か
らのものである。
1．経営者は、自社の産業廃棄物処理の役割と経営理念・ビジョンを熱心に説
　　明・講義することにより、自社の価値を認識させ、社会全体の資源循環の大
　　切さを気づかせ、働きがいが持てるようにすべきである（過去の産業廃棄物
　　処理業界に対するマイナスのイメージの払しょくと社会インフラとしての重
　　要性の認識）。
2．産業廃棄物処理業は廃棄物処理法の下で営まれており、（新人として又は中
　　途採用者として）入社直後では廃棄物処理法に関する最低限の基礎的なコン
　　プライアンス知識の習得に限られるとしても、勤務年数や習熟度を踏まえ、
　　業務に関係する分野の廃棄物処理法の（広く深い）知識や処理技術その他の
　　関係知識を本人が学習できるようにするとともに、知識の習得の度合いを社
　　内で評価しやりがいを持たせることが大切である。
3．現場の処理業務に従事する職員は、廃棄物処理法に加え、危険な物質や危険
　　な作業に関わることから、労働安全衛生法が求める規制遵守と取組み（リス
　　クマネジメント等）が実践できるようにすることが必要である。収集運搬の
　　業務に従事する職員には、労働安全衛生法に加え、道路交通法や道路運送車
　　両法が求める規制遵守と取組みの実践も含まれる。
4．経営者は、自社の成長戦略や職員のキャリアパスを念頭に置きながら、職員
　　全体の業務に関する知識・能力を高めるとともに、専門分野を目指す職員や
　　リスキリングが望まれる職員に対しては、それに応じた社内・社外の研修等
　　の機会を与えることが重要である。
5．DXをはじめとして技術革新が進み、また脱炭素化への挑戦があるので、法
　　令に関する知識の習得のみならず、産業廃棄物処理・資源循環に関する最新
　　の技術情報（DX、脱炭素を含む）の習得が職員には必要である。自社内あ
　　るいは個人としては学習が難しいことが多いので、職員が外部のセミナー、
　　シンポジウム、講習会への参加を可能とすることが大事である（最近はオン
　　ラインのセミナー等が多いので移動に伴う時間を節約することが可能）。
6．会社における将来の幹部候補生を育てるために、廃棄物処理法等の法令に限

らず、経営、財務、金融、技術等の知識を身に着けられることが大切である。
これらの分野の資格取得を支援するため、会社としては一定の予算を受験費
用補助や資格取得報奨に回せることが望ましい。

4-2　技能実習と特定技能

　産業廃棄物処理業は、技能実習と特定技能の対象業種にはなっていない。しか
し長引く人手不足のため、産業廃棄物処理業界のうち人手確保が難しい会社の多
くは、産業廃棄物処理業が技能実習の対象業種となることを願っている。

　一方、令和4年（2022年）12月14日から、「技能実習制度及び特定技能制度
の在り方に関する有識者会議」（以下、「有識者会議」）が、技能実習制度と特定
技能制度が直面する様々な課題を解決した上で、国際的にも理解が得られる制度
を目指すための検討を開始し、令和5年（2023年）5月11日に中間報告書を公
表した。また、令和5年（2023年）11月24日に有識者会議としての最終報告書
をまとめた。

　ここでは、まず、中間報告書が示した具体的な制度設計に関する議論と、さら
に最終報告書の概要を紹介する。最終報告書を踏まえ、技能実習制度は特定技能
制度の前段階として育成就労（仮称）制度に変更されることになる。令和6年
（2024年）に所要の法律改正が行われる見込みであるが、実施にあたっての様々
な準備が必要なので、育成就労（仮称）の本格的な実施は、早くても令和8年
（2026年）以降になろう。さらに、4-2-3と4-2-4では、産業廃棄物処理業
界が技能実習（将来の育成就労（仮称））と特定技能を検討する上での参考のた
め、両制度の現状を解説する。

4-2-1　有識者会議の中間報告書

　有識者会議の中間報告書では、検討の視点を次のように定めている。「我が国
の人手不足が深刻化する中、外国人が日本の経済社会の担い手となっている現状
を踏まえ、外国人との共生社会の実現が社会のあるべき姿であることを念頭に置
き、その人権に配慮しつつ、我が国の産業及び経済並びに地域社会を共に支える
一員として外国人の適正な受入れを図ることにより、日本で働く外国人が能力を
最大限に発揮できる多様性に富んだ活力ある社会を実現するとともに、我が国の
深刻な人手不足の緩和にも寄与するものとする必要がある。このような観点から、

表 4-4 有識者会議中間報告書（概要） 検討の基本的な考え方・今後の進め方

検討の基本的な考え方		
論点	現状	新たな制度
制度目的と実態を踏まえた制度の在り方	人材育成を通じた国際貢献	・現行の技能実習制度は廃止して人材確保と人材育成（未熟練労働者を一定の専門性や技能を有するレベルまで育成）を目的とする新たな制度の創設（実態に即した制度への抜本的な見直し）を検討 ・特定技能制度は制度の適正化を図り、引き続き活用する方向で検討し、新たな制度との関係性、指導監督体制や支援体制の整備などを引き続き議論
外国人が成長しつつ、中長期的に活躍できる制度（キャリアパス）の構築	職種が特定技能の分野と不一致	・新たな制度と特定技能制度の対象職種や分野を一致させる方向で検討（主たる技能の育成・評価を行う。技能評価の在り方等は引き続き議論） ・現行の両制度の全ての職種や分野等並びに特定技能２号の対象分野の追加及びその設定の在り方について、必要性等を前提に検討
受入れ見込数の設定等の在り方	受入れ見込数の設定のプロセスが不透明	業所管省庁における取組状況の確認や受入れ見込数の設定、対象分野の設定等は、様々な関係者の意見やエビデンスを踏まえつつ判断される仕組みとする等の措置を講じることでプロセスの透明化を図る
転籍の在り方（技能実習）	原則不可	人材育成に由来する転籍制限は残しつつも、制度目的に人材確保を位置付けることから、制度趣旨と外国人の保護の観点から、従来より緩和する（転籍制限の在り方は引き続き議論）
管理監督や支援体制の在り方	・監理団体、登録支援機関、技能実習機構の指導監督や支援の体制面で不十分な面がある ・悪質な送出機関が存在	・監理団体や登録支援機関が担っている機能は重要。他方、人権侵害等を防止・是正できない監理団体や外国人に対する支援を適切に行えない登録支援機関を厳しく適正化・排除する必要 ・監理団体や登録支援機関の要件の厳格化等により、監理・支援能力の向上を図る(機能や要件は優良団体へのインセンティブも含め、引き続き議論) ・外国人技能実習機構の体制を整備した上で管理・支援能力の向上を図る

		・悪質な送出機関の排除等に向けた実効的な二国間取決めなどの取組を強化
外国人の日本語能力の向上に向けた取組	本人の能力や教育水準の定めなし ⇒	一定水準の日本語能力を確保できるよう就労開始前の日本語能力の担保方策及び来日後において日本語能力が段階的に向上する仕組みを設ける
今後の進め方		
中間報告書で示した検討の方向性に沿って具体的な制度設計について議論を行った上、令和5年秋を目途に最終報告書を取りまとめる。		

出典：出入国在留管理庁ホームページ「技能実習制度及び特定技能制度の在り方に関する有識者会議中間報告書（概要）」（https://www.moj.go.jp/isa/content/001395647.pdf）を元に作成

技能実習制度と特定技能制度が直面する様々な課題を解決した上で、国際的にも理解が得られる制度を目指す。」としている。また、検討の基本的な考え方を示している（表4-4）。

　検討の基本的な考え方では、新たな制度の見出しの下で書かれている事柄のうち、特に注目されるものは、以下のとおりである。
1. 現行の技能実習制度は廃止して人材確保と人材育成（未熟練労働者を一定の専門性や技能を有するレベルまで育成）を目的とする新たな制度の創設（実態に即した制度への抜本的な見直し）を検討
2. 新たな制度と特定技能制度の対象職種や分野を一致させる方向で検討（主たる技能の育成・評価を行う。技能評価の在り方等は引き続き議論）
3. 監理団体や登録支援機関の要件の厳格化等により、監理・支援能力の向上を図る（機能や要件は優良団体へのインセンティブも含め、引き続き議論）
　（注　「監理団体」は技能実習に、「登録支援機関」は特定技能に係るもの）

4-2-2　有識者会議の最終報告書

　令和5年（2023年）10月18日に有識者会議事務局としての最終報告書たたき台が示された。その後4回の有識者会議で議論され、令和5年（2023年）11月24日に有識者会議の最終報告書がとりまとめられた。最終報告書の主要な事柄

は、以下のとおりである。

　（出入国在留管理庁ホームページ「技能実習制度及び特定技能制度の在り方に関する
　有識者会議（第16回）」資料1-2　最終報告書（案）概要（https://www.moj.
　go.jp/isa/content/001406715.pdf）　を元に作成）

新制度及び特定技能制度の位置付けと関係性
・現行の技能実習制度を発展的に解消し、人材確保と人材育成を目的とする新た
　な制度（育成就労（仮称））を創設。
・基本的に3年の育成期間で、特定技能1号の水準の人材に育成。
・特定技能制度は、適正化を図った上で現行制度を存続。
新制度の受入れ対象分野や人材育成機能の在り方
・受入れ対象分野は、現行の技能実習制度の職種等を機械的に引き継ぐのではな
　く新たに設定し、特定技能制度における「特定産業分野」の設定分野に限定。

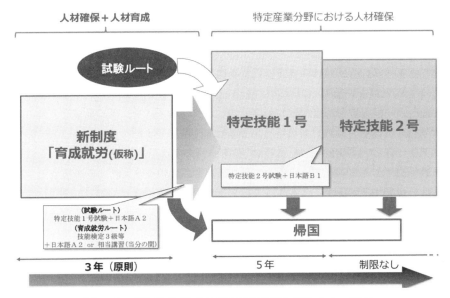

図4-3　新制度と特定技能の連携に関するイメージ図
出典：出入国在留管理庁ホームページ「技能実習制度及び特定技能制度の在り方に関する有識
　　者会議（第15回）参考資料1　新制度と特定技能の連携に関するイメージ図」
　　（https://www.moj.go.jp/isa/content/001406178.pdf）

・従事できる業務の範囲は、特定技能の業務区分と同一とし、「主たる技能」を定めて育成・評価（育成開始から1年経過・育成終了時までに試験を義務付け）。

新制度での転籍の在り方

・「やむを得ない場合」の転籍の範囲を拡大・明確化し、手続きを柔軟化。
・これに加え、以下を条件に本人の意向による転籍を認める。
　→計画的な人材育成の観点から、一定要件（同一機関での就労が1年超／技能検定試験基礎級・日本語能力A1相当以上の試験（日本語能力試験N5等）合格／転籍先機関の適正性（転籍者数等）を設け、同一業務区分内に限る。
　→転籍前機関の初期費用負担につき、正当な補填が受けられるよう措置を講じる。

特定技能制度の適正化方策

・新制度から特定技能1号への移行は、以下を条件。
　①技能検定3級等又は特定技能1号評価試験合格
　②日本語能力A2相当以上の試験（日本語能力試験N4等）合格

送出機関及び送り出しの在り方

・二国間取決め（MOC）により送出機関の取締りを強化。
・支払手数料を抑え、外国人と受入れ機関が適切に分担する仕組みを導入。

4-2-3　技能実習の現状

　現在の技能実習制度が対象とする業種は90業種、対象とする作業は165作業である（資料編の資料17を参照）。技能実習制度は、国際貢献のため、開発途上国等の外国人を日本で一定期間（最長5年間）に限り受入れ、OJTを通じて技能を移転する制度である。平成5年（1993年）に制度が創設され、平成29年（2017年）11月1日に施行された「外国人の技能実習の適正な実施及び技能実習生の保護に関する法律（平成28年法律第89号）」に基づいて、現在の技能実習制度が実施されている。

　技能実習生は、入国直後の講習期間以外は、雇用関係の下、労働関係法令等が適用されており、現在全国に約32万人在留している（令和4年末現在）。技能実習生の主要送出国はベトナム、インドネシア、フィリピン、中国の順である。技能実習制度は受入れ機関別に2つのタイプがある。すなわち、団体監理型と企業単独型である。現在は、団体監理型の技能実習生が多数で、一般監理団体は約

【団体監理型】非営利の監理団体（事業協同組合、商工会等）が技能実習生を受入れ、傘下の企業等で技能実習を実施

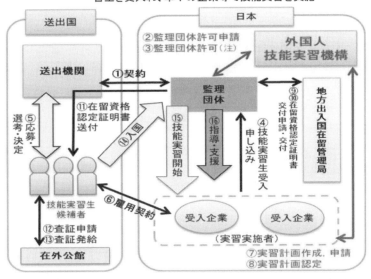

注：外国人技能実習機構による調査を経て，主務大臣が団体を許可

【企業単独型】日本の企業等が海外の現地法人、合弁企業や取引先企業の職員を受け入れて技能実習を実施

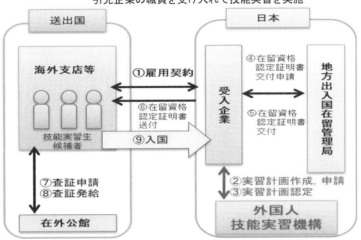

図 4-4　技能実習生の受入機関別タイプ

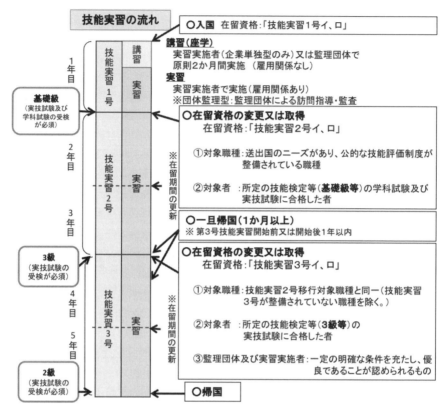

図 4-5　技能実習の流れ

2,000（令和5年10月）、特定監理団体は約1,700（令和5年10月）である。技能実習の実施者は約6万2,000社（令和3年度）である。なお、特定監理団体では技能実習の技能実習1号・2号のみを監理でき、一方一般監理団体では、技能実習3号まで監理することができる。一般監理団体と特定監理団体の一覧は、外国人技能実習機構のホームページで検索できる（https://www.otit.go.jp/search_kanri/ ）。

　技能実習の流れは、次のとおりである。入国後1年目の技能等を習得する活動（技能実習1号）、2・3年目の技能等を習熟するための活動（技能実習2号）、4・5年目の技能等に熟達する活動（技能実習3号）の3つに分けられる。技能

実習 1 号から技能実習 2 号へ移行するためには、技能実習生本人が所定の技能検定等の試験（学科と実技）に合格していることが必要である。また、技能実習 2 号から技能実習 3 号へ移行するためには、技能実習生本人が所定の技能検定等の試験（実技）に合格していることが必要である。なお、技能実習 2 号もしくは技能実習 3 号に移行が可能な職種・作業（移行対象職種・作業）は主務省令で定められている。また、技能実習 3 号を実施できる者は、主務省令で定められた基準に適合していると認められた、優良な監理団体・実習実施者に限られる。

各職種等の技能実習生の試験実施者は、当該技能実習を厚生労働省に申請した団体である。

（図 4-4、図 4-5 の出典は、厚生労働省ホームページ「外国人技能実習制度について」（https://www.mhlw.go.jp/content/001165662.pdf）。また、4-2-3 の記述は同資料を元に、さらに外国人技能実習機構ホームページ及び公益財団法人国際人材協力機構ホームページを参考に作成）

4-2-4　特定技能の現状

特定技能の制度は、平成 30 年（2018 年）12 月 8 日、第 197 回国会（臨時会）において「出入国管理及び難民認定法及び法務省設置法の一部を改正する法律」（平成 30 年法律第 102 号）が成立し、新たに創り出された。この改正法は、在留資格「特定技能 1 号」及び「特定技能 2 号」の創設、出入国在留管理庁の設置等を内容とするものである。

在留資格「特定技能 1 号」及び「特定技能 2 号」は、深刻化する人手不足への対応として、生産性の向上や国内人材の確保のための取組みを行ってもなお人材が確保することが困難な状況にある産業上の分野に限り、一定の専門性・技能を有し即戦力となる外国人を受入れるために創設された（実施は平成 31 年（2019 年）4 月）。

・特定技能 1 号：特定産業分野（＊）に属する相当程度の知識又は経験を必要とする技能を要する業務に従事する外国人向けの在留資格。在留者数：184,193 人（令和 5 年 (2023 年) 8 月末現在、速報値）
・特定技能 2 号：特定産業分野（＊）に属する熟練した技能を要する業務に従事する外国人向けの在留資格。在留者数：17 人（令和 5 年（2023 年）8 月末現在、速報値）
（＊）特定産業分野（12 分野）：介護、ビルクリーニング、素形材・産業機械・電気

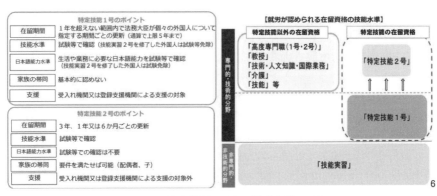

図4-6　特定技能1号と特定技能2号

電子情報関連製造業、建設、造船・舶用工業、自動車整備、航空、宿泊、農業、漁業、飲食料品製造業、外食業。なお、介護分野以外は特定技能2号でも受入れ可)

　出入国在留管理庁は、技能実習（団体管理型）と特定技能（1号）について制度比較をした表を公表しているので、参考のため資料編の資料18に収録する。

　（図4-6の出典は、出入国在留管理庁ホームページ「外国人材の受入れ及び共生社会実現に向けた取組」（https://www.moj.go.jp/isa/content/001335263.pdf）。また、4-2-3の記述は同資料を元に作成）

4-3　労働安全衛生

4-3-1　労働災害の状況

　産業廃棄物処理会社では従事者が安全に働けることが大前提である。作業現場を含め職場の安全は、労働力の確保にとって欠かせない。賃金もさることながら危険な職場には働く人が集まらないし、定着しない。しかしながら、産業廃棄物処理業界の労働災害の死傷者数は一向に減らない。労災事故の型別を見ると、墜落・転落、はさまれ・巻き込まれ、転倒、動作の反動・無理な動作、飛来・落下の順で、これらで全体の約7割を占める。

　事業場で常時働く労働者が、50人以上100人未満であれば、労働安全衛生法に従い「安全管理者の選任」、「衛生管理者の選任」、「産業医の選任」、「安全衛生委員会」の設置が必須である。産業廃棄物処理の平均的な従業員数が、20〜30

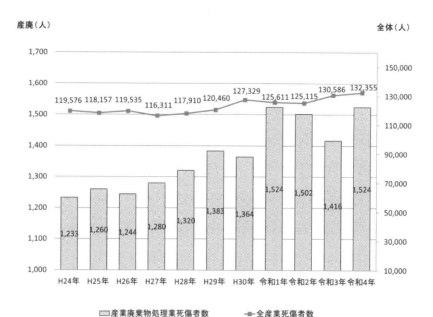

図 4-7　休業 4 日以上の死傷者数（平成 24 年〜令和 4 年）

出典：全国産業資源循環連合会ホームページ「産業廃棄物処理業における労働災害の発生状
　　　況・令和 5 年 6 月」（https://www.zensanpairen.or.jp/wp/wp-content/themes/sanpai/
　　　assets/pdf/disposal/safety_saigaihasei.pdf）（厚生労働省ホームページ「労働災害統計」
　　　（https://anzeninfo.mhlw.go.jp/user/anzen/tok/anst00.html）から作成）

人なので、このような事業場では安全と衛生の管理者が分かれておらず両方を受
け持つ「安全衛生推進者」の選任が大半であり、「安全衛生推進者」の働きが大
変重要である。

　労働安全衛生法に基づく体制が、このように各事業場で作られることになって
いるが、現実には、4 日以上の休業となる労災死傷者数を事業場規模別で見ると、
10 〜 29 人、30 〜 49 人、50 〜 99 人、1 〜 9 人、100 〜 299 人、300 人以上の順
であり、100 人未満の事業場で全体の約 9 割を占めている。

　また、年齢別の死傷者数を見ると、50 〜 59 歳、60 歳以上、40 〜 49 歳、30 〜
39 歳、20 〜 29 歳、19 歳以下の順になっており、50 歳以上が全体の約 5 割を占
めている。そして、過去 5 〜 6 年にわたり 50 歳以上の死傷者数が増加を続けて
いる。

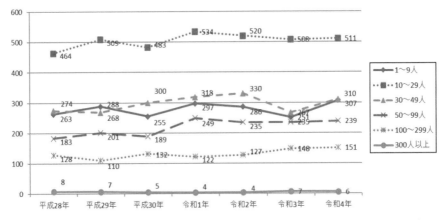

図 4-8　事業場規模別・休業 4 日以上の死傷者数（平成 28 年～令和 4 年）

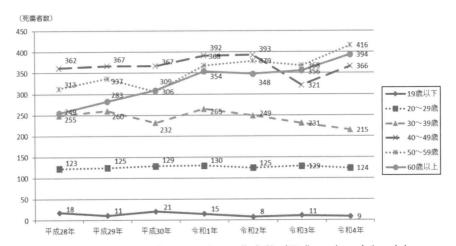

図 4-9　年齢別・休業 4 日以上の死傷者数（平成 28 年～令和 4 年）

出典：全国産業資源循環連合会ホームページ「産業廃棄物処理業における労働災害の発生状況・令和 5 年 6 月」（https://www.zensanpairen.or.jp/wp/wp-content/themes/sanpai/assets/pdf/disposal/safety_saigaihasei.pdf）（厚生労働省ホームページ「労働災害統計」（https://anzeninfo.mhlw.go.jp/user/anzen/tok/anst00.html）から作成）。図 4-8 も同様。

産業廃棄物処理業における労働災害のポイント

1. 産業廃棄物処理業界の労働災害の死傷者数は一向に減らない。
2. 墜落・転落、はさまれ・巻き込まれ、転倒、動作の反動・無理な動作、飛来・落下の順で、これらで全体の約7割を占める。
3. 労災死傷者数を事業場規模別で見ると、10 ～ 29 人、30 ～ 49 人、50 ～ 99 人、1 ～ 9 人、100 ～ 299 人、300 人以上の順であり、100 人未満の事業場で全体の約9割を占めている。
4. 年齢別の死傷者数を見ると、50 ～ 59 歳、60 歳以上、40 ～ 49 歳、30 ～ 39 歳、20 ～ 29 歳、19 歳以下の順になっており、50 歳以上が全体の約5割を占めている。そして、過去 5-6 年にわたり 50 歳以上の死傷者数が増加を続けている。
5. 中小規模の事業場と 50 歳以上の従業員は労働災害防止の重点対象である。

一般廃棄物処理業・産業廃棄物処理業における度数率と強度率

　業種ごとの労働災害の比較では、度数率と強度率が用いられる。厚生労働省の労働災害統計によると、一般廃棄物処理業・産業廃棄物処理業における「度数率」と「強度率」は、6.52 と 0.51 であり。全産業平均の 2.06 と 0.09 と比較して、それぞれ 3.2 倍と 5.7 倍となっている（令和 4 年（2022 年））。

度数率：100 万延労働時間当たりの労働災害による死傷者数をもって、労働災害の頻度を表すもの（統計をとった期間中に発生した労働災害による死傷者数を同じ期間中の全労働者延労働時間数で割り、それに 100 万を掛けた数値。）。

強度率：1,000 延労働時間当たりの労働損失日数をもって、災害の重さの程度を表したもの（統計をとった期間中に発生した労働災害による労働損失日数を同じ期間中の全労働者の延労働時間数で割り、それに 1,000 を掛けた数値）。

　全国産業資源循環連合会では、事業場における**安全衛生規程**の作成と実施を最重点課題と位置付けている。そして全国産業資源循環連合会のホームページでモデル安全衛生規程を公開している。モデル安全衛生規程では、体制づくりに関することのみならず、収集運搬、中間処理、最終処分ごとに、個別詳細な安全衛生管理基準が示されている。

　（参考：全国産業資源循環連合会ホームページ「産業廃棄物処理業におけるモデル安全衛生規程及び解説」令和 3 年 5 月 https://www.zensanpairen.or.jp/wp/wp-content/themes/sanpai/assets/pdf/disposal/safety_anzeneisei.pdf）

　事業場における安全衛生規程による体制の一層強化と管理基準の厳格な順守に

より、一日も早く労働災害の死傷者が減少することを願う。

4-3-2　安全衛生及び諸ルールの遵守

　平成28年（2016年）3月15～17日の間、全国産業廃棄物連合会（現　全国産業資源循環連合会）は人材育成のためのモデル研修会を開催した（平成27年度環境省人材育成方策検討調査の一環）。その研修会では「安全衛生及び諸ルールの遵守」に関して長谷川滋氏（元東芝環境ソリューション（株））に講義を行ってもらった。その講義は大変優れたものなので、長谷川滋氏の承諾を得て、以下にイタリック体で要点を紹介したい。

　産業廃棄物処理業における労働災害は入社1年未満の者に一番多いので、雇入れ時の教育が最も大切である。雇入れ時に行うべきである安全又は衛生のための教育は、労働安全衛生法第59条に規定され、労働安全衛生法施行規則第35条に具体的内容が規定されている。同条により作業内容が変更された時も同様の教育が必要である。そして、この教育を確実に行うためには作業手順書によることが望ましい。

　(参考) 労働安全衛生法　第59条
　1. 事業者は、労働者を雇い入れたときは、当該労働者に対し、厚生労働省令で定めるところにより、その従事する業務に関する安全又は衛生のための教育を行なわなければならない。
　2. 前項の規定は、労働者の作業内容を変更したときについて準用する。
　3. 事業者は、危険又は有害な業務で、厚生労働省令で定めるものに労働者をつかせるときは、厚生労働省令で定めるところにより、当該業務に関する安全又は衛生のための特別の教育を行なわなければならない。

　作業手順書が目的とすることは、安全・品質・効率を高いレベルで達成することである。作業手順書に基づいて教育を行うことにより、バラつきのない教育が可能となる。作業に係わる全員が協力して作業手順書を作成し、適宜見直しすることが重要である。作業開始前の点検については、労働安全衛生法施行規則や道路運送車両法に規定されている。安全な作業を行うため、機械や装置類の作業前点検が重要である。本質的な作業方法の改善等によるリスクの低減ができない場

合、保護具の着用により、リスクを減らせる場合がある。代表的な保護具として
は、ヘルメット、保護メガネ、耳栓、防塵マスク、防毒マスク、送気マスク、保
護手袋、保護衣、前掛け、安全靴、墜落制止用器具等がある。30人未満の企業
で6割の労働災害が発生している事実は深刻である。30人未満の企業内でも安
全衛生管理のための管理者と組織を工夫しながら整備することが不可欠である。
いわゆる5S活動は、表4-5に示すとおりであるが、どの規模の会社でも実行

表4-5　5S活動

整理	いらないものを捨てる
整頓	決められたものを決められた場所に置き、いつでも取り出せる状態にしておく
清掃	常に掃除をして、職場を清潔な状態に保つ
清潔	上記「3S」を維持する
躾	決められたルール・手順を正しく守る習慣をつける

図4-10　5S活動と保護具の適切な使用

出典：全国産業資源循環連合会リーフレット見直そう♪ 安全衛生活動2016年。「安全帯」を
「墜落制止用器具」へ修正。
（https://www.zensanpairen.or.jp/wp/wp-content/themes/sanpai/assets/pdf/disposal/safety_
anzenpanfu03.pdf）

表 4-6　安全衛生・管理組織の概要

常時労働者数	安全衛生・管理組織の概要
1 人〜9 人	事業者　（安全衛生スタッフ）
10 人〜49 人	（選任・指揮） 事業者　────────→　安全衛生推進者
50 人〜99 人	産業医 　　　　（選任） 事業者 ─────┬──→ 安全管理者 　　　　　　　└──→ 衛生管理者
100 人〜	産業医 　　　　（選任）　　　　　　　　　　　　　（指揮）　┌→ 安全管理者 事業者 ─────→ 総括安全衛生管理者 ────────┤ 　　　　　　　　　　　　　　　　　　　　　　　　　　└→ 衛生管理者

が可能で，業務効率の向上及び安全な職場を確保することにつながる。

　労働災害を防止し，安全で快適な職場を作る方法としては，

　　1．安全衛生規程の作成と順守

　　2．リスクアセスメントを中心とした労働安全衛生マネジメントシステムの導入

　　3．危険予知訓練（KYT）と危険予知活動（KYK）の実施

　　4．ヒヤリハット活動

　　5．安全衛生チェックリストを利用した安全パトロールの実施

　　6．朝礼による安全意識の高揚

　　6．に述べる朝礼の効用としては，（会社の）方針・情報の共有等を通じて，チームワークを強化できる。そして，朝礼を通じ，挨拶・時間厳守などの社会人としての基本が徹底される。また，全体朝礼の後，グループミーティングでは，グループリーダーは，本日の作業予定や人員配置の説明，危険予知等を行いながら，同時にメンバーの体調把握できる。

　<u>以上が長谷川滋氏の講義から引用整理したものである。</u>

4-3-3　安全衛生規程

　全国産業資源循環連合会のホームページでモデル安全衛生規程を公開していることを4-3-1の冒頭で触れた。さらに全国産業資源循環連合会では，ホーム

ページ上に「安全衛生規程作成支援ツール」、「産業廃棄物処理業ヒヤリハット
データベース」、「安全衛生チェックリスト」、「産業廃棄物処理業におけるリスク
アセスメントマニュアル」、「未熟練労働者に対する安全衛生教育マニュアル（産
業廃棄物処理業編）」なども掲載し利用できるようにしている。

　事業場における安全衛生規程の作成と実施では、これらのデータベース、
チェックリスト、マニュアルを参考とされることを薦める。安全衛生規程の効果
を改めて述べると以下のとおりであるので、すべての事業場で、その事業場の事
情を反映した安全衛生規程の作成と実施を強く望む。

> 　効果1：事業場の安全衛生に対する考え方が、具体的な事項として明確になり、
> 　活動の指針になる。
>
> 　効果2：規程の実施・運用を通じ、労使が一体となった活動が可能となる。
>
> 　効果3：規程に基づき安全衛生管理計画を作成・従業員に周知することで、実
> 　施すべき事項が明確となる。
>
> 　効果4：労働安全衛生法と事業場の規程を遵守する土壌が醸成され、従業員に
> 　遵法精神が生まれる。
>
> 　効果5：社内のリスク管理に寄与するだけでなく、顧客に対してもPR可能なも
> 　のとなる。

4-3-4　全産連の労働災害防止計画

　全国産業資源循環連合会では、産業廃棄物処理業界における労働災害による死
亡者及び死傷者を減らすため、労働災害防止計画を第1次（平成29年度～令和
元年度）、第2次（令和2年度～令和4年度）と順に策定し、全国産業資源循環
連合会を構成する都道府県産業資源循環協会の会員企業の取組みを主導してきた。

　第2次労働災害防止計画の取り組みが進められた結果、労働災害による死亡者
数は、令和2年26人から令和3年16人と大きく減少した。一方、労働災害によ
る休業4日以上の死傷者数は、令和2年1,502人、令和3年1,416人とほぼ横ば
いとなり、すべての都道府県で20%減少との目標（平成24～26年実績平均比）
を達成することは難しい状況となっている。

　このような状況を踏まえ、全国産業資源循環連合会では、令和5年度を初年度
とする第3次労働災害防止計画を策定することとした。

表 4-7　全国産業資源循環連合会第 3 次労働災害防止計画の概要

計画の期間	令和 5 年度（2023 年度）から令和 9 年度（2027 年度）までの 5 ヶ年を計画期間とする。
計画の目標	・計画期間中の労働災害による死亡者数を平成 24 ～ 26 年実績平均に比して全ての都道府県において、20% 以上減少させる。（平成 24 ～ 26 年の平均 20 人→令和 9 年 16 人以下に） ・計画期間中の労働災害による休業 4 日以上の死傷者数を平成 24 ～ 26 年実績平均に比して全ての都道府県において、20% 以上減少させる。（平成 24 ～ 26 年 1,246 人→令和 9 年 996 人以下に）
計画の重点項目	(1) 経営者の意識改革 　労働安全対策を進めるためには、経営者のリーダーシップのもと労使が一体となった取り組みが欠かせない。そこで、労働災害防止に対する経営者の意識改革を図る。 (2) 労働災害防止活動の推進 ① 安全衛生規程の作成及び実施：連合会が作成した「産業廃棄物処理業におけるモデル安全衛生規程及び解説」には、労働災害を防止するために事業主が遵守しなければならない事項が網羅されていることから、会員事業場における安全衛生規程の作成を促進させ、安全衛生規程に基づく労働災害防止活動の積極的な促進を図る。 ② 当業界において発生数の多い労働災害（例：墜落・転落、はさまれ・巻き込まれ、転倒）の撲滅

（参考：https://www.zensanpairen.or.jp/wp/wp-content/themes/sanpai/assets/pdf/disposal/rousai_keikaku.pdf）

4-4　トレーサビリティ

　BSE 問題その他の食品に関する問題への対処手段として、トレーサビリティ (traceability) のシステムが重要であるとの認識が社会で広まった。トレーサビリティという言葉で思い浮かぶ内容や範囲は人さまざまである。ここでは、産業廃棄物の適正処理の確保や、産業廃棄物の再資源化にとって有用となる、関係情報の登録・整理・検索のトレーサビリティシステムを念頭におく。最近のデジタル技術の発展により、関係情報としては、時間、位置、画像（エビデンス）に関す

るデジタルデータも取り込めるなっている。

　廃棄物処理法のマニフェスト制度では、2-2で述べたように電子マニフェストの利用が推奨されている。しかし電子マニフェストの仕組みは、先行する紙のマニフェストの仕組みを下敷きとしているので、現在の電子マニフェストでは、産業廃棄物の収集運搬・中間処理・最終処分の各段階において、時間的に同期して、時刻、位置、画像（エビデンス）が登録されるものではない。スマートフォンやクラウドサービスの出現は、このような時刻、位置、画像のデータを処理に同期して登録可能としている。

　産業廃棄物を、使用済み製品由来のもの、建設工事（解体工事を含む）で発生するもの、あるいは上水処理・下水処理・焼却処理等の由来のもの、のように大別すると、拡大生産者責任や資源循環の観点から、使用済み製品由来のものにトレーサビリティシステムを開発利用する優先度が高い。ちなみに欧州で最近話題になっているデジタル製品パスポート（Digital Product Passport）のスコープは、名称が示すように「製品」が対象であり、動静脈に関係する者の間で、環境影響、物質循環等の製品に係るデータを共有できることを意図している。

　さて、バリューチェーンにおける温室効果ガスの排出がどの程度になるかを把握する必要性が叫ばれている。製品製造者のスコープ3における排出のうち、廃棄物の処理に関わる部分は処理委託を受けた産業廃棄物処理会社が担っている。製品製造者が、産業廃棄物に係るトレーサビリティシステムに委託処理時の温室効果ガスに関する情報を取り込むことを、産業廃棄物処理会社と協働して行うことを望むであろう。

表4-8　トレーサビリティに関する個人展望

廃棄物処理法のトレーサビリティ	資源循環のトレーサビリティ
・適正処理の確保に限った処分終了までの情報を対象とする。 ・現場の処理と必ずしも同期していない（登録や報告に時間差あり）。	・適正処理に限らず、資源循環・脱炭素に関する情報も対象とする。 ・時間、位置、画像（エビデンス）も取り入れたもの。 ・現場の処理と同期し事後に改ざんできないもの。 ・静脈系から動脈系へと再資源化以降に繋がるもの。 ・処理時の温室効果ガスの算定と連携したもの。

いずれにしても、産業廃棄物の資源循環では、適正処理と再資源化の透明性が一層求められていく。これからのトレーサビリティシステムは、このような要請に答えるとともに、さらに脱炭素の潮流の中で、温室効果ガスに関する情報も組み込まれる必要が生じる。その際には、廃棄物処理法における廃棄物の適正処理の確保に限った処分終了までの情報を越えていく。再資源化の透明性に必要な情報項目とは何か、温室効果ガスに関する情報は誰がどのように創り出すか、特に後者については異なる事業者の情報が比較可能であることが望ましい（元データの範囲・精度や計算方法の規格化など）。

　資源循環のトレーサビリティは、産業廃棄物処理の関係者間で、表 4-8 に述べる要請を満たすことが求められる。

第5章　いま注目の廃棄物

5-1　建設廃棄物

　政府と民間による建設投資は平成4年度（1992年度）に約84兆円のピークを記録した後、投資額は減少傾向となり平成23年度（2011年度）に約42兆円まで落ち込んだ。しかし、その後増加に転じ令和5年度（2023年度）の建設投資は、政府と民間による約70兆円となる見通しである（国土交通省ホームページ令和5年度（2023年度）建設投資見通し概要　https://www.mlit.go.jp/report/press/content/001622571.pdf）。

　平成4年度（1992年度）の建設工事のレベルまで回復するとは考えにくいが、建設工事の量は政府によるものが横ばい・民間によるものが増加で当分の間大きく様子はかわらないであろう。国内の人口減少はあるが、昭和30～40年代に建設された家屋、ビルの解体や新築が続く。ビルに使われていた鉄筋は別として、建設工事により発生する廃棄物は、製品由来の廃棄物（金属くず等）に比べ潜在的な資源価値が低い。建設汚泥のように、そもそも加工・改質しない限り、再利用しにくい。このようなことが、依然として建設工事により発生する廃棄物の不法投棄が跡を絶たず、建設リサイクル法等の法的枠組みを持って再資源化の促進が求められる背景となっている。

　建設リサイクル法の「特定建設資材」になっていないが、廃石膏ボード（新築系と解体系）のリサイクルが民間主導により進んでいる。今後も廃石膏ボードの発生量の増加が見込まれるので、特定建設資材に指定し、廃石膏ボードのリサイクルのための体制を強固にすることが望まれる。また、廃プラスチックのリサイクル推進の高まりを受けて、建設工事の現場での廃プラスチックの分別回収、建設混合廃棄物からの選別が注目される。一般的に中間処理業者における建設廃棄物の選別率の向上は最終処分の量・コストを削減する。そして、鉄、非鉄の原材料をはじめRPF燃料のための原料（プラスチック、紙）を得ることにつながる。

5-1-1　建設副産物と廃棄物

　建設廃棄物の発生量は年間約7,500万トンであり、産業廃棄物の発生量が年間4億トン弱において約2割と大きな割合を占めている。国土交通省では、建設工事に伴い副次的に得られたすべての物品を「建設副産物」と定義し、その上で廃

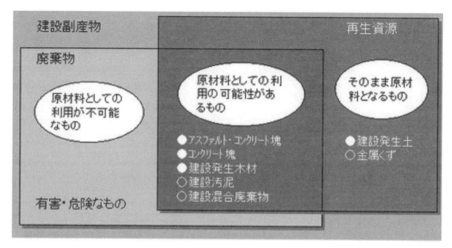

図 5-1　建設副産物

出典：国土交通省ホームページ「建設副産物の定義」
　　　（https://www.mlit.go.jp/sogoseisaku/region/recycle/d01about/d0101/
　　　page_010201byproduct.htm）

棄物処理法で定める建設廃棄物や廃棄物に該当しない建設発生土などを区分している。

　さて、環境省が集計し発表している「産業廃棄物の不法投棄等の状況（令和4年度）」によると、産業廃棄物の不法投棄件数及び投棄量は毎年減少傾向にあり、令和4年度（2022年度）における新規判明の投棄件数は134件、投棄量は4.9万トンとなっている。なお、過去の最大の投棄件数は1,197件（平成10年度）で最大の投棄量は74.5万トン（平成15年度）であった。

　建設事業に伴い発生する建設系廃棄物についての不法投棄は、廃棄物処理法による規制、建設リサイクル法によるリサイクルの要請、さらに行政による監視により減少してきているが、建設系廃棄物の不法投棄は全体の不法投棄の中でも依然として大きな割合を占めている。令和4年度（2022年度）に新規判明の投棄件数と投棄量の内訳をみると、建設系廃棄物は、投棄件数では75.4%（101件）、投棄量では77.9%（38,472トン）である。投棄された品目を量の順にみると、建設混合廃棄物、がれき類、木くず（建設系）、廃プラスチック類である。

　建設系廃棄物に限った情報は公開されていないが、令和4年度（2022年度）において、全体の不法投棄実行者の内訳では、新規判明の投棄件数では、排出事

表 5-1　建設副産物

建設副産物		「建設副産物」とは、建設工事に伴い副次的に得られたすべての物品であり、その種類としては、「工事現場外に搬出される建設発生土」、「コンクリート塊」、「アスファルト・コンクリート塊」、「建設発生木材」、「建設汚泥」、「紙くず」、「金属くず」、「ガラスくず・コンクリートくず（工作物の新築、改築又は除去に伴って生じたものを除く。）及び陶器くず」又はこれらのものが混合した「建設混合廃棄物」などがある。
	建設発生土	「建設発生土」とは、建設工事から搬出される土砂であり、廃棄物処理法に規定する廃棄物には該当しない。 建設発生土には（1）土砂及び専ら土地造成の目的となる土砂に準ずるもの、（2）港湾、河川等の浚渫に伴って生ずる土砂（浚渫土）、その他これに類するものがある。 一方、建設工事において発生する「建設汚泥」は、廃棄物処理法上の産業廃棄物に該当する。
	建設廃棄物	「建設廃棄物」とは、建設副産物のうち、廃棄物処理法第 2 条 1 項に規定する廃棄物に該当するものをいい、一般廃棄物と産業廃棄物の両者を含む概念である。

出典：国土交通省ホームページ「建設副産物の定義」（https://www.mlit.go.jp/sogoseisaku/region/recycle/d01about/d0101/page_010201byproduct.htm）を元に作成

表 5-2　令和 4 年度（2022 年度）産業廃棄物の不法投棄等の状況（新規判明分）（環境省調べ）

	建設系廃棄物	全体	参考
投棄件数	101 件 （75.4%）	134 件 排出事業者が 42.5%（57 件）、無許可業者が 5.2%（7 件）、許可業者が 1.5%（2 件）など	過去の最大の投棄件数は 1,197 件 （平成 10 年度）
投棄量	38,472 トン （77.9%）	49,391 トン 排出事業者が 32.9%（16,236 トン）、無許可業者が 28.7%（14,177 トン）、許可業者が 6.9%（3,425 トン）など	過去の最大の投棄量は 74.5 万トン （平成 15 年度）

（注）都道府県及び政令市が把握した産業廃棄物の不法投棄のうち、1 件当たりの投棄量が 10t 以上の事案（ただし特別管理産業廃棄物を含む事案はすべて）を集計対象
出典：環境省ホームページ「不法投棄等の状況（令和 4 年度）の調査結果」資料（https://www.env.go.jp/content/000173236.pdf）を元に作成

業者が 42.5%（57 件）、無許可業者が 5.2%（7 件）、許可業者が 1.5%（2 件）となっている。また、新規判明の投棄量では、排出事業者が 32.9%（16,236 トン）、無許可業者が 28.7%（14,177 トン）、許可業者が 6.9%（3,425 トン）となっている。

　ところで、都道府県等が実施する支障の除去等の措置については、環境省が財政支援制度を設けている。平成 10 年（1998 年）6 月 16 日以前に行われた不法投棄等については、特定産業廃棄物に起因する支障の除去等に関する特別措置法（産廃特措法）に基づき、環境大臣が支障の除去等の実施計画に同意した 18 事案（8 事案については支障除去等事業完了）を対象として、国からの補助等により都道府県等の行政代執行費用を支援している。一方、平成 10 年（1998 年）6 月 17 日以降に行われた不法投棄等については、廃棄物処理法第 13 条の 15 に基づき、国の補助に加えて、社会貢献の観点から産業界からの協力も得て造成した産業廃棄物適正処理推進センターに置かれた基金により、都道府県等の行政代執行費用

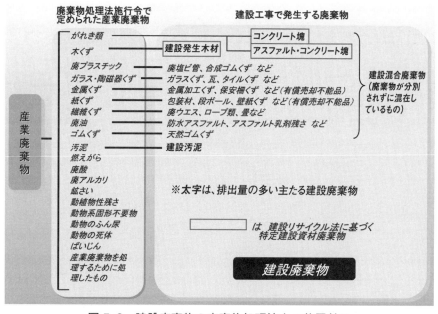

図 5-2　建設廃棄物の廃棄物処理法上の位置付け

出典：国土交通省ホームページ「建設リサイクル 建設リサイクルに関する今後の動向」を元に作成（https://www.mlit.go.jp/sogoseisaku/region/recycle/pdf/fukusanbutsu/genjo/171110.pdf）

を支援しており、令和 4 年度末までに 89 事案に対して支援が行われた（環境省ホームページ報道発表資料　産業廃棄物の不法投棄等の状況（令和 4 年度）について　https://www.env.go.jp/press/press_02453.html）。

　建設リサイクル法施行令第 1 条に定める「特定建設資材」については、現場での分別と再資源化が義務づけられている。特定建設資材は、1. コンクリート、2. コンクリート及び鉄からなる建設資材、3. 木材、4．アスファルト・コンクリートであり、建築物等に係る解体工事又は新築工事等の種類に応じ、一定規模以上の建設工事については施工基準に従って、現場で分別することが求められる。また、分別解体をすることによって生じた特定建設資材の廃棄物について、再資源化が求められる。通常、「コンクリート塊」、「アスファルト・コンクリート塊」、「建設発生木材」と呼ばれている。この他、建設副産物としては、建設汚泥、建設混合廃棄物、建設発生土がある。これらの再資源化率の経年変化は見ると、建設混合廃棄物以外では高い資源化率を示している（図 5-3）。

　なお、資源化率は、建設工事現場から再資源化のための事業所に搬入された率を示すので、時としてこの率で再資源化されたものが有効に利用されないことが起きる。例えば、平成 25 年（2013 年）9 ～ 10 月に全国産業廃棄物連合会（現全国産業資源循環連合会）・近畿地域協議会で行った、再生砕石の滞留実態のアンケート調査では、一時期約 50 万トン程度の滞留が阪神市内を中心に近畿地域内であり、再資源化率からだけではわかりにくい中間処理のその後における厳しい状況があった。

　今後とも、都市を中心として全国的に老朽化した社会資本（建築物、工作物等）の更新が続く。2021 年に開催された 2020 年東京オリンピック・パラリンピックに向けて関連する建設工事があったように、2025 年開催予定の大阪・関西万国博覧会のための建設工事が続く。更に、新東名高速道路・新名神高速道路・中央新幹線・東京外環道路等の大規模な工事とこれに伴う民間における建設工事もある。今後とも、建設廃棄物の発生量の増加が見込まれる。

　建設廃棄物の適正処理と再資源化を確保しておかなければ、工期順守は難しく工事そのものの完了が大きく遅れる恐れがある。建設現場での自ら処理の困難性と限界があることから、現場で建設廃棄物の分別を行った後、中間処理施設での委託処理となることから、工事発注者、工事元請け者、産業廃棄物処理業者、行政が連携して取り組む必要がある。道路等の公共建設工事だけではなく大都市内で盛んになっている再開発における民間建設工事でも同様である。

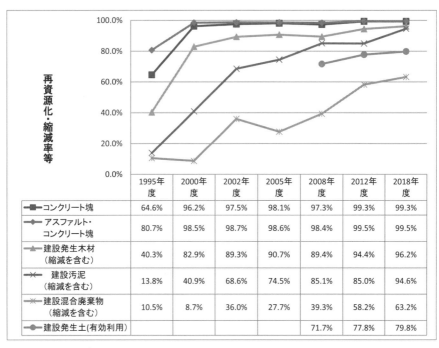

	1995年度	2000年度	2002年度	2005年度	2008年度	2012年度	2018年度
■コンクリート塊	64.6%	96.2%	97.5%	98.1%	97.3%	99.3%	99.3%
◆アスファルト・コンクリート塊	80.7%	98.5%	98.7%	98.6%	98.4%	99.5%	99.5%
▲建設発生木材（縮減を含む）	40.3%	82.9%	89.3%	90.7%	89.4%	94.4%	96.2%
✕建設汚泥（縮減を含む）	13.8%	40.9%	68.6%	74.5%	85.1%	85.0%	94.6%
✖建設混合廃棄物（縮減を含む）	10.5%	8.7%	36.0%	27.7%	39.3%	58.2%	63.2%
●建設発生土(有効利用)					71.7%	77.8%	79.8%

図 5-3　建設副産物の再資源化・縮減率等（1995 年度 -2018 年度）

出典：国土交通省ホームページ「平成 30 年度建設副産物実態調査結果（確定値）」
https://www.mlit.go.jp/report/press/sogo03_hh_000233.html）を元に作成。
1．コンクリート塊及びアスファルト・コンクリート塊については、再資源化率。
2．建設発生木材、建設汚泥及び建設混合廃棄物については、再資源化率＋縮減率。
3．建設発生土については、有効利用率。

　とりわけ、廃コンクリートと建設汚泥については緊急度が高い。廃コンクリートから造られる再生砕石は、路盤材としての需要の低下があり在庫品が滞留しやすい。また、再生砕石は二級品とのイメージがあり、バージン材との競争上不利である。また、建設汚泥については、その適正な処理物の利用の観点から、建設汚泥ではなく建設泥土との呼称を求める声が建設事業者には強い。建設汚泥の海洋投入処分の許可が投棄者ではなく発注者が行うとの法律改正がなされ、海洋投棄処分が一層実行されにくくなる。

　ここで、コンクリート塊と建設汚泥について、過去の首都圏・近畿圏での状況

を見てみよう（コンクリート塊と建設汚泥に関する国土交通省建設副産物実態調査の結果は、5-1-3と5-1-4で触れる）。

　建設廃棄物協同組合の島田理事長（注　2014年当時）によると、「首都圏では、コンクリート塊の半分程度は、建築物の解体工事により発生している。新築工事と合わせて約2／3が建築工事から発生している。これまで首都圏等の大都市部では、春先から解体工事でコンクリート塊が発生し、再資源化施設で再生砕石が堆積され、年度予算の道路工事等の公共工事が発注される秋から年度末にかけて、再生砕石の利用が進み、年度末で何とかバランスが取れるという季節的な変動が生じていた。ところが、最近では年度末になっても再生砕石が捌けきらず、再資源施設で堆積される状況となっている。コンクリート塊の発生と消費の時期にずれが生じることから、大量のストックヤードが必要となってくる」（以上、島田啓三「コンクリート塊と建設汚泥の現状と未来」INDUST, Vol.29, No.11, 2014から引用）。

　また、2015年の建設廃棄物協同組合によると、建設汚泥は、全国で約650万トン搬出されている。搬出量は都市部とりわけ首都圏が突出している。かつては土木工事からの発生が大半だったが、近年は、建築工事からの発生が増加している。アースドリル工法は大規模な建築物の基礎の大半で使用されているが、土砂、泥土（建設汚泥）と泥水（建設汚泥）が同時に排出される。場外に搬出された建設汚泥は、工事間でわずかしか利用されず、ほとんどは再資源化のため中間処理が委託される。首都圏では、搬出された建設汚泥のうち年あたり約100万トンが海洋投入処分されてきた。再資源化された建設汚泥は、その大半が売却されているが、建設汚泥の一部は再資源化されず最終処分される（約100万トン／年）（以上、建設廃棄物協同組合「ひっ迫する建設汚泥への対応」講演と交流のつどい2015年9月11日を元に編集）。

```
┌─────────────────────────────────────────────────────────────────┐
│                  建設汚泥の再生利用（事例紹介）                        │
│ 廃棄物処理法施行規則で定められている個別指定制度を取り入れた、道路事業と港湾 │
│ 事業の協働による建設汚泥の再生利用である。大阪府、堺市、阪神高速道路が整備を │
│ 進めている阪神高速大和川線建設工事から発生するシールド発生土（建設汚泥）の再 │
│ 生資材を、大阪市港湾局が所有する大阪市住之江区第 6 貯木場（約 8.3ha）の海面埋 │
│ め立てに活用するもので、2009 年 6 月に大阪府、堺市、大阪市、阪神高速道路、阪 │
│ 神高速技術の 5 者が協定を結ぶ。                                       │
│                                                                   │
│   ┌─────────────────────────────────────────────────────────┐   │
│   │ 建設汚泥の再生利用の実例　日刊建設産業新聞（2014 年 5 月 8 日）の記事概要 │   │
│   ├─────────────────────────────────────────────────────────┤   │
│   │ 大阪市住之江区第 6 貯木場の隣接地では、含水量の高いシールド発生土は中 │   │
│   │ 性化固化材を用いて調整し、改質土とする。シールド発生土 98 万 m³ のうち、│   │
│   │ 第 6 貯木場では 79 万 m³ を受け入れる。2011 年 2 月から事業を開始し、埋め │   │
│   │ 立ての完了後 1 年間は地盤沈下状況などの管理を行う。ETC と GPS を活用 │   │
│   │ したシールド発生土の運搬管理システムを導入する。建設現場、処分場内の │   │
│   │ 入り口と出口の 3 か所に ETC を設置し、リアルタイムでの車両の認証や掲載 │   │
│   │ 物の計量処理が可能となる。車両には GPS を搭載する。建設現場から処分場 │   │
│   │ までの走行経路や渋滞発生時の経路変更の指示などを統括する。ETC の導入 │   │
│   │ によりマニフェストを約 10 秒で作成できる。                          │   │
│   └─────────────────────────────────────────────────────────┘   │
└─────────────────────────────────────────────────────────────────┘
```

5-1-2　建設リサイクル推進計画

　令和 2 年（2020 年）9 月、国土交通省は「建設リサイクル推進計画 2020 ～「質」
を重視するリサイクル～」を策定・公表した。同省は、これまでも建設リサイク
ルや建設副産物の適正処理を推進するため、建設リサイクル推進計画を定期的に
策定し各種施策を展開してきた。

　その結果、建設廃棄物のリサイクル率について、1990 年代は約 60％程度だっ
たものが、2018 年度は約 97％となっており、1990 年代から 2000 年代のリサイ
クル発展・成長期から、維持・安定期に入ってきたと考えられ、今後は、リサイ
クルの「質」の向上が重要な視点となると想定されるとしている。

【　建設リサイクル推進計画 2020 のポイント　】

1.　維持・安定期に入ってきた建設副産物のリサイクルについて、今後は「質」[※]の向上が重要な視点

　　（※）　より付加価値の高い再生材へのリサイクルを促進するなど、リサイクルされた材料の利用方法に目を向ける

2.　建設副産物の再資源化率等に関する 2024 年度達成基準値を設定し、建設リサイクルを推進

3.　主要課題を 3 つの項目[※※]で整理し、取り組みの実施主体を明確化

　　（※※）　①建設副産物の高い資源化率の維持等、循環型社会形成への更なる貢献、②社会資本の維持管理・更新時代到来への配慮、③建設リサイクル分野における生産性向上に資する対応等

4.　新規施策として、「廃プラスチックの分別・リサイクルの促進」、「リサイクル原則化ルールの改定」、「建設発生土のトレーサビリティシステム等の活用」に取り組む

5.　これまで本省と地方で分かれていた計画を統廃合

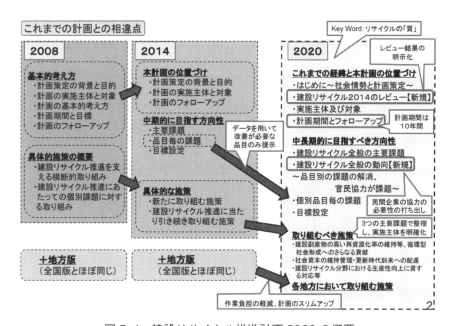

図 5-4　建設リサイクル推進計画 2020 の概要

出典：国土交通省ホームページ　報道・広報（https://www.mlit.go.jp/report/press/sogo03_hh_000247.html）

5-1-3　廃コンクリート再生砕石

　国土交通省が平成 30 年度に実施した建設副産物実態調査結果によると、コンクリート塊の平成 30 年度における再資源化率は 99.3% となっている。「再資源化率」とは、建設廃棄物として排出された量に対する再資源化された量と工事間利用された量の合計の割合である。平成 24 年度調査結果の再資源化量は 3,072 万トンであったが平成 30 年度調査結果では 3,665 万トンと増加している。

　都市内の再開発としての高層ビルの建設、また老朽化したオフィスビルの建て替えに伴い、コンクリート構造物の解体が増加する見込みである。ビル解体により生じる廃コンクリート塊の再生利用の拡大を行わないと解体そのものが滞るおそれがあり、結果として都市更新のペースが低下する。大量に大都市圏で発生する廃コンクリート塊の利用拡大を、大都市圏内外で持続的に進めることは喫緊の課題である。

　次に、成友興業株式会社の資料（2018 年）を参考に解説を続ける。廃コンクリート塊は、不純物の除去や粒度調整などを行った上、建設資材の一つである「再生砕石」として、これまで殆どが「道路路盤材」に使われてきた。しかし、道路補修技術の進歩（切削オーバーレイ工法等）や道路新設の減少等により、道路路盤材としての需要が減少傾向である。また、再生砕石については、使用者から「広域的・公的な品質基準がない」、「品質にばらつきがある」、「『産業廃棄物が原料』ということによる忌避感・嫌悪感がある」などの声があることは事実である。そこで、道路路盤材以外への再生砕石の用途拡大や、それに必要となる品質確保が必要となっている。このような事情から平成 29 年（2017 年）5 月に東京都で開始された支援制度が注目される。東京都による再生砕石利用拡大支援制度である。品質に関しては、民間等が策定した再生砕石品質基準を、「技術的、学術的知見に基づき優位性が認められた品質基準」であることを確認の上、東京都環境保全局が同基準に対して「認証」を付与する。「基準認証を受けた基準を満たす品質の再生砕石を製造可能」とする施設について、製造工程、関係機材等の確認・審査を通じて「認証を受けた品質基準を満たす再生砕石を製造可能」と確認の上、東京都環境公社が施設に対して「認証」を付与する。これまで、民間団体が策定した「路盤材」、「浸透トレンチ材」、「グラベルコンパクション材」、「裏込材」の 4 工種で品質管理基準の認証がされている（出典　成友興業株式会社「再生砕石利用拡大支援制度「東京ブランド "粋な" えこ石」2018 年」）。

5-1-4　建設汚泥再生品

　国土交通省が平成 30 年度に実施した建設副産物実態調査結果によると、建設汚泥の排出量は 623 万トンであり、その内訳は再資源化量が 521 万トン、縮減量が 69 万トン、最終処分量が 33 万トンであった。平成 24 年度結果と比較すると再資源化量が増加（△ 69 万トン）、縮減量が減少（▼ 38 万トン）、最終処分量は減少（▼ 65 万トン）した。建設汚泥の再資源化率は平成 30 年度には増加しているが他の建設廃棄物と比較すると低い水準である（平成 30 年度の再資源化率は 83.6%、一方、再資源化・縮減率は 94.6%）。管理型最終処分場が逼迫している状況を鑑みると、流動化処理土、改良土、洗浄砂など再資源化を推進するとともに最終処分量を削減することは、引き続き対処すべき問題であるといえる。

　さらに、平成 29 年（2017 年）4 月から建設汚泥を海洋投入処分する場合の許可申請者が、建設汚泥を処理する者から建設汚泥が発生する建設工事の発注者に変更された。これに伴い建設汚泥の海洋投入処分が現実的には困難となり、建設汚泥の発生量が特に多い首都圏において、適正な処分先を確保することは困難な状況が今後も続く。そのため建設資材と称した不法投棄、土砂と偽装して残土処分場へ搬入するなどの不適正処理が強く懸念される。

　さて、公益社団法人全国産業資源循環連合会建設廃棄物部会では、建設汚泥の適正処理及び適正なリサイクルの推進に向けて様々な検討を進めてきている。そして、建設汚泥リサイクル製品のを安心な利用のためには、品質に対する信頼性を確保することはもちろん、安定供給体制の確立に向けた取り組みが不可欠であると認識している。建設廃棄物部会でとりまとめた「建設汚泥リサイクル製品事例集」は、初版（平成 20 年 9 月）では、ドレーン材、路盤材、造園資材など枯渇の恐れのある「天然材料に変わるリサイクル製品」を中心として掲載した。そして改訂版（平成 30 年 12 月）では、流動化処理土、改良土、洗浄砂など「汎用性が高く今後の需要の増加が見込め、ユーザーが求める品質の資材を低コストで製造することができるリサイクル製品」を中心として掲載し、同都会はこれらの製品の利用拡大を目指している（出典　全国産業資源循環連合会ホームページ https://www.zensanpairen.or.jp/disposal/standards/）。

5-1-5　第三者認証（建設汚泥再生品・廃コンクリート再生砕石）

　建設汚泥再生品や廃コンクリート再生砕石の利用における厳しい状況を述べた。適正な品質と製造等の管理がされた建設汚泥再生品や廃コンクリート再生砕石の

利用が拡大することは、資源循環の観点から求められる。この認識に立って、自由民主党産業・資源循環議員連盟プロジェクトチームは報告書（平成 31 年（2019 年）3 月）をとりまとめ、環境大臣・国土交通大臣に要望を行った。報告書の提言を受けて、公益社団法人全国産業資源循環連合会（以下「全産連」）では、建設汚泥再生品等の利用促進に関する検討会（委員長：勝見 武 京都大学大学院地球環境学堂教授）を設置し、品質、製造管理、出荷保管等に関する審査基準案及び第三者認証のあり方を令和 2 年（2020 年）6 月に取りまとめた。プロジェクトチーム報告書と検討会報告書をそれぞれ以下のとおり概説する。

　プロジェクトチーム報告書では、建設汚泥再生品及び廃コンクリート再生砕石について以下の提言を行った（https://www.zensanpairen.or.jp/activities/report における令和 2 年度調査・報告書の参考 1）。
　「建設汚泥再生品及び廃コンクリート再生砕石（以下「建設汚泥再生品等」）の利用促進上の課題として、①品質・施設・再生業者に対する信頼性の担保、②法令要綱上の制約、③安定供給のためのストックヤードの整備、④安定供給先の確保、⑤非再生品との競争力不足が挙げられる。
　①に関しては産業廃棄物処理業者における努力と取組強化が欠かせないが、②法令要綱上の制約においては、再生品の廃棄物該当性の判断と都道府県等の事前協議制とは密接な関係(*)にある。また、③と④については、行政の支援や行政における需要創出が重要である。
　特に②の課題解決のため、公的な品質規格を満足する建設汚泥再生品等については、それらを製造する管理体制や保管体制（在庫管理を含む。）が確かなものであれば、これらの建設汚泥再生品等は製造された段階で廃棄物でないとの判断が出来るようにすることが望ましい。
　そこで、廃棄物該当性の判断に関わる再生品の利用促進上の支障を取り除くため、環境省及び国土交通省等の参加を得て全産連の検討会において本課題を議論し、環境省及び国土交通省等が連携してその検討結果を踏まえた都道府県等への通知等を検討すべきである。
　また、安定供給のためのストックヤードの整備、安定供給先の確保も引き続き検討することが必要である。」

> 著者の注（＊）「再生品は、製造段階ではなく使用される段階で初めて廃棄物でなくなる。このため、製造地点の県から利用地点までの他県の間は、再生品は引き続き廃棄物である」との廃棄物処理法上の運用が原則となっている。

　次に、プロジェクトチーム報告書で述べられている全産連の検討会である。環境省及び国土交通省等のオブザーバ参加を得て、全産連の「建設汚泥再生品等の利用促進に関する検討会」は建設汚泥再生品等の利用促進に関する課題を都合5回議論し、令和2年（2020年）6月に**検討会報告書**をとりまとめた。同報告書は、全産連のホームページで公開されている（https://www.zensanpairen.or.jp/activities/report/ における令和2年度調査・報告書）。

　ここでは、その目次と主な項目のみを以下に示す。

建設汚泥再生品等の利用促進に関する検討会報告書　目次と主な項目
1.　はじめに
2.　建設汚泥再生品等の廃棄物該当性検討における論点
環境省の考え・総合判断、廃棄物との判断時期
3.　品質の確保、製造・保管の管理
管理基準・性能規格、管理体制
4.　第三者認証制度
審査機関、審査体制、審査対象範囲、審査料、有効期間
5.　建設汚泥再生品等の取引価値の検討
総合判断に基づく検討、再掘削時の問題
6.　付属資料
検討会経過、利用事例、管理項目の解説

　さて、環境省は、上記の報告書がとりまとめられた後、令和2年（2020年）7月20日に、「建設汚泥処理物等の有価物該当性に関する取扱いについて（通知）」を都道府県等へ発出した（環循規発第2007202号・令和2年7月20日　環境省環境再生・資源循環局廃棄物規制課長から各都道府県・各政令市産業廃棄物行政主管部（局）長宛て https://www.env.go.jp/hourei/add/k096.pdf）。この通知から重要な部分を以下に抜粋する。通知全文は資料編の**資料5**として掲載しているので、参照願いたい。なお、有価物該当性に疑義が生じた場合における対処の原則も触れられている。

　建設汚泥処理物等が法第2条に規定する廃棄物に該当するかどうかは、その物の性状、排出の状況、通常の取扱い形態、取引価値の有無及び占有者の意思等を総合的に勘案して判断すべきものであるが、各種判断要素の基準を満たし、かつ、社会通念上合理的な方法で計画的に利用されることが確実であることを客観的に確認できる場合にあっては、建設汚泥やコンクリート塊に中間処理を加えて当該建設汚泥処理物等が建設資材等として製造された時点において、有価物として取り扱うことが適当である。・・・

　・・・上述の点を踏まえた建設汚泥処理物等の有価物該当性について、都道府県（廃棄物の処理及び清掃に関する法律施行令（昭和46年政令第300号）第27条に規定する市を含む。）や公益社団法人及び公益財団法人の認定等に関する法律（平成18年法律第49号）第4条の規定による認定を受けた法人等、建設汚泥処理物等に係る処理事業者や製造業者に当たらない独立・中立的な第三者が、透明性及び客観性をもって認証する場合も、建設汚泥やコンクリート塊に中間処理を加えて当該建設汚泥処理物等が建設資材等として製造された時点において有価物として取り扱うことが適当である。

　これを受けて、公益財団法人産業廃棄物処理事業振興財団においては、全産連の検討会報告書でも取り上げた第三者認証制度の検討を進め、令和3年（2021年）8月より、「再生品の有価物該当性に係る審査認証業務」を開始した。令和5年（2023年）12月現在、6件の認証が行われ、2件の認証申請受理がされている（図5-5の出典のURLを参照）。

5-1-6　盛土の規制

　従来から「土砂」は廃棄物規制法の対象ではない。しかしながら土砂の中に廃棄物が混入していることがある。令和3年（2021年）7月、静岡県熱海市での盛土崩落災害後の令和3年（2021年）8月から開始された全国の盛土に関する総点検の結果（令和4年（2022年）3月16日時点）では、総点検の対象箇所数が36,354カ所、このうち点検完了カ所数が36,310カ所（99.9%）であり、廃棄物の投棄等が確認された盛土は142カ所と公表されている（出典　内閣官房ホームページ　令和4年（2022年）3月28日　第4回盛土による災害防止のための関係府省連絡会議幹事会（内閣府開催）の資料1　https://www.cas.go.jp/jp/

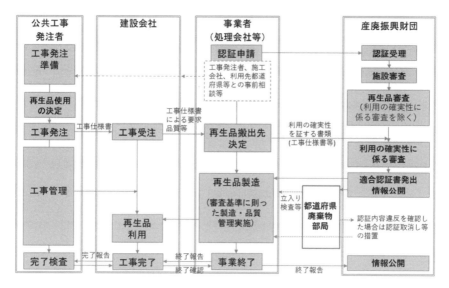

図 5-5　審査認証と再生品利用までの一般的な流れ

出典：公益社団法人産業廃棄物処理事業振興財団ホームページ「再生品の有価物該当性に係る
　　　審査認証業務」（https://www.sanpainet.or.jp/service03.php?id=43）

seisaku/morido_saigai/kanjikai/dai4/gijisidai.pdf）。

　静岡県熱海市で大雨に伴って盛土が崩落し、大規模な土石流災害が発生したこ
とや、危険な盛土等に関する法律による規制が必ずしも十分でないエリアが存在
していること等を踏まえ、「宅地造成等規制法」を抜本的に改正して、「宅地造成
及び特定盛土等規制法」とし、土地の用途にかかわらず、危険な盛土等を包括的
に規制することとなった（施行は令和 5 年（2023 年）5 月）。

5-1-7　石膏とその廃棄物

　建物の新築あるいは建物の解体に伴って廃石膏ボードが排出される。その排出
量は、新築系廃石膏ボードで年間35万トン（平成26年（2014年））、解体系廃
石膏ボードで年間約78万トン（平成26年（2014年））と推計されている（出典
一般社団法人石膏ボード工業会ホームページで公開されている石膏ボードハンド
ブック第5章環境編　https://www.gypsumboard-a.or.jp/pdf/Environment_
P199-212.pdf）。今後、古い建物の解体に伴う廃石膏ボードの排出量が増加する
見込みであり、石膏とその廃棄物について、廃石膏ボード現場分別解体マニュア

ル（平成 24 年 3 月国土交通省）を元に以下に解説する。

（https://www.mlit.go.jp/sogoseisaku/region/recycle/pdf/recyclehou/manual/sekkou_syousai.pdf ）

　廃石膏の年間排出量は、建設廃棄物であるコンクリート塊、アスファルト・コンクリート塊、建設汚泥、建設発生木材に次いでおり、建設リサイクル法の特定建設資材に指定することが適当であるとの認識が広がっている。建物の解体に伴う廃石膏ボードの再資源化のため、選別・再資源化の技術の向上や体制の整備が叫ばれる背景には、資源循環を促進することはもちろんのこと、とりわけ最終処分を減らす必要性が高いからである。最終処分した際の埋立状況等によっては有

表 5-3　石膏ボードの規格　JIS A 6901 の変遷

年	JIS 規格	対象品
1951 年	JIS A 6901	せっこうボード。
1960 年から1981 年		その後、せっこうラスボード（1960 年 JIS A 6906）、吸音用あなあきせっこうボード（1966 年 JIS A 6301）、化粧せっこうボード（1973 年 JIS A 6911）、シージングせっこうボード（1978 年 JIS A 6912）、強化せっこうボード（1981 年 JIS A 6913）について順次 JIS が制定。
1994 年	JIS A 6901	せっこうボード製品。この中に、せっこうボード、せっこうラスボード、化粧せっこうボード、シージングせっこうボード、及び強化せっこうボードを内含し統合。
1994 年		吸音用あなあきせっこうボード（1966 年 JIS A 6301）は、吸音材料全体の規格の中に位置づけられる。
2005 年	JIS A 6901	JIS A 6901 の中に、普通硬質せっこうボード、シージング硬質石膏バード、化粧硬質せっこうボード、構造用せっこうボード及び吸放湿せっこうボードが追加。
2014 年	JIS A 6901	JIS A 6901 の中に、不燃積層せっこうボードが追加。さらに吸放湿せっこうボードに加え、様々な吸放湿せっこうボード製品が追加。

出典：廃石膏ボード現場分別解体マニュアル（平成 24 年 3 月国土交通省）（https://www.mlit.go.jp/sogoseisaku/region/recycle/pdf/recyclehou/manual/sekkou_syousai.pdf ）を元に作成。なお、最近の改正を追記。

害な硫化水素が発生するため、廃棄物処理法により管理型最終処分場での処分が義務付けられている（また、安定型最終処分場に搬入できる建設廃棄物であっても、分別・選別が不徹底な場合には廃石膏ボード片が混入し、このような建設廃棄物は管理型最終処分場に持ち込むことになるからである。）。

　廃石膏ボードの処理については、硫化水素の発生の可能性を起因として、次のような変遷があった。平成 12 年（2000 年）に環境省が発足したが、その前の平成 10 年 7 月に環境庁水質保全局長による通知で、「石膏ボードについては、紙が付着しているため安定型産業廃棄物から除外することにしたものであり、付着している紙を除いた後の石膏については、従来どおり安定型産業廃棄物処分場に埋め立てることが可能である」と示された。しかし、平成 18 年（2006 年）6 月 1 日付けの環境省廃棄物・リサイクル対策部長通知（資料編の**資料 19** を参照）で、この旨を削除し、紙と石膏を分離した場合でも硫化水素発生の可能性があるとして、石膏を安定型処分場で処分することを禁止した。

　現在の廃石膏ボードの処理の流れは、**図 5-6** のとおりである。建物新築に伴い発生する廃石膏ボードについては、廃棄物処理法の広域認定制度を用いて、メーカーが産業廃棄物処理業者の参加・協力を得た再資源化が進んでいる。一方、建物解体に伴う廃石膏ボードについても、適正処理のみならず再資源化が重要で

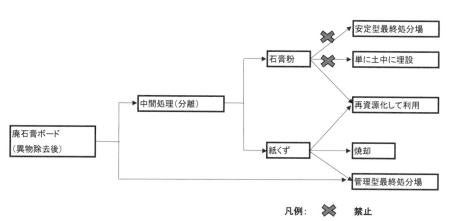

図 5-6　廃石膏ボード処理の流れ

出典：廃石膏ボード現場分別解体マニュアル（平成 24 年 3 月国土交通省）（https://www.mlit.go.jp/sogoseisaku/region/recycle/pdf/recyclehou/manual/sekkou_syousai.pdf ）を元に作成。

ある。解体事業者、収集運搬業者、中間処理業者、最終処分業者、再資源化業者が足並みをそろえ連携した業務作業が必要である（とりわけ、解体後の廃石膏ボードに保管においては、雨水による水濡れを防止することが不可欠）。

　石膏ボードメーカーとしての受入の基準は、①金物、泥、壁紙等の異物が付着していないこと、②石膏ボードと識別できる程度に原形を残していること、③水濡れしていないこと、となる。一方、再資源化に協力する中間処理業者にとって受入不可能な対象は、①水濡れ、汚れのひどいもの、②クロス、タイル・木・モルタル・金属等の付着物があるもの、③ミンチ上に砕け他の廃棄物と混合状態のもの、④異物等が混入し石膏ボード単体に選別不可能なものである。

5-1-8　石綿とその廃棄物

　環境省ホームページ石綿飛散防止リーフレット https://www.env.go.jp/content/000066248.pdf によると、「石綿は、耐火、耐熱、防音等の性能に優れた天然の鉱物であり、安価で加工しやすいことから、多くが建築材料に使用されてきた。吸引することにより肺がんや中皮腫等の健康被害を引き起こすため日本では製造・使用等が禁止されているが、過去に使用されたものの多くは建築物等に残存している。石綿とは、繊維状を呈している蛇紋岩のクリソタイル、角閃石系のアクチノライト、アモサイト、アンソフィライト、クロシドライト及びトレモライトをいう」

　一方、厚生労働省のホームページの「アスベスト（石綿）に関するQ＆A」（https://www.mhlw.go.jp/stf/seisakunitsuite/bunya/koyou_roudou/roudoukijun/sekimen/topics/tp050729-1.html）によると「石綿（アスベスト）とは？」との質問に対して、次の回答が書かれている。

　「石綿（アスベスト）は、天然に産する繊維状けい酸塩鉱物で「せきめん」「いしわた」と呼ばれています。その繊維が極めて細いため、研磨機、切断機などの施設での使用や飛散しやすい吹付け石綿などの除去等において所要の措置を行わないと石綿が飛散して人が吸入してしまうおそれがあります。以前はビル等の建築工事において、保温断熱の目的で石綿を吹き付ける作業が行われていましたが、昭和50年に原則禁止されました。その後も、スレート材、ブレーキライニングやブレーキパッド、防音材、断熱材、保温材などで使用されましたが、現在では、原則として製造等が禁止されています。石綿は、そこにあること自体が直ちに問題なのではなく、飛び散ること、吸い込むことが問題となるため、労働安

全衛生法や大気汚染防止法、廃棄物の処理及び清掃に関する法律などで予防や飛散防止等が図られています。」

　石綿を1％を超えて含有する吹付作業の全面禁止、更に石綿を0.1％を超えて含有する製品についてはすべての物の製造・輸入・譲渡・提供・新たな使用の全面禁止となっているが、過去に石綿や石綿を含有する製品が使用された建物等の解体現場からの建設廃棄物については、石綿の飛散等の防止が不可欠である。次に廃棄物処理法による規制等を述べる（環境省ホームページ　石綿含有廃棄物等関係　https://www.env.go.jp/recycle/waste/asbestos/index.html）を元に記述）。

　石綿を含む廃棄物は、その飛散性の違いから、「廃石綿等」、「石綿含有産業廃棄物」及び「石綿含有一般廃棄物」に分けられる。特に、飛散性の石綿を含む廃棄物である「廃石綿等」は、「爆発性、毒性、感染性その他の人の健康又は生活

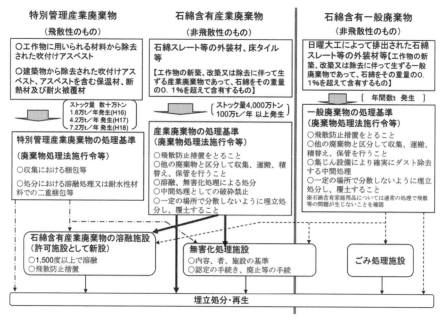

図 5-7　石綿を含む廃棄物の規制の現状

出典：環境省ホームページ「石綿含有廃棄物等関係」
　　　（https://www.env.go.jp/content/900397824.pdf）

「廃石綿等」とは（廃棄物処理法施行規則第1条の2第9項）

廃石綿等とは、次に掲げる①〜⑤をいう。
① 建築物その他の工作物（以下「建築物等」という）に用いられる材料であって石綿を吹き付けられたものから石綿建材除去事業^(*)により除去された当該石綿（参考　いわゆるレベル1建材が廃棄物になったもの）

② 建築物等に用いられる材料であって石綿を含むもののうち石綿建材除去事業^(*)により除去された次に掲げるもの（参考　いわゆるレベル2建材が廃棄物になったもの）
　イ．石綿保温材
　ロ．けいそう土保温材
　ハ．パーライト保温材
　ニ．人の接触、気流及び振動等によりイからハに掲げるものと同等以上に石綿が飛散するおそれのある保温材、断熱材及び耐火被覆材

③ 石綿建材除去事業^(*)において用いられ、廃棄されたプラスチックシート、防じんマスク、作業衣その他の用具又は器具であって、石綿が付着しているおそれのあるもの

④ 特定粉じん発生施設が設置されている事業場において生じた石綿であって、集じん施設によって集められたもの

⑤ 特定粉じん発生施設又は集じん施設を設置する工場又は事業場において用いられ、廃棄された防じんマスク、集じんフィルタその他の用具又は器具であって、石綿が付着しているおそれのあるもの

（＊）石綿建材除去作業とは
　石綿建材除去事業とは、「建築物その他の工作物に用いられる材料であって石綿を吹き付けられ、又は含むものの除去を行う事業をいう」。廃棄物処理法施行令第2条の4第5号トにおいて定められている。

環境に係る被害を生ずるおそれがある性状を有する廃棄物とされる特別管理産業廃棄物に該当し、通常の廃棄物よりも厳しい基準が設けられている。石綿を含む廃棄物の規制の現状は図5-7のとおりである。
　「石綿含有廃棄物等処理マニュアル（第3版　令和3年3月）」には、「石綿含有廃棄物」の定義が解説されている（出典：環境省ホームページ（https://www.env.go.jp/content/900534247.pdf））。なお、下記の引用文中の下線は著者による。

「石綿含有廃棄物は、以下に示す<u>石綿含有成形板</u>や<u>石綿含有ビニル床タイル</u>、<u>石綿含有仕上塗材等</u>が解体等工事により撤去され廃棄物となったものをいう。また、石綿を含有する建材としてみなして撤去され廃棄物となったものも<u>石綿含有廃棄物</u>とみなされる。それらが排出される出される解体等工事（廃石綿等が排出される解体等工事は除く。）において廃棄されるプラスチックシート、防じんマスク、作業衣その他の用具又は器具であって、石綿が付着しているおそれのあるものについては、付着した石綿を吸い取る又は拭き取ることが望ましいが、それが難しい場合は石綿含有廃棄物が付着した廃棄物として同様に扱われる必要がある。なお、石綿の飛散は肉眼では確認が難しいものであるため、石綿の付着のおそれについては慎重に判断される必要がある。

<u>石綿含有成形板</u>とは、セメント、けい酸カルシウム等の原料に、石綿を補強繊維等として混合し、成形されたもののうち、<u>石綿含有率が0.1重量％を超えるもの</u>をいう。

石綿含有成形板では<u>繊維強化セメント板（JIS A 5430 他）</u>が種類も多く、建築用に広く使用されてきており、<u>石綿含有スレート（波板、ボード）、石綿含有パーライト板、石綿含有けい酸カルシウム板、石綿含有スラグ石膏板</u>がそれに相当する。<u>けい酸カルシウム板第1種</u>も石綿含有成形板に含まれ、その廃棄物は石綿含有廃棄物として扱うこととなるが、石綿含有成形板等の中でも比較的飛散性の高いおそれのあるものとして、第3章以降（原文のまま）に後述するとおり排出や処理時の取扱いには留意が必要である。

この他、<u>石綿含有窯業系サイディング（JIS A 5422）、石綿含有パルプセメント板（JIS A5414 他）、石綿含有住宅屋根用化粧スレート（JIS A 5423）、石綿含有セメント円筒（JIS A5405）</u>がある。また、<u>石綿含有スレート・木毛セメント積層板（JIS A 5426）</u>のように石綿含有成形板との複合板等もある。

<u>石綿含有仕上塗材</u>とは、<u>JIS A 6909に定められた建築用仕上塗材（しあげぬりざい）</u>のうち、石綿が含有されているものであり、大気汚染防止法施行令においても規定されている。その廃棄物は石綿含有廃棄物として扱うこととなるが、石綿含有成形板が廃棄物となったものより比較的飛散性の高いおそれのあるものとして、第3章以降（原文のまま）に後述するとおり排出や処理時の取扱いには留意が必要である。なお、仕上塗材の施工時に使用される<u>石綿含有下地調整塗材</u>については、定義上石綿含有成形板等に区分されるものであるが、石綿含有仕上

塗材とともに除去されるものであり、廃棄物となったものは石綿含有仕上塗材が廃棄物になったものに性状が近しいことから、その排出や処理時の取扱いは石綿含有仕上塗材と同様とすること。また、内装仕上げに用いられる石綿含有ひる石吹付け材及び石綿含有パーライト吹付け材については、表1-1（原文のまま）に示したとおり石綿含有吹付け材に区分される。

　石綿含有廃棄物は、石綿をその重量の 0.1% を超えて含有するものとされているが、それは除去前の建材における含有濃度で判断するものであるため、石綿が付着しているおそれのある用具又は器具について、その全体の重量により含有濃度を算出することは適切ではない。また、用具又は器具に付着した廃棄物は、石綿含有廃棄物の中でも比較的飛散性が高いと考えられることに留意が必要である。

　なお、これらの石綿含有成形板等が廃棄物となったものは、主に産業廃棄物の「工作物の新築、改築又は除去に伴って生じたコンクリートの破片その他これに

表5-4　石綿含有廃棄物となる建材の種類の整理と取扱いに関する留意事項

石綿含有建材の種類		留意事項
石綿含有成形板等		廃棄物となったものは、法に定める基準等に基づき適正に処理すること。
	石綿含有けい酸カルシウム板第1種	石綿含有成形板等に該当するが、廃棄物となったものは比較的飛散性が高いおそれのあるものとして取扱いたに留意すること。
	石綿含有下地調整塗材	石綿含有成形板等に該当するが、廃棄物となったものは石綿含有仕上塗材が廃棄物となったものと同様の取扱いとすること。
石綿含有仕上塗材		石綿含有仕上塗材が廃棄物となったものは、石綿含有成形板が廃棄物となったものより比較的飛散性が高いおそれのあるものとして取扱いに留意すること。
除去され、用具又は器具等に付着した石綿含有建材		石綿含有廃棄物の中でも比較的飛散性が高いと考えられることに留意すること。

出典：環境省ホームページ「石綿含有廃棄物等処理マニュアル（第3版　令和3年3月）」（https://www.env.go.jp/content/900534247.pdf）。

205

類する不要物」（がれき類）（令第2条第9号）又は「ガラスくず、コンクリートくず（工作物の新築、改築又は除去に伴って生じたものを除く。）及び陶磁器くず」（令第2条第7号）に該当する。ただし、除去された工法によっては、石綿含有仕上塗材が廃棄物になったものは産業廃棄物の「汚泥」に該当する場合もある。いずれの場合においても、産業廃棄物の種類については個別の状況に応じて都道府県又は政令市により適切に判断されたい。」

さて、環境省では各都道府県・廃棄物処理法政令市に調査依頼を行い、廃石綿等の処理量を取りまとめている（図5-8）。令和3年度（2021年度）の廃石綿等の処理量は 49,428 トンであった。このうち、固型化等の後、二重こん包等した上での埋立処分が 43,724 トン、溶融処理（廃棄物処理法施行令第7条第11号の2に掲げる溶融施設を用いて溶融する方法）が 5,365 トン、無害化処理（廃棄物処理法第15条の4の4第1項に掲げる無害化処理の認定を受けた施設におい

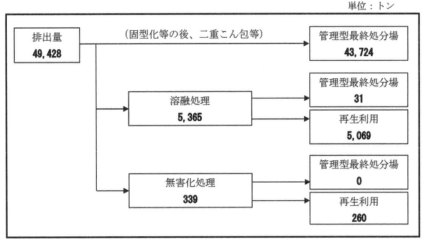

※排出量そのものは調査していないため、処理量の合計を排出量としている。
※溶融処理及び無害化処理により減容された分があるため、最終処分と再生利用の合計は処理量と一致しない。
※廃石綿等に係る無害化処理とは、石綿が検出されない性状に処理することであり、現在認定を受けて実施されている無害化処理は、全て溶融処理となっている。

図5-8　廃石綿等の処理状況（令和3年度実績）

出典：環境省ホームページ「石綿含有廃棄物等関係」（https://www.env.go.jp/content/000109970.pdf）

て処理する方法）が 339 トンであった。なお、令和 4 年（2022 年）9 月 21 日現在、廃棄物処理法第 15 条の 4 の 4 の第 1 項に基づき石綿含有廃棄物等の無害化処理認定を受けた者は 2 事業者である（環境省ホームページ「石綿含有廃棄物等無害化処理認定施設」https://www.env.go.jp/recycle/waste/asbestos/facilities.html）。

5-2　食品廃棄物

　従来から食品ロスの削減の観点から、更に最近では廃食油に対する SAF（Substitute Aircraft Fuel）へのニーズの高まりから、食品廃棄物が注目されている。食品廃棄物の性状は多様で、家庭や飲食店から排出される一般廃棄物と、食品製造業等から排出される産業廃棄物に二分される。食品リサイクル法の施策の進展により、焼却処理や埋立処理を減らし、食品廃棄物を飼料化、肥料化、メタン化することが行われている。飼料化と肥料化をあわせて行う業者、飼料化とメタン化を同時に、あるいはメタン化と肥料化（液肥）を同時に行う業者が見られる。メタンにより発電を行い、FIT 制度を活用して売電する事業者が増えている（大規模な施設では、年間の発電量が 1,000 万 kwh を超えるものがあるが、中小規模の施設では 200 ～ 300 万 kwh が多い。）。

　食品廃棄物とその処理物は他の廃棄物等と比べ、長期の保管が難しく、また、食品廃棄物のリサイクル工程では、臭気対策と排水処理を行い更に残渣を処分するとともに、飼料化等対象品の水分、塩分、油分を適切に調整する必要がある。また製造された飼料・肥料の利用先が近距離に確保されていること、肥料を製造する者は「肥料の品質の確保等に関する法律」に基づき製品の登録を受けることや生産開始の届出をすることが義務付けられている。

　飼料化の手法として、天日干し乾燥、サイレージ発酵、リキッド発酵などである。肥料化の手法は堆肥化が主である。メタン化では従来から湿式発酵が知られているが、最近では処理困難な紙やプラスチックにも対応できる乾式発酵を採用する施設が登場している。

　食品リサイクルの事業では、いかに安定に効率的に食品廃棄物を収集運搬できるかが、事業の収益性確保のカギを握っている。また、再生された飼料や肥料の利用者が食品リサイクルの施設の近隣に存在しない場合、運搬費用が高くなるので、再生品を周辺地域で確実に利用されることが欠かせない。

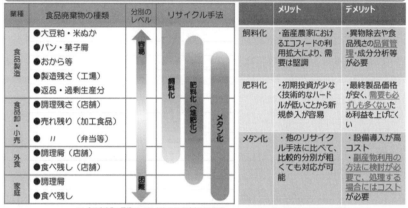

✓ 食品製造業から排出される廃棄物は、均質で量が安定していることから、分別も容易で、栄養価を最も有効に活用できる飼料へのリサイクルが適している。
✓ 外食産業から排出される廃棄物のうち、食べ残し等は家畜に対して有害なものが混入する可能性があるため、飼料へのリサイクルに不向きなものが多く、比較的分別が粗くても対応可能なメタン化が有効。

業種	食品廃棄物の種類	分別のレベル	リサイクル手法		メリット	デメリット
食品製造	●大豆粕・米ぬか ●パン・菓子屑 ●おから等 ●製造残さ（工場） ●返品・過剰生産分	容易		飼料化	・畜産農家におけるエコフィードの利用拡大により、需要は堅調	・異物除去や食品残さの品質管理・成分分析等が必要
食品卸・小売	●調理残さ（店舗） ●売れ残り（加工食品） ● 〃 （弁当等）		肥料化（堆肥化）	肥料化	・初期投資が少なく技術的なハードルが低いことから新規参入が容易	・最終製品価格が安く、需要も必ずしも多くないため利益を上げにくい
外食	●調理屑（店舗） ●食べ残し（店舗）		メタン化	メタン化	・他のリサイクル手法に比べて、比較的分別が粗くても対応が可能	・設備導入が高コスト ・副産物利用の方法に検討が必要で、処理する場合にはコストが必要
家庭	●調理屑 ●食べ残し	困難				

※ 食品廃棄物の種類によっては、リサイクルに不向きなものもある

※エコフィードとは、食品廃棄物等及び農場残さを利用して製造された家畜用飼料の総称。

図 5-9　食品廃棄物の種類と再生利用の手法

出典：環境省ホームページ「第 24 回食品リサイクル専門委員会　参考資料 2「食品循環資源の再生利用等の促進に関する法律の施行状況」」
(https://www.env.go.jp/council/content/03recycle03/000076612.pdf)

5-3　災害廃棄物

5-3-1　災害廃棄物処理の制度

　過去 10 年余りの間で、災害廃棄物の処理としても記憶に残っている災害の事例を並べると、東日本大震災（平成 23 年（2011 年））、東京都伊豆大島町水害（平成 25 年（2013 年））、京都府福知山市水害（平成 26 年（2014 年））、広島県広島市水害（平成 26 年（2014 年））、茨城県常総市水害（平成 27 年（2015 年））、熊本県地震（平成 28 年（2016 年））、九州北部水害（平成 29 年（2017 年））、西日本水害・大阪府北部地震・北海道胆振東部地震（平成 30 年（2018 年））、台風 15 号と台風 19 号による風水害（令和元年（2019 年）、球磨川水害（令和 2 年（2020 年））、佐賀県等水害・熱海土石流（令和 3 年（2021 年））、静岡県下水害（令和 4 年（2022 年））である。地震による災害は 4 件上げたが、線状降水帯や台風による水害はほぼ毎年広域で発生している。

　これらの災害により発生する災害廃棄物の処理は数年に及ぶものがあり、産業廃棄物処理業者が市町村（県の場合もある）から直接、あるいは、市町村等の委託を受けた都道府県産業資源循環協会を通じて、災害廃棄物の収集運搬、仮置き（設置と管理）そして処分に関わることが近年多くなっている。産業廃棄物処理業者に加え、一般廃棄物処理業者や建設業者も市町村あるいは都道府県の依頼等に答えて、災害後にし尿や生活ごみの処理に関わる。大きな災害の場合には、環境省が、被災都道府県、被災市町村及び D.Waste-Net（災害廃棄物処理支援ネットワーク）のメンバーに指示を出す。

（参考）D.Waste-Net（災害廃棄物処理支援ネットワーク）

D.Waste-Net は、環境省から協力要請を受けて、災害の種類・規模等に応じて、災害廃棄物の処理が適正かつ円滑・迅速に行われるよう、「発災時」と「平時」の各局面において、次の機能・役割を有する。D.Waste-Net メンバーは、研究・専門機関、廃棄物関係団体、建設業関係団体、輸送等関係団体である。

「平時」
自治体による災害廃棄物処理計画等の策定や人材育成、防災訓練等への支援、災害廃棄物対策に関するそれぞれの対応の記録・検証、知見の伝承、D.Waste-Net メンバー間での交流・情報交換等を通じた防災対応力の維持・向上

「発災時」
初動・応急対応（初期対応）、復旧・復興対応（中長期対応）

出典：環境省ホームページ「D.Waste-Net」
(http://kouikishori.env.go.jp/action/d_waste_net/)

地震、豪雨等により生じた災害廃棄物は一般廃棄物なので、災害廃棄物の処理は、市町村が行なうこととなっている。しかし、災害廃棄物は平時に家庭から発生する廃棄物とは異なり、性状と姿は産業廃棄物、とくに建設混合廃棄物に近い。これを収集し、分別・選別し、資源として再利用する、又は最終処分することは、市町村自身が直轄で全て処理することは極めて難しく、市町村が全体管理するものの、実際は市町村からの処理委託により産業廃棄物処理業者、一般廃棄物処理業者、建設業者、セメント会社等の民間事業者が行うこととなる。

　廃棄物の性状等に応じ、その取扱いに慣れた人材や多様な処理施設を有している産業廃棄物処理業者が、都道府県産業資源循環協会の下で互いに連携協力し、収集運搬、仮置き場（設営・管理）や処分・再生化に果たす役割は大きい。

　例えば、災害廃棄物の仮置場への収集運搬では、小型・中型・大型の車両と重機の選定や、積み込み積み下ろし方法に関する能力・知識が不可欠である。分別の徹底のためには、仮置き場への搬入管理や搬入物の点検も重要である。仮置き場では、仮置き後の処理やリサイクルを予め想定した、分別と選別をはじめ、飛散防止、自然発火防止などの知識も不可欠である。

　東日本大震災後の災害廃棄物処理の経験を踏まえ、公益社団法人全国産業廃棄物連合会（現　全国産業資源循環連合会）は、災害廃棄物の制度が備えるべき基

表 5-5　地震と水害における災害廃棄物

	地震	水害
廃棄物の発生範囲	災害の規模により、発生量は大きく変わる（＊）。	比較的、発生地域は限定される。広域の場合でも氾濫河川の流域に限定される。
主な処理対象となる廃棄物	① がれき類（損傷、焼失した建築物の解体に伴うもの）コンクリート、木材、屋根瓦、ガラス、サッシ等金属、ブロック、タイル、壁土 ② 住戸の家財道具など　家電品、木製品	① 住戸の家財道具（浸水）家電品、木製品、寝具類、衣類、畳 ② 漂流物（河川の氾等による）流木、土砂、ビニルハウス資材 ③ その他　自動車、ボンベ、死亡家畜

（＊）災害発生量を推定するため、航空写真や衛星写真を利用する方法、さらに全壊、半壊などに分けて一棟あたりの原単位で計算する方法がある。

本的な性格は、以下のとおりと考え、平成 27 年（2015 年）1 月 29 日に、「災害
廃棄物対策に係る今後の制度的なあり方に関する意見」として環境省に提出した。
(https://www.zensanpairen.or.jp/wp/wp-content/themes/sanpai/assets/pdf/
activities/demand_20150129.pdf)。その後、環境省は廃棄物処理法の改正を行う
が、その際に参考とされた。

1. 災害廃棄物対策に係る制度の重点は、再生利用等の廃棄物の減量化に最大限
   取り組みつつ「迅速な災害廃棄物処理の実行」を最優先の課題とすること。
   このため、同様な性状の一般廃棄物処理施設の設置に係る特例の改善と、災
   害廃棄物処理に必要な施設の迅速な設置手続きが必要であること。
2. 巨大災害に限らず、大規模災害、その他の災害を想定した段階的な隙間のな
   い制度とすること。
3. 災害廃棄物の合理的な定義等を明確にすること。
4. 災害廃棄物処理の再委託を可能とする場合には、適切な能力等を有する者に
   対して可能とすべきであり、特定の団体に限るべきではないこと。また、こ
   の再委託を可能とする場合には、委託処理の執行を統括又は支援する事業者
   や事業者団体の存在が必要であること。
5. 市町村、都道府県、国、産業廃棄物処理業界、その他の関係業界（以下「関
   係者」という。）による平常時からの処理体制作りと想定訓練の実施が必要で
   あること。さらに、資材、機材、処理施設等の能力を定期的に把握し、例え
   ば仮処理施設の設置を検討する前に既存施設の有効活用の可能性を検討する
   など、関係者が把握した情報を共有・活用すべきであること。

　この他、災害廃棄物の制度構築の大きな岐路としては、廃棄物処理法制度の修
正によるか、又は新たな法制度の創設によるか（例えば、「災害廃棄物」を「一
般廃棄物」でも「産業廃棄物」でもない、新たな廃棄物区分として必要な措置を
設ける制度。）という点であった。全国産業廃棄物連合会（現　全国産業資源循
環連合会）は、後者の考えを有する産業廃棄物処理業者も多いが、両者を比較し
て適切な法的枠組みを選択すべきとの立場を最終的にとった。
　結局、環境省は新たな法制度を創設することをせず廃棄物処理法制度の修正に
よる改正案を平成 27 年（2015 年）春に国会に提出した。災害廃棄物は市町村に
処理責任があるとの前提の下、民間事業者の能力と施設を円滑に利用するための

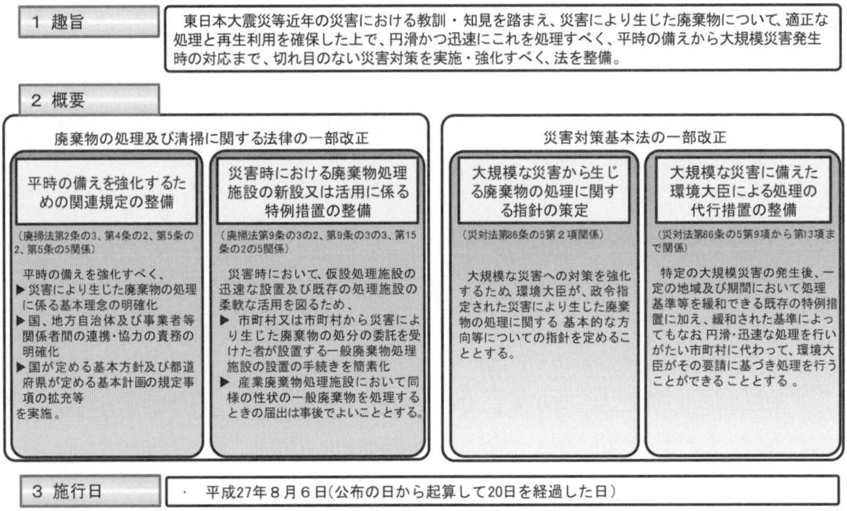

| 1 趣旨 | 東日本大震災等近年の災害における教訓・知見を踏まえ、災害により生じた廃棄物について、適正な処理と再生利用を確保した上で、円滑かつ迅速にこれを処理すべく、平時の備えから大規模災害発生時の対応まで、切れ目のない災害対策を実施・強化すべく、法を整備。 |

2 概要

廃棄物の処理及び清掃に関する法律の一部改正		災害対策基本法の一部改正	
平時の備えを強化するための関連規定の整備	災害時における廃棄物処理施設の新設又は活用に係る特例措置の整備	大規模な災害から生じる廃棄物の処理に関する指針の策定	大規模な災害に備えた環境大臣による処理の代行措置の整備
(廃掃法第2条の3、第4条の2、第5条の2、第5条の5関係)	(廃掃法第9条の3の2、第9条の3の3、第15条の2の2関係)	(災対法第86条の5第2項関係)	(災対法第86条の5第9項から第13項まで関係)
平時の備えを強化すべく、 ・災害により生じた廃棄物の処理に係る基本理念の明確化 ・国、地方自治体及び事業者等関係者間の連携・協力の責務の明確化 ・国が定める基本方針及び都道府県が定める基本計画の規定事項の拡充等を実施。	災害時において、仮設処理施設の迅速な設置及び既存の処理施設の柔軟な活用を図るため、 ・市町村は市町村から災害により生じた廃棄物の処分の委託を受けた者が設置する一般廃棄物処理施設の設置の手続きを簡素化 ・産業廃棄物処理施設において同様の性状の一般廃棄物を処理するときの届出は事後でよいこととする。	大規模な災害への対策を強化するため、環境大臣が、政令指定された災害により生じた廃棄物の処理に関する基本的な方向性についての指針を定めることとする。	特定の大規模災害の発生後、一定の地域及び期間において処理基準等を緩和できる既存の特例措置に加え、緩和された基準によってもなお円滑・迅速な処理を行いがたい市町村に代わって、環境大臣がその要請に基づき処理を行うことができることとする。

| 3 施行日 | ・ 平成27年8月6日(公布の日から起算して20日を経過した日) |

図5-10 廃棄物の処理及び清掃に関する法律及び災害対策基本法の一部を改正する法律(平成27年8月6日施行)の概要

出典:環境省ホームページ「法律改正の概要」(https://www.env.go.jp/content/900536758.pdf)

手続きの特例を設けることとなった。改正後の廃棄物処理法に基づく特例措置が適用される災害は、「非常災害」と呼ばれ、通常起こり得るやや大きめ規模の災害であり市町村が判断するものとなっている。なお、政府内の調整により、廃棄物処理法のみならず災害対策基本法の改正も行うこととなった。以下はその概要である。

　詳しくは、「大規模災害に備える災害廃棄物対策強化の要点 – 解説・廃棄物処理法・災害対策基本法の一部改正 – 平成27年」(一般財団法人日本環境衛生センター)が参考となる。

　上記の廃棄物処理法の改正(平成27年8月6日施行)及び関係政省令の改正の主要な事柄は、

- 非常災害時において、災害廃棄物処理に係る基本理念の明確化、国・都道府県・市町村・事業者等関係者間の連携・協力の責務の明確化、国が定める基本方針及び都道府県が定める処理計画の規定事項の拡充等を明記するとともに、災害時における廃棄物処理施設の新設又は活用等に係る特例措置(法第

9条の3の3第1項及び法第15条の2の5第2項の特例）を追加した。

- また、一般廃棄物の収集、運搬、処分等の委託の基準において、一律に再委託が禁止されているところ、非常災害時においては、受託者が一般廃棄物の収集、運搬、処分等を環境省令で定める者に再委託することが可能となった（施行令第4条及び第4条の3関係）。これに基づき、非常災害時に市町村から一般廃棄物の収集、運搬、処分又は再生を受託した者が委託により当該収集、運搬、処分又は再生を行う場合における委託の基準（再委託基準）が定まった（施行規則第1条の7の6関係）。

- 非常災害時における廃棄物の適正な処理に関する施策の推進等についての事項を基本方針に追加し、災害廃棄物に関する施策の基本的考え方や各主体の役割、廃棄物処理施設の整備及び運用、技術開発及び情報発信について追記することとなった。平成28年（2016年）1月に基本方針が変更され、基本方針に災害廃棄物に関することが追加された。これに基づき、都道府県と市町村においては災害廃棄物処理計画を策定することとなる。

　上記、災害時における廃棄物処理施設の新設又は活用等に係る特例措置の概要は次のとおりである。

　法第9条の3の3第1項において、市町村から非常災害により生じた廃棄物の処分の委託を受けた者は、当該処分を行うための一般廃棄物処理施設（一般廃棄物の最終処分場であるものを除く。）を設置しようとするときは、第8条第1項の規定（施設許可）にかかわらず、法定の書類及び生活環境影響調査の報告書を添えて、その旨を都道府県知事に届け出ることで足りる（平時には許可を要することが届出で済む）。

　法第15条の2の5第2項において、非常災害により生じた廃棄物の適正な処理を確保しつつ、円滑かつ迅速に処理するための必要な応急措置として、産業廃棄物処理施設の設置者は、当該施設において処理する産業廃棄物と同様の性状を有する一般廃棄物として環境省令で定めるものを処理する場合には、事後の届出でその処理施設を当該一般廃棄物を処理する一般廃棄物処理施設として設置できることとされた（もともと法第15条の2の5は平成15年の廃棄物処理法改正により導入された（その時は第15条の2の4であった）。例えば、設置許可を得ている産業廃棄物の管理型最終処分場において同等の性状の一般廃棄物を受け入れようとする際、生活環境影響調査を含め改めて設置許可手続きが法改正前では必

要であったが、法第 15 条の 2 の 5 第 1 項による事前届出により設置許可を不要
とした。）

　なお、法第 15 条の 2 の 5 第 2 項の運用は 2 件の環境省令により改正が行われ
た。まず平成 27 年環境省令第 35 号により次のことが可能となった。すなわち、
環境省令で定める当該一般廃棄物が、他の一般廃棄物と分別して収集されたもの
に限ることとされていたため、非常災害時においても、産廃処理施設で受け入れ
る災害廃棄物について、排出現場から仮置き場まで運び出されるまでの間、一律
に、他の一般廃棄物と分別して収集することを求めることとなり、迅速な災害廃
棄物の処理に支障を生じるおそれがあった。そこで、非常災害時に市町村から委
託を受ける等により災害廃棄物の処理を行う場合に限り、処分までの間に他の一
般廃棄物と分別されたものについては、当該一般廃棄物が他の一般廃棄物と分別
して収集されたことを求めないこととした（施行規則第 12 条の 7 の 16 第 3 項）

　更に、台風 15 号と台風 19 号による風水害（令和元年（2019 年））後の災害廃
棄物処理の経験を踏まえ、令和 2 年環境省令第 18 号により次のことが可能と
なった。すなわち、産業廃棄物処理施設の設置者は、非常災害のために必要な応
急措置として災害廃棄物を処理するときは、法第 15 条の 2 の 5 第 2 項の規定に
基づき、その処理を開始した後、遅滞なく届出を行うことにより、産業廃棄物処
理施設の設置許可に係る産業廃棄物と同一の種類のものに限らず（廃棄物処理法
施行規則第 12 条の 7 の 16 第 1 項の規定にかかわらず）、当該施設において処理
する産業廃棄物と同様の性状を有する災害廃棄物を処理することができることと
なった（施行規則第 12 条の 7 の 16 第 2 項）。令和 2 年環境省令第 18 号の改正内
容は詳細に及ぶので、資料編の資料 20 の「廃棄物の処理及び清掃に関する法律
施行規則の一部を改正する省令の施行について（通知）」（環循適発第 2007161
号・環循規発第 2007162 号・令和 2 年 7 月 16 日、都道府県・政令市廃棄物行政
主管部（局）長宛て）を参照願いたい。

　ところで、既に災害廃棄物処理計画を定めている都道府県・市町村の割合（令
和 4 年（2022 年）3 月末時点）は、都道府県では 100 ％（47 ／ 47）、市では
86 ％（699 ／ 814（23 特別区を含む。））、町村では 60 ％（555 ／ 927）である（出
典　環境省ホームページ災害廃棄物対策情報サイト　災害廃棄物処理計画の策定
状況　http://kouikishori.env.go.jp/strengthening_measures/formulation_status/）。
特に町村では人員体制に余裕がないことが反映した結果であろうが、今後に備え、

全国の全ての市町村で災害廃棄物処理計画が策定されるべきである。これらの計画づくりと並行して、都道府県産業資源循環協会としては、市町村との災害廃棄物処理に関する協定を策定することが課題である（産業廃棄物に係る許可は都道府県又は廃棄物処理法に定める政令市なので、個々の事業者と町村との日頃の接点は少ないことに留意が必要。なお、全国の都道府県と当該協会との協定は全て締結済み。）。

　災害廃棄物処理計画の策定・周知を通じて、平常時からの処理体制作りと想定訓練の実施がより行われ、さらに、資材、機材、処理施設等の能力の定期的な把握（いわゆる資材調査）がより促進される。災害発生に備えて関係者が情報を共有・活用することが大事である。　環境省は、「災害時の産業廃棄物処理業者との連携体制の強化等について（通知）」（環循適発第 20033118 号・環循規発第 20033117 号　令和 2 年 3 月 31 日　各都道府県知事・各政令市市長宛て）を発している（資料編の資料 21 に全文を掲載）。この中で、以下の 6 項目がふれられている。4．と 5．については、産業廃棄物処理業者との連絡・連携が触れられているので、囲み欄に引用する。

1．公共関与による廃棄物処理施設や海面処分場の活用
2．非常災害時の特例制度の周知徹底
3．政令市以外の市町村に対する支援
4．災害時に連携する産業廃棄物処理業者との連絡体制の確立
5．災害時の組織内における意思決定の迅速化及び産業廃棄物処理業者との連携
6．災害により生じた産業廃棄物の処理の迅速化について

（引用）上記の 4．と 5．

　4．災害時に連携する産業廃棄物処理業者との連絡体制の確立
　大規模な災害時に災害廃棄物の仮置場の管理、収集運搬、処理を担う産業廃棄物処理業者について速やかに調整し、支援要請等ができるよう、支援要請先の候補となる産業廃棄物処理業者の法人名、担当者名、連絡先、支援が可能な事柄と規模（派遣可能な人数、使用可能な機材の種類及び数、処理可能な品目及び量等）等について、予め各都道府県の産業廃棄物処理業の団体が作成したリストの提供を受けるなど産業廃棄物処理業界の協力を得つつ、支援要請先の候補となる産業廃棄物処理業者のリストを作成して、地方環境事務所、市町村、産業廃棄物処理業界と共有しておくこと。ま

た、関係者間での連絡訓練を行うなど、連絡体制を確立しておくこと。特に、特別管理一般廃棄物と特別管理産業廃棄物、動物又は植物に係る固形状の不要物、及び動物の死体など迅速な処理が求められる災害廃棄物が発生した場合に備えて、それらの許可を持つ産業廃棄物処理業者とは迅速かつ確実に連絡が取れる体制を構築しておくこと。

　5．災害時の組織内における意思決定の迅速化及び産業廃棄物処理業者との連携
　大規模な災害時には、限られた情報を基に、被災市町村に対する支援の内容、支援要請を行う産業廃棄物処理業者、都道府県域を超えた広域的な支援要請の必要性等について被災市町村、産業廃棄物処理業界、環境省等と迅速に調整し、短時間で意思決定をする必要がある。このため、平時から都道府県・政令市の産業廃棄物担当と一般廃棄物担当との災害時の役割分担の明確化や災害時の決裁方法の簡素化など、組織内における意思決定の迅速化を図るための調整等、迅速な対応について格別のご配慮をされたいこと。また、産業廃棄物処理業界との調整が迅速に行われるよう、平時から災害関連の会議や訓練等に産業廃棄物処理業界を参画させるとともに、災害発生時には発災直後から被災市町村と都道府県・政令市との情報交換の場に産業廃棄物処理業界も参画を要請する仕組みを検討するなど、産業廃棄物処理業者との連携に関する調整も行うこと。加えて、産業廃棄物処理業界内での調整及び意思決定が迅速になされるよう産業廃棄物処理業界と平時から情報交換を行い、必要な助言を行うこと。

5-3-2　災害廃棄物処理と産業廃棄物処理会社

　平時において産業廃棄物処理会社（産業廃棄物処理業の会社）は、排出事業者からの委託により産業廃棄物の処理を業として行っている。災害廃棄物は一般廃棄物に分類され市町村に処理責任がある。ほとんどの市町村は自らが災害廃棄物を直接処理する能力や体制はなく、また災害廃棄物の性状が産業廃棄物に近いことから、産業廃棄物処理会社が市町村（県代行の場合もある）から直接、あるいは、市町村等の委託を受けた都道府県産業資源循環協会を通じて、災害廃棄物の収集運搬、仮置き（設置と管理）そして処分に関わることが近年多くなっている。災害廃棄物の処理は復旧復興の観点から迅速・円滑に行われることが期待される。

　まずは、仮置場の速やかな設置とそこへの迅速な廃棄物の搬入、処分や再生に向けての仮置場での分別・選別、そして選別されたものを被災県内外で処分・再生することが必要となる。

　平成28年（2016年）に発生した熊本地震後の災害廃棄物処理の処理フローを図5-11に示す。この流れは仮置場を中心にしてみると、仮置場への搬入、仮置場での分別・選別、仮置場からの搬出・処分に分かれる。仮置場内おける品目ご

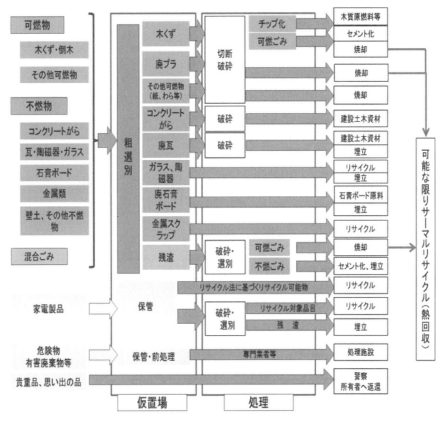

図 5-11　熊本地震後の災害廃棄物処理の処理フロー

出典：熊本県ホームページ「熊本県災害廃棄物処理実行計画～第 2 版～　平成 28 年 6 月策定・
平成 29 年 6 月改訂」（https://www.pref.kumamoto.jp/uploaded/attachment/20737.pdf）

との区画が、搬入車両の円滑な積卸しを実現するよう設定することが大事である。
　市町村は災害が発生する前に、災害の種類・規模に応じ仮置場の数・位置を想
定し、仮置場を中心とした前後の処理の流れを企画し、それに応じて余力のある
産業廃棄物処理会社が役割を発揮することが求められる。このため、産業廃棄物
処理会社を会員とする都道府県産業資源循環協会が市町村と災害廃棄物処理に関
する協定を結び、それに従って両者が日頃から災害廃棄物処理の進め方を検討し
ておくことが望ましい。そして産業廃棄物処理会社では、自社の人員や資機材を

最大どの程度提供できるかを決めておき、地域貢献の観点から活躍することが求められる。とりわけ、災害発生後の初動について念入りに検討しておくことが必要である。このため、環境省では、「災害時の一般廃棄物処理に関する初動対応の手引き」と「地方公共団体向け仮設処理施設の検討手引き」を作成し公表している。

・「災害時の一般廃棄物処理に関する初動対応の手引き」

（環境省ホームページ　http://kouikishori.env.go.jp/guidance/initial_response_guide/）

・「地方公共団体向け仮設処理施設の検討手引き」

（環境省ホームページ http://kouikishori.env.go.jp/guidance/treatment_facility_installation/）。

さて、被災県内で、災害廃棄物の仮置場への搬入、仮置場での分別・選別までは多くの場合可能と思えるが、災害の規模や処理すべき廃棄物の性状（例えば大量の廃油）によっては、災害廃棄物の処分・再生について被災県を含む広域で行わざるを得ないことが生じている。産業資源循環協会はあくまで県単位の団体であるので県内の会員会社のみでは対応できず、他県の産業資源循環協会と連絡をとって他県の産業廃棄物処理会社の助けを求めることがある。一般社団法人日本災害対応システムズは、広域での処理を想定し比較的大きな産業廃棄物処理会社が市町村による災害廃棄物処理への支援等を行うために設立された団体であり、都道府県産業資源循環協会の中央団体である公益社団法人全国産業資源循環連合会とは、「災害廃棄物処理に関する今後の協力について」の合意書を結んでいる（令和3年（2021年）5月13日）。

その中で、「災害廃棄物処理は地方公共団体の責務であり、処理主体をどこにするかを決めることは地方公共団体の判断であるが、初動段階の災害現場での打合せに被災市町村が属する都道府県の産業資源循環協会や日本災害対応システムズなど産業廃棄物処理に関与する者が入ることにより処理が円滑に進むと考える。また、被災市町村の必要に応じて全国産業資源循環連合会が被災都道府県以外の産業資源循環協会と調整することにより、大きな支援が可能となる。全国産業資源循環連合会と日本災害対応システムズはこのような認識の下、被災市町村の支援を行うために必要な状況とニーズを共有し支援を行う。」と記載されている

（合意書：全国産業資源循環連合会災害廃棄物委員会報告書　別紙5　https://www.

zensanpairen.or.jp/wp/wp-content/themes/sanpai/assets/pdf/activities/saigai/
report_saigai2107.pdf）

一般社団法人日本災害対応システムズ　設立 2016 年 2 月 25 日

（目的）
　災害廃棄物あるいは緊急時廃棄物の適正処理の推進及び、適正な運搬と処理技術の
研究、研鑽等に係る事業並びに廃棄物処理業に係る諸制度の確立を促進すること等に
より、廃棄物処理業の健全な発展に寄与することをもって目的とし、よって国民の健
康の保護を増進する。
（会員会社）
比較的大きな産業廃棄物処理会社 15 社で、具体名は以下のホームページでわかる。

（ホームページ）
http://jdts.or.jp/

5-3-3　大規模災害発生時における災害廃棄物対策行動計画

　全国 8 箇所の環境省地方環境事務所が中心となって地域ブロック協議会・連絡
会が設置され、この協議会等に地域ブロックにおいて廃棄物の処理に関わり得る
自治体や事業者等が参画している。環境省が策定した「大規模災害発生時におけ
る災害廃棄物行動指針」（平成 27 年（2015 年）11 月）に基づき、7 地域ブロッ
クにおいて「大規模災害時における災害廃棄物対策行動計画」が、平成 28 年 3
月から平成 30 年 3 月にかけて策定されている（中国ブロックと四国ブロックは
一体として扱われている）。（環境省ホームページ災害廃棄物対策情報サイト各地
域ブロックにおける取組　http://kouikishori.env.go.jp/action/regional_blocks/）。

5-3-4　BCP（事業継続計画）

　災害が発生した事態に備え、自社の従業員、施設等の被災状況を速やかに把握
し、事業を継続できるか、事業を再開するためにどのような措置を講じるかを予
め検討しておくことが大切である。
　中小企業庁は、中小企業への BCP（事業継続計画（あるいは緊急時企業存続
計画））の普及を促進することを目的として、中小企業の特性や実状に基づいた
BCP の策定指針及び継続的な運用の具体的方法をわかりやすく公表している。

この指針に沿って作業すれば、サンプルのような書類を完成することができるので大変参考になる（出典　中小企業庁ホームページ中小企業BCP策定運用指針https://www.chusho.meti.go.jp/bcp/）。

　一方、公益社団法人全国産業資源循環連合会が発行する専門誌INDUSTでは、最近の災害廃棄物処理ついての教訓を特集している（特集／災害廃棄物処理の教訓と展望（前編）、INDUST, Vol.35, No.6, 2020、特集／災害廃棄物処理の教訓と展望（後編）、INDUST, Vol.35, No.8, 2020）。さらに10年程前の情報であるが、東日本大震災後における産業廃棄物処理業者の事業継続の取組みを紹介している（特集／産廃処理業におけるBCP, INDUST, Vol.28, No.11, 2013）。

　なお、水害等の災害に係るものではないが、新型コロナウイルス禍での事業継続の取組みを座談会形式で紹介している（特集／産廃処理のBCP, INDUST, Vol.36, No.1,　2021）。

（参考）全国産業資源循環連合会　新型コロナウイルス感染予防対策ガイドライン
「感染性産業廃棄物処理業者における新型コロナウイルス感染症に係る廃棄物の取扱い」　令和3年9月1日
https://www.zensanpairen.or.jp/wp/wp-content/themes/sanpai/assets/pdf/disposal/covid_wastetoriatukai.pdf

---

5-4　水銀とその廃棄物

5-4-1　水俣条約

　水銀に関する水俣条約（以下、「水俣条約」）は、平成25年（2013年）10月に熊本市において全会一致で採択され、92カ国（含むEU）が条約への署名を行った（日本は平成28年（2016年）2月に締結）。そして平成29年（2017年）5月18日に日本を含め締約国数が50カ国に達し、条約の発効に必要な要件を満たしたことにより、平成29年（2017年）8月16日に水俣条約は発効した。

　水俣条約は、環境中に放出される水銀を減らすとともに、水銀を使った小規模金採掘を止め、水銀によるリスクを少なくすることを狙ったものである。

　水俣条約の概要は次のとおりである（「図5-12　水俣条約の構成と担保措置等との関係」を参照）。まず前文に、水俣病の教訓を記載している。水銀鉱山からの一次産出、水銀の輸出入、小規模金採掘等を規制する。水銀添加製品（蛍光

管、体温計、血圧計等）の製造・輸出入、水銀を使用する製造工程（塩素アルカリ工業^(＊)等）を規制する（年限を決めて廃止等）。大気・水・土壌への排出について、BAT/BEP（利用可能な最良の技術／環境のための最良の慣行）などを基に排出削減対策等を推進する。大気への排出については、石炭火力発電所、非鉄金属鉱業、廃棄物焼却炉等を対象として削減する。水銀廃棄物について既存の条約（有害廃棄物の国境を越える移動及びその処分の規制に関するバーゼル条約）と整合を取りつつ国内で適正処分を推進する。途上国の能力開発、設備投資等を支援する資金メカニズムを創設する。

（＊）日本では、苛性ソーダの製造は、すべてイオン交換膜法（水銀を使用しない）によっている（平成11年（1999年）10月現在）。

日本では、水俣条約を批准するため、「水銀による環境の汚染の防止に関する法律」を新たに制定するとともに、大気汚染防止法を改正した。水・土壌への排出防止については、それぞれ水質汚濁防止法と土壌汚染対策法によって、更に廃

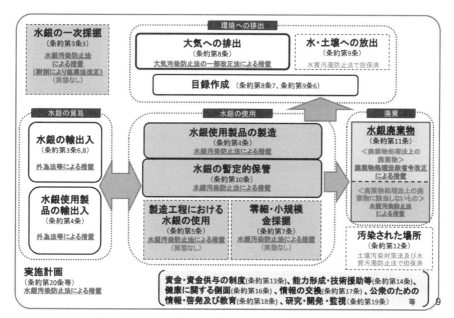

図 5-12　水俣条約の構成と担保措置等との関係

出典：環境省ホームページ「廃棄物処理法施行令等の改正（水銀関係）についての説明会資料平成29年6月」（https://www.env.go.jp/content/900537041.pdf）

表 5-6　水俣条約上の水銀廃棄物の定義と国内における分類

水俣条約上の水銀廃棄物の定義	国内における分類
（a）水銀又は水銀化合物から成る物質又は物体	廃棄物処理法上の廃棄物の場合「廃金属水銀等」、そうでない場合は新法の「水銀含有再生資源」
（b）水銀又は水銀化合物を含む物質又は物体	廃棄物処理法上の廃棄物の場合「水銀使用製品廃棄物」、そうでない場合は新法の「水銀含有再生資源」
（c）水銀又は水銀化合物に汚染された物質又は物体	廃棄物処理法上の廃棄物の場合「水銀汚染物」、そうでない場合は新法の「水銀含有再生資源」

棄物中の水銀については廃棄物処理法によって措置されることになった。すなわち、水・土壌・廃棄物に関する既存の法律で対処できない新たな水銀に係る措置を、水銀による環境の汚染の防止に関する法律（新法）及び大気汚染防止法（改正法）により講じることとなった。

　なお、水俣条約の定める「水銀廃棄物」とは、「締約国会議がバーゼル条約の関連機関との協力の下に調和のとれた方法で定める適切な基準値（threshholds）を超える量の次の物質又は物体であって、処分され、処分が意図され、又は国内法若しくはこの条約の規定により処分が義務付けられているものをいう。

　そして、この定義では、「締約国会議が定める基準値を超える水銀又は水銀化合物を含まない限り、採掘された表土、捨石及び尾鉱（水銀の一次採掘によるものを除く。）を除く。」となっている。参考として条約の英文を以下に付記する。

　従来の総合判断説によると廃棄物処理法上の廃棄物ではないが水俣条約上の水銀廃棄物に相当するものがある（例えば、非鉄金属製錬から生ずる水銀含有スラッジ）。そこで、新法では、「水銀含有再生資源」（条約上規定される「水銀廃棄物」のうち、廃棄物処理法の「廃棄物」に該当せずかつ有用なもの。）を定義し管理に係る技術上の指針を定めるとともに、これを管理する者に対し定期的な報告を求めることとなった。

（参考）Mercury Wastes

2. For the purposes of this Convention, mercury wastes means substances or objects:

(a) Consisting of mercury or mercury compounds;

(b) Containing mercury or mercury compounds; or

(c) Contaminated with mercury or mercury compounds,

in a quantity above the relevant thresholds defined by the Conference of the Parties, in collaboration with the relevant bodies of the Basel Convention in a harmonized manner, that are disposed of or are intended to be disposed of or are required to be disposed of by the provisions of national law or this Convention. This definition excludes overburden, waste rock and tailings from mining, except from primary mercury mining, unless they contain mercury or mercury compounds above thresholds defined by the Conference of the Parties.

　さて、令和 4 年（2022 年）3 月に開催された、「水銀に関する水俣条約第 4 回締約国会議」において新たに水銀使用製品（条約では「水銀添加製品」と規定されているが、同様のものを「水銀による環境の汚染の防止に関する法律（水銀汚染防止法）」では「水銀使用製品」と呼称している。）の廃止が決定された。これを受け、新たに廃止対象とされた 8 製品のうち一部の製品（以下の 5 製品）を特定水銀使用製品として、水銀汚染防止法施行令に定める製品に追加することとなった（施行は令和 7 年 1 月 1 日）。なお、既に水銀汚染防止法施行令第 1 条において、電池（一部除外あり）等の 1 3 品目が特定水銀使用製品に定められている。

①　脈波検査用器具に用いられるひずみゲージ

②　真空ポンプ

③　車輪の重量の均衡を保つために車輪に装着して用いられるおもり

④　写真フィルム及び印画紙

⑤　宇宙飛行体（人工衛星を含む。）に用いられる推進薬

（環境省ホームページ　https://www.env.go.jp/press/press_02451.html）

　また、令和 5 年（2023 年）10 月〜 11 月に開催された「水銀に関する水俣条約第 5 回締約国会議」では、水銀添加製品の規制の見直し、規制の対象となる水銀汚染廃棄物のしきい値等に関する議論が行われ、蛍光ランプの製造等をその種類

に応じ2026年末又は2027年末までに禁止することに合意されたほか、水銀に関する水俣条約上の水銀汚染物のしきい値について、水銀含有濃度1kg当たり15mgとすることが合意された。

　（環境省ホームページ　https://www.env.go.jp/press/press_02370.html）

　産業廃棄物処理業にとって、水俣条約の国内措置として関係する事項は、1）産業廃棄物の焼却炉からの大気排出規制、2）水銀を含む産業廃棄物の規制、3）廃水銀の規制である。

　それを5-3-2以降で解説する前に、我が国おける廃棄物等に含まれる水銀のフローを眺めてみる。非鉄金属の製錬時のスラッジ（汚泥）や廃棄物由来のばいじん等の汚染物、蛍光灯等のランプ・電池などの製品が廃棄物となったものから、年間およそ85トン程度の水銀を発生する。そのうち非鉄金属の製錬時のスラッジ（汚泥）に由来するものが全体の半分弱を占める。これまでは、廃棄物等から

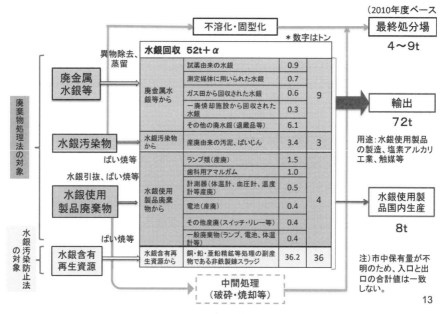

図5-13　水俣条約上の水銀廃棄物からの水銀回収等の現状
出典：環境省ホームページ「廃棄物処理法施行令等の改正（水銀関係）についての説明会資料
　　　平成29年6月」https://www.env.go.jp/content/900537041.pdf）

224

回収された金属水銀そのものが製品として輸出され（約70トン）、その他10トン前後は最終処分場に埋め立てられる、又は、水銀を含む新たな製品のために使用されてきている。

　これまで廃棄物等から回収された金属水銀は製品として輸出されていたが、今後水俣条約に基づく措置が導入され、輸出貿易管理令の規制や輸入国の規制により、回収された金属水銀は製品として輸出されず廃棄物処理法上の廃棄物となる。しかしながら、非鉄金属の製錬に伴う水銀は、製錬が続く限り発生する。これ以外の廃棄物等から発生する水銀は製品中の利用が減りいずれゼロに近づくが、非鉄金属の製錬に伴う水銀の発生は止まらないので、当該製錬に伴う廃金属水銀の国内における適切な処分が不可避である。

5-4-2　廃棄物焼却炉からの大気排出規制

　水俣条約の国内遵守のため、大気汚染防止法の改正が平成27年（2015年）に成立し、水俣条約が平成29年（2017）年8月16日に発効した後、平成30年（2018年）4月1日から改正法は施行された。改正大気汚染防止法により、廃棄物焼却炉（一般廃棄物と産業廃棄物）から大気に排出される水銀が規制されることになった。

　水俣条約では、大気・水・土壌への排出について、BAT/BEP（利用可能な最良の技術／環境のための最良の慣行）などを基に排出削減対策等を推進することになっている。国内では、すでに水質汚濁防止法と土壌汚染対策法により、水銀の規制が行われていたが、水銀の大気排出に関する法規制は今般の大気汚染防止法の改正まで無かった。

　水俣条約に基づく大気汚染防止法おける規制対象は、石炭火力発電所及び産業用石炭燃焼ボイラー、非鉄金属（銅、鉛、亜鉛及び工業金）製造に用いられる製錬及び焙焼の工程（一次施設）、非鉄金属（銅、鉛、亜鉛及び工業金）製造に用いられる製錬及び焙焼の工程（二次施設）、廃棄物焼却炉、セメントクリンカー製造施設である。排出基準が適用される施設は、従来から大気汚染防止法において規制対象となる「ばい煙発生施設」による分類と規模が採用されている（表5-7　大気への排出基準　平成30年（2018年）4月1日より施行）。排出基準は、これらの規制対象の施設におけるBATのみならず排出実態を踏まえ、新規施設と既存施設とに分けて設定される。ガス状水銀＋粒子状水銀に関する排出基準値は、新規施設では8～100μg/㎥、既存施設では10～400μg/㎥の範囲である。

表 5-7　大気への排出基準　平成 30 年（2018 年）4 月 1 日より施行

水俣条約の対象施設	大気汚染防止法の 水銀排出施設		排出基準（μg /Nm^3）* 1	
			新設	既設
石炭火力発電所 産業用石炭燃焼ボイラー	石炭専焼ボイラー及び 大型石炭混焼ボイラー		8	10
	小型石炭混焼ボイラー* 2		10	15
非鉄金属（銅、鉛、亜鉛及び工業金）製造に用いられる精錬及び焙焼の工程	一次施設	銅又は工業金	15	30
		鉛又は亜鉛	30	50
	二次施設	銅、鉛又は亜鉛	100	400
		工業金	30	50
廃棄物の焼却施設	廃棄物焼却炉		30 * 3	50 * 3
	水銀含有汚泥等の焼却炉等		50	100
セメントクリンカーの製造設備	セメントの製造の用に供する焼成炉		50	80 * 4

＊1　ガス状水銀＋粒子状水銀に関する排出基準。酸素換算は、石炭燃焼ボイラー 6 ％、セメントクリンカー製造用焼成炉 10％、廃棄物焼却炉・水銀含有汚泥等焼却炉 12％
＊2　伝熱面積が 10m^2 以上であるか、又はバーナーの燃料の燃焼能力が重油換算一時間当たり 50L 以上であるもののうち、バーナーの燃料の燃焼能力が重油換算一時間当たり 100,000L 未満のもの
＊3　実態調査による排ガス中の水銀濃度（μg /Nm^3）は、実態調査のための測定方法によるものでは＜ 0.1-380（平均 11）、左記方法以外によるものでは＜ 0.1-300（平均 17）
＊4　原料とする石灰石中の水銀含有量が 0.05mg-Hg／kg-Limestone（重量比）以上であるものについては、140μg /Nm^3
出典：環境省ホームページ「廃棄物処理法施行令等の改正（水銀関係）についての説明会資料　平成 29 年 6 月」（https://www.env.go.jp/content/900537041.pdf を元に編集・作成）

　廃棄物焼却炉については、新規施設の BAT としては、「バグフィルター及び活性炭処理、又はスクラバー及び活性炭処理」、既存施設の BAT としては、「バグフィルター又はスクラバー」が想定されている。これらの処理装置は排出基準値を設定するにあたり想定されたもので、当該装置の設置が義務づけられるものではなく、あくまでも排出濃度が排出基準を満足することが求められる。そして、
　➢　規制される産業廃棄物焼却炉の規模：火格子面積が 2 m^2 以上であるか、

又は焼却能力が一時間当たり 200 kg 以上のもの

➢ 排出基準値：新規焼却炉 30 μg/m^3、既存焼却炉 50 μg/m^3（標準酸素補正方式による 12% 酸素換算値）。なお、排出基準値を設定する前に行われた調査では、実態調査のための測定方法によるものは＜ 0.1-380（平均 11）、左記方法以外によるものは＜ 0.1-300（平均 17）であった。単位は μg/Nm^3。

➢ 測定：排ガス量が 4 万 Nm^3/ 時未満の施設にあっては、6 カ月を超えない作業期間ごとに 1 回以上。排ガス量が 4 万 Nm^3/ 時以上の施設にあっては、4 ヶ月を超えない作業期間ごとに 1 回以上。

➢ 配慮事項（既存施設に対す規制適用の猶予期間等）。

➢ 施行日：平成 30 年（2018 年）4 月 1 日

産業廃棄物焼却施設における処理対象物は施設ごとに異なり[※]、また施設の規模も様々である。全体として 10 トン / 日以下の小規模炉の設置が多い傾向にある（図 5-14　産業廃棄物焼却炉の日処理能力の分布）。また、産業廃棄物の焼却はカロリーコントロールを行うため基本的に混焼している。

（※）汚泥、感染性廃棄物、木くず、紙くず、廃プラスチック類 等

産業廃棄物焼却施設から大気に排出される水銀は、受け入れる産業廃棄物に存在する水銀に由来する。産業廃棄物処理業者は、排出事業者から示される WDS

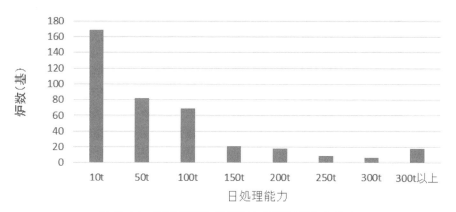

図 5-14　産業廃棄物焼却炉の日処理能力の分布

出典：公益社団法人全国産業廃棄物連合会「環境自主行動計画における実態調査（平成 26 年 3 月）」より集計

やマニフェストを用いて、受入産業廃棄物の性状を把握した上で適正処理を確保しなければならない。

このため、排出事業者責任として、排出する産業廃棄物中の水銀の把握と管理（水銀を含有する物の分別、選別を含む。）がされることが肝心である。特に感染性産業廃棄物を産業廃棄物焼却施設に投入する場合は、「梱包された状態のまま行う。」ことが「環境省　感染性廃棄物処理マニュアル」で規定されており、排出事業者により予め水銀を含有する物の分別、選別が必要である。

5-4-3　水銀廃棄物の規制

水俣条約に定めに従い、水銀に係る廃棄物等に関する国内措置が導入された。その国内措置の分類は表5-8のとおりである。

これに従い、廃棄物処理法施行令改正により、廃金属水銀等に該当する「廃水銀等」、水銀汚染物に該当する「水銀含有ばいじん等」及び水銀使用製品廃棄物に該当する「水銀使用製品産業廃棄物」が平成27年（2015年）11月に定められた。その概要は図5-15のとおりである。

平成29年（2017年）10月1日から開始された、「廃金属水銀等」、「水銀汚染物」及び「水銀使用製品廃棄物」の具体的な規制内容については、「水銀廃棄物

表5-8　水俣条約上の水銀廃棄物の具体例

国内における分類	具体例
廃金属水銀等：水銀又はその化合物が廃棄物となったもの	ポロシメーターに使用された水銀、廃試薬 水銀汚染物や水銀使用製品廃棄物、水銀含有再生資源から回収された水銀
水銀汚染物：水銀又はその化合物に汚染されたものが廃棄物となったもの	水銀を含む汚泥、焼却残さ（燃え殻、ばいじん）
水銀使用製品廃棄物：水銀使用製品が廃棄物となったもの	ボタン電池、蛍光灯、医療用計測器類、工業用計測器類、水銀スイッチ・リレー、ワクチン保存剤（チメロサール）
水銀含有再生資源：廃棄物非該当	水銀を含む非鉄製錬スラッジ

出典：環境省ホームページ「水銀廃棄物関係 説明資料（平成29年6月）」
（https://www.env.go.jp/content/900537041.pdf）を元に作成

228

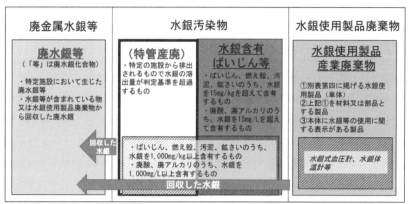

図 5-15　廃棄物処理法における水銀廃棄物（産業廃棄物）の分類
出典：環境省ホームページ「水銀廃棄物関係 説明資料（平成 29 年 6 月）」
（https://www.env.go.jp/content/900537041.pdf）

ガイドライン第 3 版、環境省環境再生・資源循環局廃棄物規制課、令和 3 年 3 月」に詳細に解説されているので参照願いたい。その際には、まずは資料編の資料 22 に掲載した環境省作成リーフレットを見ていただきたい。

・水銀廃棄物ガイドライン第 3 版　令和 3 年 3 月　（環境省ホームページ水銀廃棄物関係 https://www.env.go.jp/content/900537048.pdf）
・水銀廃棄物の適正処理に係るリーフレット　（環境省ホームページ水銀廃棄物関係　https://www.env.go.jp/content/900537042.pdf）

なお、廃水銀等の硫化施設について、設置許可を要する産業廃棄物処理施設への追加が行われた（平成 29 年（2017 年）10 月 1 日より施行）。

5-4-4　廃水銀等処理物の最終処分

中央環境審議会循環型社会部会水銀廃棄物適正処理専門委員会の報告（平成 27 年（2015 年）1 月）では、「今後の課題」として以下のような指摘をしている。これらは水銀の大気排出と廃金属水銀の長期管理に関することであり、後者は遮断型最終処分場ではなく管理型最終処分場での実施を前提としており産業廃棄物

の最終処分において重要な事柄である。

水銀廃棄物適正処理専門委員会の報告からの抜粋

「検討に際しては、水銀廃棄物の処理基準についてだけではなく、大気への影響を軽減する観点から、廃棄物焼却施設にできるだけ水銀廃棄物が混入しないよう、退蔵品の回収等の上流側の対策にも意を用いた。また、金属水銀を廃棄物として処理する場合の手法として、現時点で一定の見通しが得られている安定化技術と処分技術を念頭に整理したが、未だ実績のない新しい処理・処分方法であることを踏まえ、その適用に向けては継続的検討が必要であることを強調しておきたい。

今後、水銀の使用状況等の動向に注視するとともに、廃金属水銀等の長期的な管理を徹底するため、さらに継続的な調査研究や検証を進めつつ、国を含めた関係者の適切な役割分担の下での処理体制及び長期間の監視体制を含め、全体の仕組みを最適なものとするよう、今後とも検討を深めることを期待するものである。」

水銀廃棄物適正処理専門委員会後の環境省における検討の結果、廃水銀等を硫化物に変え安定化させた「廃水銀等処理物」を、民間の管理型最終処分場で埋立することが模索され、硫化・固型化の方法が廃棄物処理法の政省令により定められている。具体的な内容については、「水銀廃棄物ガイドライン第3版、環境省環境再生・資源循環局廃棄物規制課、令和3年3月」に詳細に解説されているので参照願いたい。その際には、まずは資料編の資料23に掲載した環境省作成の廃水銀等の最終処分に係るリーフレット（環境省ホームページ「水銀廃棄物関係」(https://www.env.go.jp/content/900533602.pdf) を見ていただきたい。

特に強調したいことであるが、廃水銀等処理物が民間の管理型最終処分場で埋立が進められるためには、国の関与の下、非鉄製錬業を含む排出事業者、産業廃棄物処理業者（中間処理及び最終処分）、地元の市町村・都道府県が協議を行い、それぞれの責務・役割を明確にすることが望ましい。一例であるが、産業廃棄物処理業者は廃棄物処理法の規制を遵守することは勿論であり、安全安心のための管理型最終処分場周辺の水質モニタリングは行政も担当するといったことである。

廃水銀等処理物の管理型最終処分の方法（概要）

1　硫化＋改質硫黄による固型化
　①水銀を精製（99.9％以上）
　②硫化水銀を合成

---

　③硫黄で固型化

の処理を行い硫化＋改質硫黄による固型化を行う（以下「廃水銀等処理物」という。）。

2　最終処分場での廃水銀等処理物の埋立処分

　廃水銀等処理物で、環境庁告示 13 号溶出試験の基準準（水銀 0.005mg/L 以下）を満たしたものは、通常の最終処分に関する基準に加えて

　①分散防止
　②他の廃棄物との混合防止
　③流出防止
　④雨水浸入防止

の措置を講じた管理型最終処分場に埋立処分する。

　廃水銀等処理物を処分した際の維持管理、廃止及び形質変更については、通常の維持管理基準、廃止基準、及び形質変更に関する基準に加えて、追加的措置を遵守する。

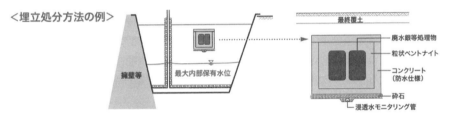

＜埋立処分方法の例＞

図5-16　廃水銀等処理物の管理型最終処分のイメージ

出典：環境省ホームページ「水銀廃棄物関係　水銀最終処分に係るリーフレット」
（https://www.env.go.jp/content/900533602.pdf）

5-5　POPsとその廃棄物

　POPs（残留性有機汚染物質：Persistent Organic Pollutants）はストックホルム条約により国際的に環境への排出削減又は廃絶することが求められる物質である。POPs は環境中で分解されにくく、生物の体内に蓄積されやすく、地球上を長距離移動し、人の健康や環境への影響を及ぼすおそれがある化学物質である。ストックホルム条約は平成 13 年（2001 年）5 月に採択され平成 16 年（2004 年）5 月に発効となった。我が国は平成 14 年（2002 年）8 月に締結した。

　これまで規制対象に指定されている物質は表5-9に示すとおりであり、それ

らの物質が条約のどの附属書に記載されるかに応じて、廃絶（附属書 A の物質）、制限（附属書 B の物質）、又は非意図的放出の削減（附属書 C の物質）を条約締約国は実施することになる。日本国内では、POPs のほとんどは、その製造・輸入及び使用は農薬取締法、あるいは化学物質審査規制法で規制されている。更に廃 PCB 及び PCB 廃棄物は廃棄物処理法により、また非意図的生成物の PCDD/PCDF（ダイオキシン類）はダイオキシン類特別措置法により規制されている。

　POPs の多くは塩素系や臭素系の有機物であるが、界面活性剤、撥水撥油剤等

表 5-9　ストックホルム条約附属書掲載物質（令和 5 年（2023 年）5 月現在）

締約国会議 採択年月	POPs 条約採択 2001.5	COP4 2009.5	COP5 2011.5	COP6 2013.5	COP7 2015.5	COP8 2017.5	COP9 2019.5	COP10 2022.6	COP11 2023.5
POPs 農薬類	アルドリン クロルデン DDT（B） ディルドリン エンドリン 【HCB】 ヘプタクロール 【マイレックス】 【トキサフェン】	【クロルデコン】 α－HCH β－HCH 【PeCB】 リンデン	エンドスルファン		PCPとその塩及びエステル類		ジコホル		メトキシクロル
フッ素系界面活性剤		PFOSとその塩及びPFOSF（B）					PFOAとその塩及びPFOA関連物質	PFHxSとその塩及びPFHxS関連物質	
ハロゲン系難燃剤		【HBB】 POP－BDEs		HBCD		Deca－BDE			デクロランプラス
その他									UV-328（紫外線吸収剤）
塩素系製剤	PCB				【HCBD】 PCN	SCCP			
非意図的生成物	HCB（C） PCB（C） PCDD（C） PCDF（C）	PeCB（C）			PCN（C）	HCBD（C）			

1．COP は「ストックホルム条約締約国会議」の略
2．（B）は附属書 B（制限）に、（C）は附属書 C（非意図的生成物）に掲載されていることを示す。
　　カッコ書きのない物質は附属書 A に掲載されている。
3．2023 年 5 月に開催された COP11 において、デクロランプラス（Dechlorane Plus：難燃剤）、UV-328（紫外線吸収剤）及びメトキシクロル（Methoxychlor：殺虫剤）が附属書 A に掲載することが決定された。これら 3 物質は、化学物質審査規制法の第一種特定化学物質に指定される見込みとなっている。
4．【　】は、国内における製造・輸入の実績がないか不明のもの。
出典：経済産業省ホームページ「POPs 条約」（https://www.meti.go.jp/policy/chemical_management/int/pops.html）を元に作成

として使用されるフッ素系の有機物もある。最近、河川や地下水での汚染があり健康影響等が懸念される PFOS や PFOA について取り上げてみたい。PFOS（ペルフルオロ（オクタン－１－スルホン酸）とその塩及び PFOSF（ペルフルオロ（オクタン－１－スルホニル）＝フリオルド）は、COP4（平成 21 年（2009 年）5 月）において附属書 B（制限）に追加された。さらに、PFOA（ペルフルオロオクタン酸）及びその塩及び PFOA 関連物質は、COP9（令和元年（2019 年）5 月）において附属書 A（廃絶）に追加決議された。また、また、PFHxS（ペルフルオロヘキサンスルホン酸）とその塩及び PFHxS 関連物質についても、COP10（令和 4 年（2022 年）6 月）にて附属書 A（廃絶）に追加された。

　国内では、PFOS 及び PFOA の製造・輸入等について、化学物質審査規制法に基づき、原則禁止に向けた取組みが進められ、PFOS 又はその塩 は平成 22 年（2010 年）4 月に第一種特定化学物質に指定され、一部の用途を除き製造・輸入等を禁止、平成 30 年（2018 年）には化学物質規制法施行令改正により全ての用途で製造・輸入等を原則禁止とした。PFOA 又はその塩 については、令和 3 年（2021 年）10 月に化学物質審査規制法第一種特定化学物質に指定し、製造・輸入等を原則禁止した。また PFHxS 若しくはその異性体又はこれらの塩についても、令和 6 年（2024 年）2 月に同法第一種特定化学物質に指定され、製造・輸入等を原則禁止することとなった。

　上記の化学物質審査規制法による規制以前に既に使用された PFOS、PFOA については、使用の過程や廃棄の過程で環境中に侵入する。環境省においては、PFOS 及び PFOA を公共用水域及び地下水における要監視項目に位置づけ、指針値（暫定）（PFOS 及び PFOA の合算値で 50ng/L）としている。また、厚生労働省においては、PFOS 及び PFOA を水道水における水質管理目標設定項目と位置づけ、暫定目標値（PFOS 及び PFOA の合算値で 50ng/L）としている。

　現在のところ POPs 廃農薬（アルドリン、クロルデン、ディルドリン、エンドリン、ヘプタクロル、DDT 及び BHC [注]）及び、PFOS 及び PFOA 含有廃棄物の処理に関しては、環境省により適正処理の確保のための技術的留意事項が示されている。これらの技術的留意事項については、以下のとおり環境省ホームページから入手することができる。

・POPs 廃農薬の処理に関する技術的留意事項（平成 21 年（2009 年）8 月改訂）
　https://www.env.go.jp/recycle/misc/pops.pdf

（注）COP4（平成 21 年（2009 年）5 月）においてリンデン（γ-HCH 又は γ-BHC）並びにリンデンの副生物である α-HCH（又は α-BHC）及び β-HCH（又は β-BHC）の 3 物質が、規制対象物質として附属書 A に追加された。本技術的事項では、これらを総称して BHC という。

・PFOS 及び PFOA 含有廃棄物の処理に関する技術的留意事項（令和 4 年（2022 年）9 月・令和 4 年（2022 年）12 月 7 日一部修正）
（https://www.env.go.jp/content/000092445.pdf）

この他、Deca-BDE（デカブロモジフェニルエーテル）及び SCCP（短鎖塩素化パラフィン）は COP8（平成 29 年（2017 年）5 月）において附属書 A（廃絶）に追加することが決議された（一部の用途については適用除外がある。）。両物質とも平成 30 年（2018 年）4 月から化学物質審査規制法の第一種特定化学物質に指定され規制が行われている。Deca-BDE と POP-BDEs（表 5-9 を参照）の用途には難燃剤、添加剤等としての用途があるので、リサイクルのための再生原料中に残存し資源循環に支障をもたらす恐れがあるとの指摘がある。

上記の「PFOS 及び PFOA 含有廃棄物の処理に関する技術的留意事項」においては、PFOS 等及び PFOA 等の**分解効率**が 99.999％以上であること、及び、**管理目標値**を達成していることを確認することが記載されている。分解効率については、現時点では、焼却処理（PFOS 含有廃棄物：約 850℃以上、PFOA 含有廃棄物：約 1,000℃以上（約 1,100℃以上を推奨））はこれらの要件に該当すると考えられること、投入する廃棄物中の PFOS 等及び PFOA 等の濃度を 10,000 mg/kg とした場合の**管理目標値**の一例（管理目標参考値）は以下の通りであることが記されている。
【管理目標参考値】
ア 排ガス 60 ng/m^{3}N
イ 廃水 1 μg/L
ウ 残さ 5 μg/kg-dry
なお、上記の分解効率及び管理目標値の要件を満たすことが確認されている技術であれば、焼却処理（PFOS 含有廃棄物：約 850℃以上、PFOA 含有廃棄物：

約 1,000℃ 以上（約 1,100℃ 以上を推奨））以外の処理要件・方式による分解処理を排除するものではないとしている。

5-6　PCB とその廃棄物

PCB そのものの毒性や生産量、また昭和 46 年（1971 年）生産中止後の経緯に関する情報はインターネット上で入手できるので、ここでは、主に PCB とその廃棄物の処理の現状について解説する。なお、例えば、環境省ホームページ「PCB 廃棄物処理事業評価検討会〜中間とりまとめ〜」（https://www.env.go.jp/content/900535159.pdf）で昭和 46 年（1971 年）生産中止後の経緯が解説されている。

昭和 63 年（1988 年）から平成元年（1989 年）に鐘淵化学工業高砂事業所で液状 PCB 廃棄物の高温焼却・熱分解が行われたことを除き、平成 12 年（2000 年）までに民間事業者による焼却処理施設の立地がことごとく失敗に終わる一方、国際的には PCB などの残留性有機汚染物質の廃絶等を図るストックホルム条約が平成 13 年（2001 年）に成立した。このため、旧厚生省の廃棄物担当部を取り込んで平成 13 年（2001 年）1 月に発足した環境省は、「ポリ塩化ビフェニル廃棄物の適正な処理の推進に関する特別措置法（PCB 特措法）」（平成 13 年（2001 年）7 月 15 日施行）に基づき、民間ではなく公的な主体による**高濃度 PCB 廃棄物**（事業者により保管されているもの、**表 5-10** 参照。）について化学処理（焼却処理以外）を始めることとなった。そのため、政府全額出資の特殊会社、「環境安全事業株式会社」（JESCO）が発足した。国と処理施設が立地する都道府県等の行政、そして JESCO が連携し、それぞれの役割分担の下、処理施設・処理事業エリア及び処分期限を一体として設定した PCB 廃棄物の処理事業が開始された（平成 26 年（2014 年）には、福島県において放射性セシウムに汚染された土壌・廃棄物を環境省の委託により中間貯蔵管理もすることになり、社名が「中間貯蔵・環境安全事業株式会社」となった。）。（JESCO ホームページ https://www.jesconet.co.jp/index.html）

JESCO では、平成 16 年（2004 年）12 月から操業を開始した北九州事業をはじめ、全国 5 カ所に PCB 廃棄物の処理施設を設置し、変圧器（トランス）、コンデンサー、安定器及び汚染物等の処理を行ってきた。そして、変圧器（トランス）、コンデンサー等に係る北九州事業を皮切りに順次処分期間を迎え、令和 5

表 5-10　高濃度 PCB 廃棄物と低濃度 PCB 廃棄物

	高濃度 PCB 廃棄物	低濃度 PCB 廃棄物
主な廃棄物	①高圧変圧器・コンデンサー等 ②安定器等 ③可燃性の PCB 汚染物（100,000mg/kg 超） ④不燃性の PCB 汚染物（5,000mg/kg 超）	①微量の PCB に汚染された廃電気機器等 ②可燃性の PCB 汚染物等（100,000mg/kg 以下） ③不燃性の PCB 汚染物等（5,000mg/kg 以下）
処理先	中間貯蔵・環境安全事業（株） （JESCO）	無害化処理認定施設 PCB に関する特別管理産業廃棄物処理の許可施設

出典：環境省ホームページ「ポリ塩化ビフェニル（PCB）早期処理情報サイト」
（http://pcb-soukishori.env.go.jp/about/pcb.html）

図 5-17　JESCO　高濃度 PCB 廃棄物の処分期間と事業エリア

出典：環境省ホームページ「ポリ塩化ビフェニル（PCB）早期処理情報サイト」（http://pcb-soukishori.env.go.jp）

表 5-11　JESCO の処理実績（平成 16 年度から令和 4 年度まで）

廃棄物の種類	単位	北九州事業	豊田事業	東京事業	大阪事業	北海道事業	合計
トランス類	台	2,823	2,492	3,799	2,799	4,120	16,033
コンデンサ類	台	59,403	78,796	85,125	85,026	69,007	377,357
PCB 油類	本	3,525	5,477	12,118	4,354	3,359	28,833
安定器・その他汚染物	t	10,024.5				9,662.3	19,686.7
PCB 分解量	t	2,431.6	2,434.9	4,675.9	2,689.0	2,874.1	15,105.4

出典：JESCO ホームページ（https://www.jesconet.co.jp/business/result/index.html）を編集

注 1.　処理実績は中間処理完了時点のもの。平成 16 年度から令和 4 年度までの実績総量。
注 2.　四捨五入により合計値があわない場合がある。
注 3.　各事業の処理実績には、試運転時に処理したもの及び試験用に自社廃棄物として処理した量を含む。
注 4.　PCB 油類には、PCB を含む油と PCB に汚染された保管容器を含む。
注 5.　連結コンデンサなどは、分別する前のものを 1 台としている。

年（2023 年)3月末には、すべての事業で高濃度 PCB 廃棄物の処分期間を迎えた。

表 5-11 は、JESCO による PCB 廃棄物の処理実績を示している。PCB 分解量としては約 1.5 万トンに及ぶ。この分の環境への放出・生物への蓄積を減らすとともに、トランス、コンデンサー等からの金属を回収することも出来たことを示している。

一方、低濃度 PCB 廃棄物（表 5-10 参照）については、廃棄物処理法の改正により制度化された大臣認定による焼却、洗浄、分解・洗浄が進められることになった（廃棄物処理法第 15 条の 4 の 4 第 1 項に基づく無害化処理認定事業者）。令和 5 年（2023 年）11 月 29 日現在、大臣認定を取得している者は、31 事業者である。また、廃棄物処理法に基づき、微量 PCB 汚染廃電気機器等の処分業に係る都道府県知事等の許可を受けている者は、2 事業者である。詳しくは、下記の URL から知ることができる。（環境省ホームページ　廃棄物処理法に基づく無害化処理認定施設　https://www.env.go.jp/recycle/poly/facilities.html）

PCB 特措法において、低濃度 PCB 廃棄物を保管する事業者は令和 9 年（2027年）3 月末までに無害化認定事業者等との処分委託契約を締結すること等が義務付けられている（平成 28 年（2016 年）7 月）。令和 4 年（2022 年）3 月末時点

の低濃度 PCB 廃棄物の届出量は、変圧器・コンデンサーが約 9.8 万台、汚泥や塗膜が約 1.8 万トンであり、濃度不明の変圧器・コンデンサーは約 1 万台となっている。高濃度 PCB の使用製品については PCB 特措法第 18 条で使用製品を廃棄物と見なすことができるとされているが、低濃度 PCB 含有疑い機器については規定されていないため、環境省としては制度的な対応の必要性等を検討するとしている。

　また、高濃度 PCB については、中小企業や個人等を対象に、その収集・運搬費、処分費の一部を PCB 廃棄物処理基金等により補助している。一方低濃度 PCB については高濃度 PCB と異なり、銘板情報では該当性判断ができないため、濃度測定が課題となっている（変圧器については令和 5 年度から分析費の一部の補助を開始している。）。高濃度 PCB と比べると処分費は安価な場合が多いが、PCB 非含有廃棄物として金属くずや廃プラスチックとして処理する場合に比べて処分費が高額であるため、地方公共団体から、中小企業や個人等を対象に、その費用の一部の補助に関する要望が寄せられている。このようなことから、環境省としては、分析費や処理費の現状を調査するとともに、期限内処理の早期実現のために必要な支援策について検討するとしている。

（環境省ホームページ 第 32 回 PCB 廃棄物適正処理推進に関する検討委員会 資料 4 低濃度 PCB 廃棄物の早期処理に向けた方針（案）https://www.env.go.jp/content/000165204.pdf を元に編集）

　なお、上記の無害化処理認定事業者は地域おける主要な産業廃棄物処理会社が多く、低濃度 PCB 廃棄物の期限内の適正処理に貢献している。

5-7　リチウムイオン電池を含む廃棄物

　リチウムイオン電池は、充電・発電における性能の高さやセルを単位としてモジュール化・パック化がしやすいために、携帯用の電気機器、家庭の家電製品、ハイブリッド車・EV 車で広く使用されている。リチウムイオン電池が使用されている身近なものをとりあげると、電動工具、充電式掃除機、デジカメ、スマートフォン、ノートパソコン・タブレット、加熱式たばこ、電動歯ブラシ、ゲーム機などである。リチウムイオン電池を含む使用済み製品は、廃棄物として破砕・選別等を行う工程で強い衝撃が加わると発火する。一般廃棄物・産業廃棄物の多くの処理施設では、これによる火災が発生している。市町村におけるごみ収集運

搬、破砕選別等の処分にとどまらず、ペットボトルのリサイクルや建設廃棄物等の混合廃棄物の破砕・選別等を行う工程でも火災が発生している。

　環境省は、令和 3 年（2021 年）3 月 31 日に、「リチウム蓄電池等処理困難物対策集（令和 4 年度版）」を公表した。市町村における廃棄物の収集・運搬時や処分時にパッカー車や破砕処理施設等で火災事故等が多発しているためである。本対策集は、都道府県及び市町村の協力を得ての情報収集、市町村を対象としたモデル事業の実施並びに有識者等を集めた検討会の開催等を経て作成された。

（環境省ホームページ　リチウム蓄電池等処理困難物対策集（令和 4 年度版）https://www.env.go.jp/content/000124904.pdf）

　図 5-18 に書かれているように廃リチウムイオン電池による火災を防止するためには、①電池一体型の使用済み電気製品は、無理に取り外そうとせず製品のまま分別排出する、②廃リチウムイオン電池やそれを使用する廃製品は、廃プラスチック等の他の廃棄物と混ぜない、③廃リチウムイオン電池やそれを使用する廃製品は、雨や水にぬれない場所で保管する、④廃リチウムイオン電池を電気製品から取り外せる場合は、ビニールテープなどで端子部分を覆う、といったことが推奨されている。

　さて、欧州におけるバッテリーのリサイクルの動きを紹介する（図 5-19）。欧州委員会は令和 2 年（2020 年）12 月に、現行のバッテリー指令（2006 年発効）を改正するバッテリー規則案を提案し、EU 理事会（閣僚理事会）と欧州議会は令和 4 年（2022 年）12 月に、バッテリー規則案を暫定的に政治合意したと報道されている。バッテリー規則案には、①事業者に対するバッテリー回収義務、②リサイクル事業者に対する一定水準以上の再資源化率の要求、③バッテリー製造時に一定以上のリサイクル済み原材料の使用義務が盛り込まれている。本規則案では、自動車用バッテリー、産業用バッテリー、携帯型バッテリーなどが対象で、近く実施される見込みである。日本においてもバッテリーのリサイクルの制度化がいずれ議論される可能性がある。

図 5-18　リチウムイオン電池・発火防止　事業者向けチラシ
出典：環境省ホームページ「リチウム蓄電池関係　事業者向けチラシ」2 ページ目
（https://www.env.go.jp/content/900532351.pdf）

【欧州委員会による規制案】

①Ni, Co, Li, 天然黒鉛について、環境・人権等に配慮した調達を促すため、**調達方針策定・公表や調査、対策等を義務づけ**（2023～）

②製造・廃棄時の温室効果ガス排出量（**カーボンフットプリント**）の表示義務（2024～）　**排出量が一定以上の電池の市場アクセス制限**（2027～）
　➡ 脱炭素電源で蓄電池製造ができない企業は、EU市場から締め出されるおそれ

③トレーサビリティ確保、消費者等への情報提供のため、電池組成や劣化等に関する**情報を欧州の情報交換システム経由で入手できるようにするデータ流通の仕組み**を導入（**バッテリーパスポート**）（2026～）

④事業者に対する電池回収義務（2023～）　リサイクル事業者に対する一定水準以上の資源回収率要求（2025～）　**電池製造時に一定以上のリサイクル材の使用義務**（2030～）

天然資源
採掘・精錬

材料
電池製造

利用

回収・リユース・
リサイクル・廃棄

※ 記載されている施行時期は、規則案公表時点（2020年12月）のもの。現在、規則の発行時期含め欧州議会、欧州理事会で調整中。

図5-19　欧州委員会バッテリー規則案

出典：経済産業省ホームページ「蓄電池産業戦略　2022年8月31日」
（https://www.meti.go.jp/policy/mono_info_service/joho/conference/battery_strategy/battery_saisyu_torimatome.pdf）

5-8　フロン類

　廃棄物処理法では固形状又は液状のものを対象としており、常温常圧で気体であるフロン類は対象外である。しかしながら、産業廃棄物処理業者であるととも

図5-20　第1種特定製品の例

出典：環境省ホームページ「フロン排出抑制法リーフレット」（https://www.env.go.jp/earth/furon/files/recycleleaflet.pdf）

にフロン類の破壊・再生処理を行っている事業者がおり、オゾン層の保護と地球温暖化防止に貢献している。

（参考　全国産業資源循環連合会ホームページ　低炭素社会実行計画における実態調査等報告書　令和5年3月　参考資料6　https://www.zensanpairen.or.jp/activities/globalwarming/）

令和元年（2019年）のフロン排出抑制法の改正により令和2年（2020年）4月1日から、廃棄物・リサイクル業者は、フロン類の回収等が確認できない第1種特定製品の引き取り等は禁止された。第1種特定製品とは、業務用の空調機器（エアコンディショナー）及び冷凍冷蔵機器であって、冷媒としてフロン類が使われているもの。

ただし、次の場合は引取が可能である。すなわち、

①引取証明書の写しを受け取った場合	充填回収業者が交付する「引取証明書」の写しが機器に添えられており、フロン類が回収済みであることを確認できる場合は引取り可能である。引取証明書の写しは、3年間保存する必要がある。
②自らフロン類を回収する場合	充填回収業者登録を行っている場合、自らフロン類の回収の依頼を受けることも可能である。このとき、管理者が交付する、フロン類の「回収依頼書」が機器に添えられている必要がある。
③充填回収業者へのフロン類の引渡しを委託された場合	①②以外の場合であっても、管理者（廃棄等実施者）から、フロン類の充填回収業者への引渡しを依頼され、「委託確認書」の交付を受けた場合は引取り可能である。この場合、フロン類の回収を委託した充填回収業者から「引取証明書」の写しの交付を受ける。
④フロン類が充填されていないことを示す確認証明書の写しを受け取った場合	充填回収業者が交付する、フロン類がその機器に充填されていないことを確認する「確認証明書」の写しが機器に添えられており、フロン類が充填されていないことを確認できる場合は引取り可能である。

出典：環境省ホームページ「令和4年度　改正フロン排出抑制法に関する説明会【建物解体業者及び廃棄物・リサイクル業者向け】の資料」（https://www.env.go.jp/earth/furon/files/r04_kaitaihairi_rev.pdf）

242

参考　フロン排出抑制法改正の背景
出典：環境省ホームページ「令和元年度　改正フロン排出抑制法に関する説明会【建物解体業者及び廃棄物・リサイクル業者向け】の資料」
(https://www.env.go.jp/earth/furon/files/briefing_2019_kaitaisanpai_all.pdf)

○ 2001 年のフロン回収・破壊法制定に伴い、機器廃棄時のフロン回収が制度化されました。しかし、機器廃棄時のフロン回収率は 10 年以上 3 割程度に低迷し、直近でも 4 割弱に止まっている状況です。
○ 地球温暖化対策計画（2016 年 5 月閣議決定）の目標の実現に向け、対策強化が不可欠であると考えられます。
○フロン未回収の要因を分析し課題を抽出するため、2018 年に経産省・環境省が共同で、調査・ヒアリングを実施しました。
○ この結果、フロン未回収分（6 割強）のうち半分強（3 割強）は、機器廃棄時にフロン回収作業が行われなかったことに起因しており、特に建物解体に伴う機器廃棄においてフロン回収作業が行われなかった場合が多いことがわかりました。
○ また、廃棄物・リサイクル業者が廃棄された機器を引き取る際に、フロン回収作業がされているかどうかを確認する仕組みがなく、フロンが放出されてしまっている場合があることもわかりました。

出典：環境省ホームページ「フロン排出抑制法に関するパンフレット（2023 年 3 月版）」
(https://www.env.go.jp/earth/furon/files/int_01-16_202303.pdf)

あとがき

・第3章の3-7では産業廃棄物と脱炭素化をとりあげた。現在、環境省では脱炭素と資源循環の取組みを一体として支援する法制度を検討している。令和5年（2024年）の前半にはその姿が明確になるであろう。産業廃棄物処理業界における脱炭素化の取組みへの具体的な支援となることを願うばかりである。

・第4章の4-2では技能実習と特定技能をとりあげた。出入国在留管理庁では技能実習制度及び特定技能制度の在り方に関する検討を有識者会議で検討し、令和5年（2023年）11月に結論を得た。令和6年（2024年）早々には、特定技能制度を中核とした新たな技能実習制度（育成就労（仮称））が具体的に見えてくることになる。この変更後の制度の下で、産業廃棄物処理業も早期に対象となることを期待している。

・水俣条約の発効に伴い国内での水銀に関する大気規制や廃棄物処理規制が拡充されたことを第5章の5-4で取り上げた。これと同様に、現在 UNEP の下で交渉されているプラスチックに関する国際条約案がいずれ制定されることになれば、プラスチックに関する国内外の様々なリサイクルが加速されることになろう。

　上記の3つの動きを注視していきたい。

　なお、廃棄物処理法の施行状況の次期点検作業が早ければ令和7年度（2025年度）から開始されるので、産業廃棄物処理業の振興の観点からも作業内容を見つめていきたい。

謝辞

　第4章の4-1（人材育成）では産業廃棄物処理における技術・技能を扱いました。この解説は、私が公益社団法人全国産業資源循環連合会に勤務していた時に、山田正人室長（国立環境研究所資源循環領域廃棄物処理処分技術研究室）からいただいたご指導により執筆することが可能となりました。ここに御礼を申し上げます。また、同研究所の研究情報誌・環境儀の図を利用する承諾を得る際に仲介の労をとっていただきありがとうございました。

　第3章の3-2（底上げと成長）と第4章の4-1（人材育成）の執筆にあたり、公益社団法人全国産業資源循環連合会の参与であった竹内敏さんが元ととなる情

報を編集するとともに、私の原稿の点検を行ってくれました。その労に深く感謝申し上げます。

　また、次の方々に様々な形でご協力を賜わり、ここに厚くお礼を申し上げます。

・公益社団法人全国産業資源循環連合会・総務部次長の古川洋一さんからは、特定管理産業廃棄物について情報を提供いただき、更に平成28年（2016年）同連合会の廃棄物処理法等の見直しに関する要望に対する対応状況についてもご教示いただきました。

・一般社団法人埼玉県環境産業振興協会・専務理事の半田順春さんには、埼玉県ホームページ上のマニフェスト説明図を利用する承諾を得る際に仲介の労をとっていただきました。

・株式会社タケエイ経営企画本部渉外部長の梅村真二郎さんには、産業廃棄物処理施設の建設に関してご教示いただきました。

・一般社団法人プラスチック循環利用協会・専務理事の土本一郎さんには、同協会がホームページに載せている資料の編集利用について快くご承諾いただきました。

・環境省環境再生・資源循環局リサイクル推進室長の近藤亮太さんには、プラスチック資源循環促進法に基づく大臣認定事業者の現状についてご確認いただきました。

・資源循環システムズ株式会社・取締役の瀧屋直樹さんには、廃棄物処理・リサイクルに係るDX推進のための研究会が作成した図の利用について承諾手続きの労をとっていただきました。

・東芝環境ソリューション株式会社に勤務された長谷川滋さんには、第4章の4－3（労働安全衛生）原稿全体を点検いただくとともに、原稿修正に関するご助言を頂戴しました。

・独立行政法人環境再生保全機構上席審議役の太田志津子さんには、第3章の3－10（循環経済・動静脈連携）の原稿全体を点検いただくとともに、内容追加に関するご助言を頂戴しました。

・環境省環境保健部化学物質審査室長の清丸勝正さんには、ストックホルム条約附属書A物質の第1種特定化学物質指定状況に関してご確認をいただきました。

・中間貯蔵・環境安全事業株式会社PCB処理事業部長（特命業務担当）の相澤寛史さんには、第5章の5－6（PCBとその廃棄物）の原稿全体を点検いただくとともに、原稿修正に関するご助言を頂戴しました。

・環境省環境再生・資源循環局廃棄物規制課課長補佐の切川卓也さんには、第5章の5-6（PCBとその廃棄物）中に記した大臣認定事業者数についてご確認を頂戴しました。
・一般財団法人日本冷媒・環境保全機構企画・調査部の重信和男さんには、第5章の5-8（フロン類）の原稿全体を点検いただくとともに、原稿修正に関するご助言を頂戴しました。

　環境新聞社の野田宜践編集部長には、発刊にあたり様々にご指導ご鞭撻をいただきました。ありがとうございました。

　最後に、私の執筆を見守り励ましてくれた、妻とき子に感謝します。

2024年1月末日

森谷　賢

参考文献

●第 1 章
・公益社団法人全国産業資源循環連合会
令和 5 年度産業廃棄物処理実務者研修会基礎コーステキスト
●第 2 章
・公益財団法人日本産業廃棄物処理振興センターホームページ
リーフレット「電子マニフェストをはじめよう」
https://www.jwnet.or.jp/uploads/media/2023/06/leaflet_202305.pdf
●第 3 章
・公益財団法人日本産業廃棄物処理振興センター
産業廃棄物又は特別管理産業廃棄物処理業の許可申請に関する講習会テキスト
(2023 年度) 第 6 章収集・運搬、第 8 章中間処理・再生利用、第 9 章最終処分
・「トコトンやさしいプラスチック材料の本」 高野菊雄、B & T ブックス、日
刊工業新聞社
・一般社団法人プラスチック循環利用協会ホームページ
プラスチックとリサイクル 8 つの「はてな?」
https://www.pwmi.or.jp/pdf/panf3.pdf
・資源エネルギー庁ホームページ
再生可能エネルギー FIT・FIP 制度ガイドブック 2023 年度版
https://www.enecho.meti.go.jp/category/saving_and_new/saiene/data/
kaitori/2023_fit_fip_guidebook.pdf
●第 4 章
・公益財団法人日本産業廃棄物処理振興センター
産業廃棄物又は特別管理産業廃棄物処理業の許可申請に関する講習会テキスト
(2023 年度) 第 6 章収集・運搬、第 8 章中間処理・再生利用、第 9 章最終処分
・外国人技能実習機構ホームページ
監理団体の検索
https://www.otit.go.jp/search_kanri/
・外国人技能実習機構ホームページ
令和 3 年度における技能実習の状況について(概要)
https://www.otit.go.jp/files/user/【230327 公表版】令和 3 年度における技能

実習の状況について（概要).pdf
・公益財団法人国際人材協力機構ホームページ
外国人技能実習制度とは
https://www.jitco.or.jp/ja/regulation/
・公益社団法人全国産業資源循環連合会ホームページ
安全衛生
https://www.zensanpairen.or.jp/disposal/safety/
●第5章
・国土交通省ホームページ
廃石膏ボード現場分別解体マニュアル（平成24年3月国土交通省）
https://www.mlit.go.jp/sogoseisaku/region/recycle/pdf/recyclehou/manual/
sekkou_syousai.pdf
・INDUST, Vol.38, No.6, 2023, 特集 / 食品廃棄物の3R
公益社団法人全国産業資源循環連合会発行
・環境省ホームページ
パンフレット：「水銀に関する水俣条約」について（2019年度改訂）
https://www.env.go.jp/content/900415055.pdf

資料編

●第1章
1．産廃知識　廃棄物の分類と産業廃棄物の種類等
　1-1　産業廃棄物の種類と具体例
　　公益財団法人日本産業廃棄物処理振興センターホームページ
　　https://www.jwnet.or.jp/waste/knowledge/bunrui/index.html
　1-2　特別管理産業廃棄物の種類
　　環境省ホームページ　https://www.env.go.jp/recycle/waste/sp_contr/
2．環廃産発第130329111号　平成25年3月29日
　　「規制改革・民間開放推進3か年計画」（平成16年3月19日閣議決定）」において 平成16年度中に講ずることとされた措置（廃棄物処理法の適用関係）について（通知）
　　環境省ホームページ　https://www.env.go.jp/recycle/waste/reg_ref/tuuti.pdf
3．環廃対発第1306281号・環廃産発第1306281号　平成25年6月25日
　　「規制改革実施計画」（平成25年6月14日閣議決定）において平成25年6月中に講ずることとされた措置（バイオマス発電の燃料関係）について（通知）
　　環境省ホームページ　https://www.env.go.jp/recycle/waste/reg_ref/no_1306281.pdf
4．環廃産発第1306282号　平成25年6月28日
　　「規制改革実施計画」（平成25年6月14日閣議決定）において平成25年6月中に講ずることとされた措置（バイオマス資源の焼却灰関係）について（通知）
　　環境省ホームページ　https://www.env.go.jp/recycle/waste/reg_ref/no_1306282.pdf
5．環循規発第2007202号　令和2年7月20日
　　建設汚泥処理物等の有価物該当性に関する取扱いについて（通知）
　　環境省ホームページ　https://www.env.go.jp/hourei/add/k096.pdf
6．環循適発第2104051号・環循規発第2104051号　令和3年4月5日
　　廃棄物処理施設等の更新及び交換に係る手続について（通知）

環境省ホームページ　https://www.env.go.jp/content/900479562.pdf

7．環循適発第 1806224 号・環循規発第 1806224 号　平成 30 年 6 月 22 日
建築物の解体時等における残置物の取扱いについて（通知）
環境省ホームページ　https://www.env.go.jp/content/900479535.pdf

●第 2 章

8．環循規発第 2002251 号　令和 2 年 2 月 25 日
優良産廃処理業者認定制度の運用について（通知）
環境省ホームページ https://www.env.go.jp/recycle/2020022500.pdf

9．環循規発第 2004016 号　令和 2 年 4 月 1 日
優良産廃処理業者認定制度の運用について（通知）
環境省ホームページ　https://www.env.go.jp/content/900532175.pdf

10．平成 30 年度優良産廃処理業者認定制度の見直し等に関する検討会報告書
2.4.2 制度のあり方について（抜粋）
環境省ホームページ　https://www.env.go.jp/council/03recycle/ss3-2.pdf

11．環廃対発第 1703212 号・環廃産発第 1703211 号　平成 29 年 3 月 21 日
廃棄物処理に関する排出事業者責任の徹底について（通知）
環境省ホームページ　https://www.env.go.jp/content/900479521.pdf

12．環廃産発第 1706201 号　平成 29 年 6 月 20 日
排出事業者責任に基づく措置に係る指導について（通知）
環境省ホームページ　https://www.env.go.jp/content/900479523.pdf

13．全産廃連発第 264 号　平成 28 年 2 月 12 日
廃棄食品が不適正に転売された事案に係る再発防止について（回答）
公益社団法人全国産業資源循環連合会ホームページ
https://www.zensanpairen.or.jp/wp/wp-content/themes/sanpai/assets/
pdf/subpage/tenbaiboshi_03.pdf

●第 3 章

14．平成 23 年度産業廃棄物処理業実態調査業務報告書（加藤商事株式会社）
産業廃棄物処理業者の受託量（収集運搬・中間処理・最終処分）の分布
環境省ホームページ　https://www.env.go.jp/recycle/report/h24-05.pdf か
らの抜粋

15．最終処分場設置許可件数、最終処分場残存容量（m^3）（令和 4 年 4 月 1 日現在）
環境省・産業廃棄物行政組織等調査（令和 3 年度実績）より作成

環境省ホームページ　https://www.env.go.jp/recycle/waste/kyoninka.html

16. 最終処分場に係る法規制の変遷

●第4章

17. 技能実習制度　移行対象職種・作業一覧（90業種165作業）（令和5年10月31日時点）
厚生労働省ホームページ　https://www.mhlw.go.jp/content/001126043.pdf

18. 技能実習（団体管理型）と特定技能（1号）について制度比較
特定技能制度　外国人材の受入れ及び共生社会実現に向けた取組
出入国在留管理庁ホームページ　https://www.moj.go.jp/isa/content/001335263.pdf

●第5章

19. 環廃産発第060601001号　平成18年6月1日
廃石膏ボードから付着している紙を除去したものの取扱いについて（通知）
環境省ホームページ　https://www.env.go.jp/content/900537071.pdf

20. 環循適発第2007161号・環循規発第2007162号　令和2年7月16日
廃棄物の処理及び清掃に関する法律施行規則の一部を改正する省令の施行について（通知）
公益社団法人大阪府産業資源循環協会ホームページ
http://www.o-sanpai.or.jp/pdf/info_20200716_2.pdf

21. 環循適発第20033118号・環循規発第20033117号　令和2年3月31日
災害時の産業廃棄物処理業者との連携体制の強化等について（通知）
公益社団法人大阪府産業資源循環協会ホームページ
http://www.o-sanpai.or.jp/pdf/info_20200331_2.pdf

22. 水銀廃棄物の適正処理に係るリーフレット
環境省ホームページ水銀廃棄物関係　https://www.env.go.jp/content/900537042.pdf

23. 廃水銀等の最終処分に係るリーフレット
環境省ホームページ水銀廃棄物関係　https://www.env.go.jp/content/900533602.pdf

資料 1 - 1

産業廃棄物の種類と具体例

出典：公益財団法人日本産業廃棄物処理振興センターホームページ
https://www.jwnet.or.jp/waste/knowledge/bunrui/index.html

	種類	具体例
あらゆる事業活動に伴うもの	(1) 燃え殻	石炭がら、焼却炉の残灰、炉清掃排出物、その他焼却残さ
	(2) 汚泥	排水処理後および各種製造業生産工程で排出された泥状のもの、活性汚泥法による余剰汚泥、ビルピット汚泥、カーバイトかす、ベントナイト汚泥、洗車場汚泥、建設汚泥等
	(3) 廃油	鉱物性油、動植物性油、潤滑油、絶縁油、洗浄油、切削油、溶剤、タールピッチ等
	(4) 廃酸	写真定着廃液、廃硫酸、廃塩酸、各種の有機廃酸類等すべての酸性廃液
	(5) 廃アルカリ	写真現像廃液、廃ソーダ液、金属せっけん廃液等すべてのアルカリ性廃液
	(6) 廃プラスチック類	合成樹脂くず、合成繊維くず、合成ゴムくず（廃タイヤを含む）等固形状・液状のすべての合成高分子系化合物
	(7) ゴムくず	生ゴム、天然ゴムくず
	(8) 金属くず	鉄鋼または非鉄金属の破片、研磨くず、切削くず等
	(9) ガラスくず、コンクリートくずおよび陶磁器くず	ガラス類（板ガラス等）、製品の製造過程等で生ずるコンクリートくず、インターロッキングブロックくず、レンガくず、廃石膏ボード、セメントくず、モルタルくず、スレートくず、陶磁器くず等
	(10) 鉱さい	鋳物廃砂、電炉等溶解炉かす、ボタ、不良石炭、粉炭かす等
	(11) がれき類	工作物の新築、改築または除去により生じたコンクリート破片、アスファルト破片その他これらに類する不要物
	(12) ばいじん	大気汚染防止法に定めるばい煙発生施設、ダイオキシン類対策特別措置法に定める特定施設または産業廃棄物焼却施設において発生するばいじんであって集じん施設によって集められたもの
特定の事業活動に伴うもの	(13) 紙くず	建設業に係るもの（工作物の新築、改築または除去により生じたもの）、パルプ製造業、製紙業、紙加工品製造業、新聞業、出版業、製本業、印刷物加工業から生ずる紙くず
	(14) 木くず	建設業に係るもの（範囲は紙くずと同じ）、木材・木製品製造業（家具の製造業を含む）、パルプ製造業、輸入木材の卸売業および物品賃貸業から生ずる木材片、おがくず、バーク類等 貨物の流通のために使用したパレット等
	(15) 繊維くず	建設業に係るもの（範囲は紙くずと同じ）、衣服その他繊維製品製造業以外の繊維工業から生ずる木綿くず、羊毛くず等の天然繊維くず
	(16) 動植物性残さ	食料品、医薬品、香料製造業から生ずるあめかす、のりかす、醸造かす、発酵かす、魚および獣のあら等の固形状の不要物
	(17) 動物系固形不要物	と畜場において処分した獣畜、食鳥処理場において処理した食鳥に係る固形状の不要物
	(18) 動物のふん尿	畜産農業から排出される牛、馬、豚、めん羊、にわとり等のふん尿
	(19) 動物の死体	畜産農業から排出される牛、馬、豚、めん羊、にわとり等の死体
(20) 以上の産業廃棄物を処分するために処理したもので、上記の産業廃棄物に該当しないもの（例えばコンクリート固型化物）		

資料1-2

特別管理産業廃棄物の種類

　特別管理産業廃棄物とは、産業廃棄物のうち、爆発性、毒性、感染性その他の人の健康又は生活環境に係る被害を生ずるおそれのある性状を有するものをいう（廃棄物処理法第2条第5項、廃棄物処理法施行令第2条の4）。

　以下の表は、環境省ホームページ　https://www.env.go.jp/recycle/waste/sp_contr/　を元に作成。

主な分類		概要
廃　　　油		揮発油類、灯油類、軽油類（引火点７０℃未満の燃焼しやすいもの）（難燃性のタールピッチ類等を除く）
廃　　　酸		pH2.0以下の強酸性廃液（著しい腐食性を有するもの）
廃アルカリ		pH12.5以上の強アルカリ性廃液（著しい腐食性を有するもの）
感染性産業廃棄物（※）		医療関係機関等において生ずる産業廃棄物であって感染性病原体が含まれ、もしくは付着しているおそれのあるもの
特定有害産業廃棄物	廃PCB等	廃PCB及びPCBを含む廃油
	PCB汚染物	PCBが塗布され、又は染み込んだ紙くず、PCBが染み込んだ木くず・繊維くず・汚泥、PCBが付着し又は封入された廃プラスチック類・金属くず、PCBが付着した陶磁器くずもしくはがれき類
	PCB処理物	廃PCB等又はPCB汚染物を処分するために処理したものでPCBを含むもの★
	廃水銀等及び当該廃水銀等を処分するために処理したもの	・特定施設から生じた廃水銀等または廃水銀化合物（水銀使用製品が産業廃棄物となったものに 封入された廃水銀又は廃水銀化合物は除く）（※） ・水銀もしくはその化合物が含まれている産業廃棄物又は水銀使用製品が産業廃棄物となったものから回収した廃水銀 ・廃水銀等を処分するために処理したもの（環境省令で定める基準に適合しないものに限る）
	指定下水汚泥	下水道法施行令第13条の4の規定により指定された汚泥★
	鉱さい	重金属等を一定濃度を超えて含むもの★
	廃石綿等	石綿建材除去事業に係るもの又は大気汚染防止法の特定粉じん発生施設が設置されている事業場 から生じたもので飛散するおそれのあるもの
	燃えがら（※）	重金属等、ダイオキシン類を一定濃度を超えて含むもの★
	ばいじん（※）	重金属等、1,4-ジオキサン、ダイオキシン類を一定濃度を超えて含むもの★
	廃油（※）	有機塩素化合物等、1,4-ジオキサンを含むもの★
	汚泥、廃酸又は廃アルカリ（※）	重金属等、PCB、有機塩素化合物等、農薬等、1,4-ジオキサン、ダイオキシン類を一定濃度を超えて含むもの★

（※）印：排出元の施設限定あり

★印：廃棄物処理法施行規則及び金属等を含む産業廃棄物に係る判定基準を定める省令（判定基準省令）に定める基準

参考：「感染性産業廃棄物」の判断基準等については「廃棄物処理法に基づく感染性廃棄物処理マニュアル」
　　　https://www.env.go.jp/content/000044789.pdf 参照。

環廃産発第 050325002 号
平成 17 年 3 月 25 日

改正：平成 25 年 3 月 29 日環廃産発第 130329111 号

各都道府県・各政令市廃棄物行政主管部（局）長　　殿

環境省大臣官房廃棄物・リサイクル対策部産業廃棄物課長

「規制改革・民間開放推進 3 か年計画」（平成 16 年 3 月 19 日閣議決定）」において平成 16 年度中に講ずることとされた措置（廃棄物処理法の適用関係）について（通知）

「規制改革・民間開放推進 3 か年計画」（平成 16 年 3 月 19 日閣議決定）」においては、廃棄物の処理及び清掃に関する法律（昭和 45 年法律第 137 号。以下「法」という。）の適用に関して、貨物駅等における産業廃棄物の積替え・保管に係る解釈の明確化等のため平成 16 年度中に必要な措置を講ずることとされたところであるが、これを受け、今般、下記のとおり解釈の明確化を図ることとしたので通知する。なお、貴職におかれては、下記の事項に留意の上、その運用に遺漏なきを期されたい。

記

第一　貨物駅等における産業廃棄物の積替え・保管に係る解釈の明確化

　1　産業廃棄物のコンテナ輸送の定義
　　　産業廃棄物のコンテナ輸送とは、コンテナ（貨物の運送に使用される底部が方形の器具であつて、反復使用に耐える構造及び強度を有し、かつ、機械荷役、積重ね又は固定の用に供する装具を有するもの）であって、日本工業規格 Z1627 その他関係規格等に定める構造・性能等に係る基準を満たしたものに産業廃棄物又は産業廃棄物が入った容器等を封入したまま開封することなく輸送することをいうこと。

　2　産業廃棄物収集運搬業の許可の範囲について
　　　産業廃棄物のコンテナ輸送を行う過程で、貨物駅又は港湾において輸送手段を変更する作業のう

ち、次の（1）及び（2）に掲げる要件のいずれも満たす作業については産業廃棄物のコンテナ輸送による運搬過程にあるととらえ、廃棄物の処理及び清掃に関する法律施行令（昭和46年政令第300号。以下「令」という。）第6条第1項第1号ロ若しくは第6条の5第1項第1号ロに規定する積替え（以下単に「積替え」という。）又は令第6条第1項第1号ハ若しくは第6条の5第1項第1号ハに規定する保管（以下単に「保管」という。）に該当しないと解するものとすること。

(1)　封入する産業廃棄物の種類に応じて当該産業廃棄物が飛散若しくは流出するおそれのない水密性及び耐久性等を確保した密閉型のコンテナを用いた輸送において、又は産業廃棄物を当該産業廃棄物が飛散若しくは流出するおそれのない容器に密封し、当該容器をコンテナに封入したまま行う輸送において、輸送手段の変更を行うものであること。

(2)　当該作業の過程で、コンテナが滞留しないものであること。

第二　汚泥の脱水施設に関する廃棄物処理法上の取扱いの明確化

　令第7条に規定する産業廃棄物処理施設については、昭和46年10月25日付け環整第45号厚生省環境衛生局環境整備課長通知「廃棄物の処理及び清掃に関する法律の運用に伴う留意事項について」中第2の12において「いずれも独立した施設としてとらえ得るものであって、工場又は事業場内のプラント（一定の生産工程を形成する装置をいう。）の一部として組み込まれたものは含まない」としてきたところであるが、汚泥の脱水施設に関する法上の取扱いについて、その運用を以下のとおりとすること。

1　次の（1）から（3）に掲げる要件をすべて満たす汚泥の脱水施設は、独立した施設としてとらえ得るものとはみなされず、令第7条に規定する産業廃棄物処理施設に該当しないものとして取扱うこととすること。

(1)　当該脱水施設が、当該工場又は事業場内における生産工程本体から発生した汚水のみを処理するための水処理工程の一装置として組み込まれていること。

(2)　脱水後の脱離液が水処理施設に返送され脱水施設から直接放流されないこと、事故等により脱水施設から汚泥が流出した場合も水処理施設に返送され環境中に排出されないこと等により、当該脱水施設からの直接的な生活環境影響がほとんど想定されないこと。

(3)　当該脱水施設が水処理工程の一部として水処理施設と一体的に運転管理されていること。

2　上記1（1）から（3）に掲げる要件を満たす脱水施設における産業廃棄物たる汚泥の発生時点は、従前のとおり当該脱水施設で処理する前とすること。

3　廃油の油水分離施設、廃酸又は廃アルカリの中和施設等汚泥の脱水施設以外の処理施設についても、上記と同様の考え方により令7条に規定する産業廃棄物処理施設に該当するか否かを判断するものとすること。

4　従来法第15条第1項の許可が必要な産業廃棄物処理施設として扱われてきた汚泥の脱水施設等について、上記1（1）から（3）に掲げる要件をすべて満たし、令第7条に規定する産業廃棄物処理施設に該当しないことが明らかとなった場合には、法第15条の2の5第3項において準用する第9条第3項に定める廃止届出の提出を求めるなどして法の適用関係を明らかにするよう取り扱われたいこと。

第三　企業の分社化等に伴う雇用関係の変化に対応した廃棄物処理法上の取扱いの見直し

1　事業者が自らその産業廃棄物の処理を行うに当たって、その業務に直接従事する者（以下「業務従事者」という。）については、次の（1）から（5）に掲げる要件をすべて満たす場合には、当該事業者との間に直接の雇用関係にある必要はないこと。

(1)　当該事業者がその産業廃棄物の処理について自ら総合的に企画、調整及び指導を行っていること。

(2)　処理の用に供する処理施設の使用権限及び維持管理の責任が、当該事業者にあること（令第7条に掲げる産業廃棄物処理施設については当該事業者が法第15条第1項の許可を取得していること。）。

(3)　当該事業者が業務従事者に対し個別の指揮監督権を有し、業務従事者を雇用する者との間で業務従事者が従事する業務の内容を明確かつ詳細に取り決めること。またこれにより、当該事業者が適正な廃棄物処理に支障を来すと認める場合には業務従事者の変更を行うことができること。

(4)　当該事業者と業務従事者を雇用する者との間で、法に定める排出事業者に係る責任が当該事業者に帰することが明確にされていること。

(5)　（3）及び（4）についての事項が、当該事業者と業務従事者を雇用する者との間で労働者派遣契約等の契約を書面にて締結することにより明確にされていること。

2　なお、事業の範囲としては、上記（3）に掲げる当該事業者による「個別の指揮監督権」が確実に及ぶ範囲で行われる必要があり、例えば当該事業者の構内又は建物内で行われる場合はこれに該当するものと解して差し支えないこと。

第四　「廃棄物」か否か判断する際の輸送費の取扱い等の明確化

1　産業廃棄物の占有者（排出事業者等）がその産業廃棄物を、再生利用又は電気、熱若しくはガスのエネルギー源として利用するために有償で譲り受ける者へ引渡す場合においては、引渡し側が輸送費を負担し、当該輸送費が売却代金を上回る場合等当該産業廃棄物の引渡しに係る事業全体において引渡し側に経済的損失が生じている場合であっても、少なくとも、再生利用又はエネルギー源として利用するために有償で譲り受ける者が占有者となった時点以降については、廃棄物に該当しないと判断しても差し支えないこと。

2　上記1の場合において廃棄物に該当しないと判断するに当たっては、有償譲渡を偽装した脱法的な行為を防止するため、「行政処分の指針」（平成25年3月29日付け環廃産発第1303299号本職通知）第一の4の（2）において示した各種判断要素を総合的に勘案する必要があるが、その際には、次の点にも留意する必要があること。

(1)　再生利用にあっては、再生利用をするために有償で譲り受ける者による当該再生利用が製造事業として確立・継続しており、売却実績がある製品の原材料の一部として利用するものであること。

(2)　エネルギー源としての利用にあっては、エネルギー源として利用するために有償で譲り受ける者による当該利用が、発電事業、熱供給事業又はガス供給事業として確立・継続しており、売却実績がある電気、熱又はガスのエネルギー源の一部として利用するものであること。

(3)　再生利用又はエネルギー源として利用するための技術を有する者が限られている、又は事業活動全体としては系列会社との取引を行うことが利益となる等の理由により遠隔地に輸送する等、

　　譲渡先の選定に合理的な理由が認められること。

3　なお、廃棄物該当性の判断については、上述の「行政処分の指針」第一の4の（2）の②において示したとおり、法の規制の対象となる行為ごとにその着手時点における客観的状況から判断されたいこと。

参考 1 （第二関係）

汚泥の脱水施設について令第 7 条に規定する
産業廃棄物処理施設にあたらないと判断する場合の概念フロー例

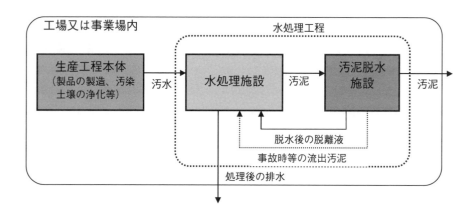

なお、上図において、生産工程本体から排出される時点で、すでに汚泥とみなせる場合は、これに続く処理工程全体（凝集沈殿処理等の汚泥濃縮工程を含む。）を「汚泥の脱水施設」とみなし、1 日当たりの処理能力が十立方メートルを超えるものは令 7 条に規定する産業廃棄物処理施設として取り扱う。

参考2（第四関係）「廃棄物」か否か判断する際の輸送費の取扱い等の明確化に係る疑義照会事例

【事例1】

○照会事項

　ビール会社A社においてはビールを生産する過程で不要物として余剰のビール酵母が発生するが、このビール酵母を原料として、薬品会社B社では医薬品を、食料品会社C社では食料品（おつまみ類）を生産している。又、A社は現在当該ビール酵母のA社からB社又はC社までの運搬を自ら行っている。A社は、今後B社又はC社への運搬をD社に委託することを検討しているが、D社に運搬費用として支払う料金をB社又はC社から受け取るビール酵母の売却代金と比較すると運搬費用の方が高い（10倍程度）。この場合

(1) D社は産業廃棄物収集運搬業の許可を取得する必要があると解してよろしいか。
(2) B社及びC社は廃棄物処理施設及び廃棄物処理業に係る許可を取得する必要はないと解してよろしいか。

○回答
(1) 及び（2）について、貴見のとおり。

【事例2】

○照会事項

　A製鉄所においては、冷鉄源溶解法（小規模な高炉のようなもので、電炉とは異なり、良質の鉄の製造が可能。）により、スクラップを鉄に再生しており、この工程に、炭素源及び鉄源として、廃タイヤを1／32カット又は1／16カットしたものを投入することにより、再生利用したいと考えている。A製鉄所は、1,000円／tで廃タイヤを購入する計画で（トラックで搬入されるものについては炉前渡し、船で搬入されるものについては岸壁渡し）ある。しかしながら、遠方から搬入されるものについては、タイヤカット業者が収集運搬業者に支払う収集運搬費用が、タイヤカット業者がA製鉄所から受け取るタイヤカット代金を上回る。この場合、A製鉄所は廃棄物処理施設及び廃棄物処理業に係る許可を取得する必要はないと解してよろしいか。

○回答
貴見のとおり。

【事例3】

○照会事項

　建設汚泥の中間処理業者A社は、建設汚泥をコンクリート固化した再生土を改良土と称し、再生土販売代理店B社に対し契約上は10tトラック1台あたり100円で売却しているが、10tトラック1台当たり備車代名目で7,000円、運搬代名目で3,100円を支払っている。A社の再生土の99％は、B社を経由して建設業者C社により土地のかさ上げとして埋め戻されており、B社以外の業者に直接販売

される再生土は 1 ％に過ぎない。なお、建設汚泥を近隣の管理型最終処分場で処分する場合の処分費用は概ね 1 ㌧あたり 6,000 円〜 18,000 円であり、中間処理を必要としない建設発生土（残土）の処分費用は 1 ㌧あたり 500 円〜 1,000 円である。この場合、建設業者 C 社による埋め戻しは廃棄物の最終処分と解してよろしいか。

○回答
貴見のとおり。

資料3

環廃対発第 1306281 号
環廃産発第 1306281 号
平成 25 年 6 月 25 日

各都道府県・政令市廃棄物行政主管部（局）長　殿

　　　環境省大臣官房廃棄物・リサイクル対策部廃棄物対策課長

　　　　　　　　　産業廃棄物課長

　　「規制改革実施計画」（平成 25 年 6 月 14 日閣議決定）において平成 25 年 6 月中に講ずることとされた措置（バイオマス発電の燃料関係）について（通知）

　廃棄物行政の推進については、かねてから御尽力いただいているところである。
　さて、「規制改革実施計画」（平成 25 年 6 月 14 日閣議決定）においては、廃棄物の処理及び清掃に関する法律（昭和 45 年法律第 137 号。以下「法」という。）の適用に関して、バイオマス発電燃料の廃棄物該当性の判断に係る解釈の明確化等のため平成 25 年 6 月中に措置を講ずることとされたところである。これを受け、今般、下記の通り解釈の明確化を図ることとしたので通知する。
　廃棄物は、不要であるために占有者の自由な処理に任せるとぞんざいに扱われるおそれがあり、生活環境の保全上の支障を生じる可能性を常に有していることから、廃棄物に該当する物は、当該物の再生行為を含め、法による適切な管理下に置くことが必要である。
　貴職におかれては、下記の事項に留意の上、その運用に遺漏なきを期されたい。
　なお、本通知は、地方自治法（昭和 22 年法律第 67 号）第 245 条の 4 第 1 項の規定に基づく技術的な助言であることを申し添える。

記

1　バイオマス発電燃料の廃棄物該当性の判断方法及び各種判断要素の基準等について
　バイオマス発電燃料が廃棄物処理法第 2 条に規定する廃棄物に該当するか否かは、①その物の性状、②排出の状況、③通常の取扱い形態、④取引価値の有無及び⑤占有者の意思等を総合的に勘案して判断すべきものである。

具体的な判断に当たっては、廃棄物の疑いのある燃料については以下のような各種判断要素の基準に基づいて検討すること。

① 燃料の性状

当該燃料を使用する発電施設において要求される品質を満足し、かつ飛散、流出、悪臭の発生等の生活環境の保全上の支障が発生するおそれのないものであること。

② 排出の状況

当該燃料の生産及び出荷が需要に沿った計画的なものであり、適切な保管や品質管理がなされていること。

③ 通常の取扱い形態

燃料としての市場が形成されており、廃棄物として処理されている事例が通常は認められないこと。

④ 取引価値の有無

占有者と取引の相手方の間で有償譲渡がなされており、なおかつ客観的に見て当該取引に経済的合理性があること。

> 実際の判断に当たっては、名目を問わず処理料金に相当する金品の受領がないこと、譲渡価格が競合する燃料や運送費等の諸経費を勘案しても双方にとって営利活動として合理的な額であること、有償譲渡の相手方以外の者に対する有償譲渡の実績があること等の確認が必要であること。なお、運搬費が有償譲渡の価格を上回ることのみをもってただちに取引価値が無いと判断されるものではないこと[脚注1]。

⑤ 占有者の意思

客観的要素から社会通念上合理的に認定し得る占有者の意思として、適切に利用し若しくは他人に有償譲渡する意思が認められること、又は放置若しくは処分の意思が認められないこと。

> したがって、単に占有者において自ら利用し、又は他人に有償で譲渡することができるものであると認識しているか否かは廃棄物に該当するか否かを判断する際の決定的な要素となるものではなく、上記①から④までの各種判断要素の基準に照らし、適切な利用を行おうとする意思があるとは判断されない場合、又は主として廃棄物の脱法的な処理を目的としたものと判断される場合には、占有者の主張する意思の内容によらず、廃棄物に該当するものと判断されること。

なお、以上は各種判断要素の一般的な基準を示したものであり、物の種類、事案の形態等によってこれらの基準が必ずしもそのまま適用できない場合は、適用可能な基準のみを抽出して用いたり、当該物の種類、事案の形態等に即した他の判断要素をも勘案するなどして、適切に判断されたい。

2 判断時の留意点について

建設系廃木材、家畜のふん尿及び下水汚泥に由来する燃料の廃棄物該当性の判断については、「バイオマス発電燃料等に関する廃棄物該当性の判断事例集」（3において後述）に複数の判断事例が掲載されている。また、当該事例集の作成後に新たな判断事例が生じている可能性もある。そのため、これ

---

1 詳細は、「『エネルギー分野における規制・制度改革に係る方針』（平成24年4月3日閣議決定）において平成24年度に講ずることとされた措置（廃棄物処理法の適用関係）について」平成25年3月29日付け環境産発第13032911号環境省大臣官房廃棄物・リサイクル対策部産業廃棄物課長通知）及び「『規制改革実施計画』（平成25年6月14日閣議決定）において平成25年上期に講ずることとされた措置（廃棄物の該当性判断における取引価値の解釈の明確化）について」（平成25年6月28日付け環境省大臣官房廃棄物・リサイクル対策部産業廃棄物課事務連絡）を参照。

らの燃料の廃棄物該当性の判断に当たっては、当該事例集に掲載された判断事例やその他の各都道府県・政令市における判断事例も参照されたい。

　これらの事例を参照しつつ、1で述べた①その物の性状、②排出の状況、③通常の取扱い形態、④取引価値の有無及び⑤占有者の意思の各種判断要素の基準等を総合的に勘案した結果、不要物とは判断されず、かつ有効活用が確実な建設系廃木材、家畜のふん尿及び下水汚泥に由来する燃料は、廃棄物に該当しないものである。

3　判断事例集について

　平成25年3月27日に、「バイオマス発電燃料等に関する廃棄物該当性の判断事例集」を作成し、各都道府県・政令市に送付するとともに、環境省ホームページ（http://www.env.go.jp/recycle/report/h25-01.pdf）においても公表した。貴職におかれては、バイオマス発電燃料の廃棄物該当性の判断に当たり、参考材料とされたい。

　なお、本事例集は、その内容をより充実したものすべく、今後とも継続的な見直しを行い、都度周知することとしている。

4　複数の都道府県・政令市の判断結果の合理性の確保について

　同様の事案について、判断結果が他の都道府県・政令市と異なる旨を指摘された場合には、当該他の都道府県・政令市にも照会し、判断結果が異なることの合理性を確認されたい。

5　全国統一相談窓口の設置について

　バイオマス発電燃料が廃棄物に該当するか否かについて事業者等が行政庁に相談する場合は、許可権者である各都道府県・政令市に相談する必要があるが、必要に応じて事業者等が環境省にも相談できるよう、以下のとおり全国統一相談窓口を設置した。複数の都道府県・政令市が関係する事案であって当該各都道府県・政令市の判断結果が合理的な理由なく異なる可能性がある場合等には、本相談窓口の活用を促されたい。また、全国統一相談窓口に相談があった事案について、関係する都道府県・政令市に照会する場合があるので、その際は対応願いたい。

【全国統一相談窓口】
①一般廃棄物関係　廃棄物対策課基準係（電話：03-5521-9273）
②産業廃棄物関係　産業廃棄物課規制係（電話：03-5521-9274）

資料 4

環廃産発第 1306282 号
平成 25 年 6 月 28 日

各都道府県・政令市廃棄物行政主管部（局）長　殿

環境省大臣官房廃棄物・リサイクル対策部産業廃棄物課長

「規制改革実施計画」（平成 25 年 6 月 14 日閣議決定）において平成 25 年 6 月中に講ずることとされた措置（バイオマス資源の焼却灰関係）について（通知）

廃棄物行政の推進については、かねてから御尽力いただいているところである。

さて、「規制改革実施計画」（平成 25 年 6 月 14 日閣議決定）においては、廃棄物の処理及び清掃に関する法律（昭和 45 年法律第 137 号。以下「法」という。）の適用に関して、バイオマス資源の焼却灰に係る解釈の明確化等のため平成 25 年 6 月中に措置を講ずることとされたところである。これを受け、今般、下記の通り解釈の明確化を図ることとしたので通知する。

廃棄物は、不要であるために占有者の自由な処理に任せるとぞんざいに扱われるおそれがあり、生活環境の保全上の支障を生じる可能性を常に有していることから、廃棄物に該当する物は、当該物の再生行為を含め、法による適切な管理下に置くことが必要である。

貴職におかれては、下記の事項に留意の上、その運用に遺漏なきを期されたい。

なお、本通知は、地方自治法（昭和 22 年法律第 67 号）第 245 条の 4 第 1 項の規定に基づく技術的な助言であることを申し添える。

記

1　木質ペレット又は木質チップを専焼ボイラーで燃焼させて生じた焼却灰について

専焼ボイラーの燃料として活用されている間伐材などを原料として製造された木質ペレット又は木質チップについて、それらを燃焼させて生じた焼却灰の中には、物の性状、排出の状況、通常の取扱い形態、取引価値の有無、占有者の意思等を総合的に勘案した結果、不要物とは判断されず畑の融雪剤や土地改良材等として有効活用されている例もある。このような、木質ペレット又は木質チップを専焼ボイラーで燃焼させて生じた焼却灰（塗料や薬剤を含む若しくはそのおそれのある廃木材又は当該廃木材を原料として製造したペレット又はチップと混焼して生じた焼却灰を除く。）のうち、有効活用が確実で、かつ不要物とは判断されない焼却灰は、産業廃棄物に該当しないものである。

2　全国統一相談窓口の設置について

　1で述べた焼却灰が産業廃棄物に該当するか否かについて事業者等が行政庁に相談する場合は、許可権者である各都道府県・政令市に相談する必要があるが、必要に応じて事業者等が環境省にも相談できるよう、以下のとおり全国統一相談窓口を設置した。複数の都道府県・政令市が関係する事案であって当該各都道府県・政令市の判断結果が合理的な理由なく異なる可能性がある場合等には、本相談窓口の活用を促されたい。また、全国統一相談窓口に相談があった事案について、関係する都道府県・政令市に照会する場合があるので、その際は対応願いたい。

【全国統一相談窓口】
　産業廃棄物課規制係（電話：03-5521-9274）

資料5

環循規発第 2007202 号
令和 2 年 7 月 20 日

各都道府県・各政令市産業廃棄物行政主管部（局）長　殿

環境省環境再生・資源循環局廃棄物規制課長
（公印省略）

建設汚泥処理物等の有価物該当性に関する取扱いについて（通知）

　産業廃棄物行政の推進については、かねてから御尽力いただいているところであり、厚く御礼申し上げる。

　さて、廃棄物の処理及び清掃に関する法律（昭和 45 年法律第 137 号。以下「法」という。）の適用に関して、廃棄物に該当するかどうかの判断に当たっては、従前から、その物の性状、排出の状況、通常の取扱い形態、取引価値の有無及び占有者の意思等を総合的に勘案して行うべき旨を通知してきたところである（「行政処分の指針について」（平成 30 年 3 月 30 日付け環循規発第 18033028 号本職通知））。このうち工作物の建設工事に伴って大量に排出される産業廃棄物たる建設汚泥（「建設工事等から生ずる廃棄物の適正処理について」平成 23 年 3 月 30 日付け環廃産第 110329004 号環境省大臣官房廃棄物・リサイクル対策部産業廃棄物課長通知）の 2 . 3 （ 7 ）で規定する建設汚泥をいう。）に中間処理を加えた後の物（ばいじん等他の廃棄物を混入している物は含まない。以下「建設汚泥処理物」という。）については、「建設汚泥処理物の廃棄物該当性の判断指針について」（平成 17 年 7 月 25 日付け環廃産発第 050725002 号環境省大臣官房廃棄物・リサイクル対策部産業廃棄物課長通知）において、廃棄物に該当するかどうかを判断する際の基礎となる指針を示したところである。

　一方で、建設汚泥処理物及び再生砕石並びにこれらを原材料としたもの（以下「建設汚泥処理物等」という。）が、建設資材や建設資材の原材料（以下「建設資材等」という。）として再生利用される用途に照らして品質及び数量が適切であるにもかかわらず、再生利用先へ搬入されるまでは廃棄物として扱われることにより、一部の地方公共団体において行われている事前協議制等による域外からの産業廃棄物の搬入規制の対象となる等、建設汚泥や再生砕石の材料となるコンクリート塊（以下単に「コンクリート塊」という。）等の適正な再生利用が妨げられる懸念がある。

　産業廃棄物の健全な再生利用については、「廃棄物処理制度の見直しの方向性（意見具申）」（平成 29 年 2 月 14 日中央環境審議会）の 3 . （ 9 ）②（ア）において、「不適正処理を防止しつつ広域的な流通を実現する」観点から、「再生利用に係る要件や廃棄物処理法における再生品の扱いについて認識を共有することが重要であることから、関係者による建設汚泥等の有用活用や広域利用に係る検討結果を踏まえつつ、（中略）必要な措置を講ずるべき」とされたところであり、これを受け、今般、下記のとおり再生利用されることが確実である建設汚泥処理物等の取扱いについて明確化したので通知する。

　貴職におかれては、下記の事項に留意の上、その運用に遺漏なきを期されたい。

　なお、本通知は、地方自治法（昭和 22 年法律第 67 号）第 245 条の 4 第 1 項の規定に基づく技術的な助言であることを申し添える。

記

　建設汚泥処理物等が法第2条に規定する廃棄物に該当するかどうかは、その物の性状、排出の状況、通常の取扱い形態、取引価値の有無及び占有者の意思等を総合的に勘案して判断すべきものであるが、各種判断要素の基準を満たし、かつ、社会通念上合理的な方法で計画的に利用されることが確実であることを客観的に確認できる場合にあっては、建設汚泥やコンクリート塊に中間処理を加えて当該建設汚泥処理物等が建設資材等として製造された時点において、有価物として取り扱うことが適当である。

　具体的には、仕様書等で規定された用途及び需要に照らして適正な品質及び数量である建設汚泥処理物等が、飛散・流出又は崩落等の生活環境の保全上の支障や品質の劣化を発生させずに適切に保管され、当該仕様書等に従って客観的にみて経済的合理性のある有償譲渡として計画的に搬出され、再生利用されることが確実であることを確認する必要がある。

　ここで、再生利用される建設汚泥処理物等が、「需要に照らして適正な品質及び数量である」かどうかや、「有償譲渡として計画的に搬出され、再生利用されることが確実である」かどうかは、処理又は製造及びそれらの管理の計画書や、再生利用の実施に関する中間処理業者と当該建設汚泥処理物等を利用する事業者との間の確認書又は再生利用の実施を確認できる書類（法令に基づき公的機関等により認可等された工事であることを証明する書類、工事発注仕様書、再生資源利用促進計画書、その他の事前協議文書等）を確認することで足りる。また、「建設汚泥処理物の廃棄物該当性の判断指針について」の第二の三に示したように、建設汚泥処理物等は建設資材や製品の原材料としての広範な需要が認められる状況にはないため、建設資材や原材料としての市場が一般に認められない利用方法の場合にあっては、再生利用されることが確実であることを確認できる書類等により、当該利用方法に特段の合理性があることを確認されたい。

　上述の点を踏まえた建設汚泥処理物等の有価物該当性について、都道府県（廃棄物の処理及び清掃に関する法律施行令（昭和46年政令第300号）第27条に規定する市を含む。）や公益社団法人及び公益財団法人の認定等に関する法律（平成18年法律第49号）第4条の規定による認定を受けた法人等、建設汚泥処理物等に係る処理事業者や製造業者に当たらない独立・中立的な第三者が、透明性及び客観性をもって認証する場合も、建設汚泥やコンクリート塊に中間処理を加えて当該建設汚泥処理物等が建設資材等として製造された時点において有価物として取り扱うことが適当である。

　ただし、以上に述べた確認を経て有価物に該当するとされた建設汚泥処理物等が、実際に利用された場合においてその有価物該当性に疑義が生じた場合には、改めて、各種判断要素の基準に基づき当該建設汚泥処理物等の廃棄物該当性を判断し、適切に対応する必要がある。

　なお、本通知は、建設汚泥処理物等の有価物該当性を判断する一般的な方法を示したものであり、建設汚泥処理物等ではないものについて判断する場合は、本通知や他の通知の考え方を参照し適切に判断されたい。

資料6

環循適発第 2104051 号
環循規発第 2104051 号
令 和 3 年 4 月 5 日

各都道府県・政令市廃棄物行政主管部（局）長　殿

環境省環境再生・資源循環局廃棄物適正処理推進課長
廃 棄 物 規 制 課 長

廃棄物処理施設等の更新及び交換に係る手続について（通知）

　廃棄物行政の推進については、かねてより御尽力いただいているところである。
　さて、廃棄物の処理及び清掃に関する法律（昭和 45 年法律第 137 号。以下「法」という。）第 8 条第 1 項若しくは第 15 条第 1 項の許可又は第 9 条の 3 第 1 項若しくは第 9 条の 3 の 3 第 1 項の届出（以下「設置許可等」という。）により廃棄物処理施設を設置する者（以下「許可施設等設置者」という。）が、当該設置許可等に基づき設置した廃棄物処理施設を撤去し、新たに廃棄物処理施設を設置する、いわゆる廃棄物処理施設の更新に係る手続については、「廃棄物処理制度の見直しの方向性」（平成 29 年 2 月 14 日中央環境審議会）によって、「施設を更新する際の許可の申請に係る事務処理について、環境負荷が低減する場合の手続の簡略化を検討するとともに、更新許可手続が事業者の円滑な事業の促進を阻害することのないように必要な措置を検討していくべきである」との意見具申があったところである。今般、改めて下記のとおり通知するので、貴職におかれては、下記の事項に留意の上、その運用に遺漏なきを期されたい。
　また、平成 26 年 6 月 23 日付け環廃産発第 14062313 号環境省大臣官房廃棄物・リサイクル対策部産業廃棄物課長通知「産業廃棄物処理施設に係る許可の際の生活環境影響調査書の取扱いについて（通知）」は廃止する。
　なお、本通知は、地方自治法（昭和 22 年法律第 67 号）第 245 条の 4 第 1 項の規定に基づく技術的な助言であることを申し添える。

記

第一　廃棄物処理施設の設置許可等について
　設置許可等は、廃棄物の処理及び清掃に関する法律施行令（昭和 46 年政令第 300 号。以下「令」という。）第 5 条又は第 7 条に規定される廃棄物処理施設を「設置しようとする者」が受けなければならないものであるから、設置許可等の時点では、当然に当該設置許可等に係る廃棄物処理施設は存在せず、ゆえに、設置許可等を有することと当該設置許可等に係る廃棄物処理施設が存在することは、個別に考慮されるべきであると解される。
　このため、廃棄物処理施設の更新に当たり、設置許可等に基づき設置された廃棄物処理施設を廃止

し撤去したとしても、当該設置許可等までもが廃止されたとは解されない。

第二　同一の廃棄物処理施設に更新する場合の手続

　　許可施設等設置者が、これまで設置していた廃棄物処理施設を撤去し、設置許可等と同一に廃棄物処理施設を設置しようとする場合は、第一のとおり当初の設置許可等はなお有効であることから、改めて設置許可等を受ける必要はない。

　　ただし、この場合であっても、法第8条第1項又は第15条第1項の許可により廃棄物処理施設を設置する者は、改めて設置した廃棄物処理施設について、法第8条の2第5項又は第15条の2第5項に規定する使用前検査を受け、都道府県知事又は政令市長によって当該許可に係る法第8条第2項又は第15条第2項の申請書に記載された設置に関する計画に適合していると認められた後でなければ、当該施設を使用することはできない。

　　なお、更新した廃棄物処理施設に係る基準の適用は、これまで設置されていた廃棄物処理施設に適用されていた経過措置によらず、その時点で効力を有する基準とその経過措置に照らし、改めて判断されたい。また、第三以下も同様である。

第三　廃棄物処理施設の一部を同一のものに交換する場合の手続

　　廃棄物処理施設は、廃棄物の処理及び清掃に関する法律施行規則（昭和46年厚生省令第35号。以下「規則」という。）第5条の2第3号又は第12条の8第3号に掲げる設備並びにその他の設備及び部品等（以下「廃棄物処理施設の一部」という。）で構成されるが、これらを同一のものに交換する場合は、当初の設置許可等に係る法第8条第2項第4号から第7号まで又は第15条第2項第4号から第7号までに掲げる事項の変更を伴わないため、法第9条第1項若しくは第15条の2の6第1項に規定する変更許可申請若しくは法第9条の3第8項に規定する変更届出又は法第9条第3項（第9条の3第11項、第9条の3第3項又は第15条の2の6第3項で準用する場合を含む。）に規定する軽微変更届出（以下「変更に係る手続」という。）を要さない。

第四　同一ではない廃棄物処理施設に更新する場合の手続

　　許可施設設置者が、これまで設置していた廃棄物処理施設を撤去し、これと同一ではない廃棄物処理施設を設置しようとする場合は、なお有効である当初の設置許可等に係る法第8条第2項第4号から第7号まで又は第15条第2項第4号から第7号までに掲げる事項を変更することとなるため、変更しようとする内容に応じて、変更に係る手続を要する。

　　よって、既に当初設置許可等と同一の廃棄物処理施設が製造されていない場合にその後継施設に更新する場合、同型ではあるものの部品が異なることによって同一とはみなされない廃棄物処理施設に更新する場合、又は同一ではないが環境負荷の低減が可能な施設に更新する場合等については、処理能力の増大を伴ったとしても、規則第5条の2、第5条の9の2、第5条の10の9又は第12条の8に規定する設置許可等を要しない廃棄物処理施設の軽微な変更に該当すれば、更新後遅滞なく当該軽微な変更を都道府県知事又は政令市長に届け出れば足り、もって生活環境影響調査等の手続を要さない。

第五　廃棄物処理施設の一部を同一ではないものに交換する場合の手続

　　廃棄物処理施設の一部を同一ではないものに交換する場合は、当初設置許可に係る法第8条第2項第4号から第7号まで又は第15条第2項第4号から第7号までに掲げる事項の変更を伴うため、変更しようとする内容に応じて、変更に係る手続を要する。

資料7

環循適発第 1806224 号
環循規発第 1806224 号
平成 30 年 6 月 22 日

各都道府県・各政令市廃棄物行政主管部（局）長殿

環境省環境再生・資源循環局廃棄物適正処理推進課長
（ 公 印 省 略 ）

廃 棄 物 規 制 課 長
（ 公 印 省 略 ）

　　　建築物の解体時等における残置物の取扱いについて（通知）

　廃棄物処理行政の推進については、かねてより種々御尽力、御協力いただいているところである。
　さて、建築物の解体時等における残置物の取扱いについては「建築物の解体時における残置物の取扱いについて（通知）」（平成 26 年 2 月 3 日付け環廃産発第 1402031 号環境省大臣官房廃棄物・リサイクル対策部産業廃棄物課長通知）で周知しているところであるが、平成 29 年 2 月に中央環境審議会において取りまとめられた「廃棄物処理制度の見直しの方向性（意見具申）」においても、「現状と課題」として、「建築物の解体時等における残置物については、建築物の解体に伴い生じた廃棄物の収集及び運搬又は処分を行う者にその処理を依頼する事例等が見受けられる。」とされ、「見直しの方向性」として、「地方自治体、一般廃棄物処理業者、建設業者等の関係者の連携により円滑な処理が行われている事例があることから、これらの取組事例を含め、残置物の取扱いについて、地方自治体、処理業者、排出事業者等に周知していくべきである。」とされたところである。
　ついては、貴職におかれては、建築物の解体時等における残置物について、廃棄物の処理及び清掃に関する法律（昭和 45 年法律第 137 号。以下「廃棄物処理法」という。）に従った適正な取扱いがなされるよう、下記事項について、貴管内関係者への周知徹底及び適切な指導を行うとともに、貴管内の市町村に対し、当該市町村管内関係者への周知徹底及び適切な指導を行うよう周知されたい。
　なお、本通知は、地方自治法（昭和 22 年法律第 67 号）第 245 条の 4 第 1 項の規定に基づく技術的な助言であることを申し添える。

記

1．残置物の処理責任の所在について
　　建築物の解体に伴い生じた廃棄物（以下「解体物」という。）については、その処理責任は当該解体工事の発注者から直接当該解体工事を請け負った元請業者にある。一方、建築物の解体時に当該建築

270

物の所有者等が残置した廃棄物（以下「残置物」という。）については、その処理責任は当該建築物の所有者等にある。このため、建築物の解体を行う際には、解体前に当該建築物の所有者等が残置物を適正に処理する必要がある。

都道府県及び市町村におかれては、以上の点について、建築物の所有者、建設元請業者、廃棄物処理業者等の関係者への周知徹底及び適切な指導を行われたい。

2．残置物の適正な処理を確保するための方策について

解体物は木くず、がれき類等の産業廃棄物である場合が多い一方、残置物については一般家庭が排出する場合は一般廃棄物となり、事業活動を行う者が排出する場合は当該廃棄物の種類及び性状により一般廃棄物又は産業廃棄物となる。

都道府県及び市町村におかれては、一般廃棄物に該当する残置物の処理について関係者から相談があった場合等には、当該市町村における一般廃棄物処理計画に沿った処理方法（適切な排出方法、市町村が自ら処理しない廃棄物については連絡すべき一般廃棄物処理業者等）を示すなど、適正な処理が実施されるよう指導されたい。

また、一般廃棄物に該当する残置物について、いわゆる夜逃げ等により当該建築物の所有者等が所在不明であるなどにより、当該建築物の所有者等による適正な処理が行われない場合には、関係者に対して適正な処理方法を示すほか、必要に応じて、廃棄物の処理及び清掃に関する法律施行令（昭和46年政令第300号）第4条各号に掲げる基準に従い市町村から適切な処理業者に対して残置物の処理を委託するなど、市町村におかれては一般廃棄物の適正な処理を確保されたい。

なお、残置物が一般廃棄物である場合、その処理を受託する者にあっては、産業廃棄物処理業の許可を取得していることのみでは足りず、市町村からの当該残置物の処理に係る委託又は一般廃棄物処理業の許可を受けなければならないことに留意が必要であり、市町村は、廃棄物処理法第7条第5項各号又は第10項各号に適合していると認めるときでなければ許可をしてはならない。また、残置物の処理を受託する者において一般廃棄物処理施設の設置許可が必要となる場合には、廃棄物処理法第15条の2の5に規定する産業廃棄物処理施設の設置者に係る一般廃棄物処理施設の設置についての特例を活用することが可能であるので、併せて留意されたい。さらに、同条の規定に基づく届出の際には、廃棄物の処理及び清掃に関する法律施行規則（昭和46年厚生省令第35号）第12条の7の17第3項第2号ハの規定に基づき、市町村からの委託を受けて一般廃棄物の処分を業として行う者であることを示す書類を添付する必要があるため、市町村におかれては、当該特例の活用が想定される場合には、文書による委託を行う等、当該届出に必要な書類が準備できるよう配慮されたい。

3．その他

リフォーム工事など、建築物の解体以外の場合においても、当該建築物の所有者等が残置した廃棄物については、その処理責任は当該建築物の所有者等にある。このため、都道府県及び市町村におかれては、1．及び2．の趣旨に鑑み、建築物の所有者、建設元請業者、廃棄物処理業者等の関係者への周知徹底及び適切な指導を行われたい。

資料 8

環循規発第 2002251 号
令和 2 年 2 月 25 日

各都道府県・各政令市産業廃棄物行政主管部（局）長　殿

環境省環境再生・資源循環局廃棄物規制課長
（公印省略）

優良産廃処理業者認定制度の運用について（通知）

　産業廃棄物の収集運搬・処分に関わる業は広い意味でのインフラであり、産業廃棄物処理業者が地域社会と連携しつつ、その社会的地位を向上させることは、循環型社会の構築に向けて重要であり、このような認識の下、「平成 30 年度優良産廃処理業者認定制度の見直し等に関する検討会」の報告書が取りまとめられ、令和元年 5 月 29 日に中央環境審議会循環型社会部会に報告されたところである。

　この報告書の内容も踏まえ、廃棄物の処理及び清掃に関する法律施行規則の一部を改正する省令（令和 2 年環境省令第 5 号）が令和 2 年 2 月 25 日に公布され、その一部は同日から施行されることとなった。

　ついては、同令による改正後の廃棄物の処理及び清掃に関する法律施行規則（昭和 46 年厚生省令第 35 号。以下「規則」という。）のうち、公布の日に施行される部分について、留意すべき事項を次のとおりお知らせするので、優良産廃処理業者（優良認定基準（規則第 9 条の 3、第 10 条の 4 の 2、第 10 条の 12 の 2 及び第 10 条の 16 の 2 に規定する基準をいう。以下同じ。）に適合する者として廃棄物の処理及び清掃に関する法律（昭和 45 年法律第 137 号）に基づく許可を受けた産業廃棄物処理業者をいう。以下同じ。）認定制度の運用に遺漏なきを期されたい。

　なお、本通知は、地方自治法（昭和 22 年法律第 67 号）第 245 条の 4 第 1 項の規定に基づく技術的な助言であることを申し添える。

記

　現に優良産廃処理業者ではない者として許可を受けている者が、当該許可の更新期限の到来を待たずして、改めて優良産廃処理業者として許可の更新を受けるための申請を行うことについては、「許可更新期限の到来を待たずして許可の更新を行う場合の優良認定の付与について」（平成 25 年 8 月 27 日付け環廃産発第 13082712 号環境省大臣官房廃棄物・リサイクル対策部産業廃棄物課長通知）及び「優良産廃処理業者認定制度の事業の透明性に係る基準について」（平成 30 年 6 月 8 日付け環循規発第 1806081 号当職通知）において、一定の場合に限り認めるべき旨を示してきたところである。

　今般、優良産廃処理業者の制度の活用を更に促す観点から、場合を限らず、現に受けている許可の更新期限の到来を待たずして、改めて優良産廃処理業者として許可の更新を受けるための申請を行うことを認めることとしたので、以後はそのように取り扱われたい。

　なお、現に優良産廃処理業者として許可を受けている者が更新期限の到来を待たずして優良産廃処理

業者として許可の更新を受けることも、原則として差し支えない。

　認定を受ける際に、遵法性に係る優良認定基準（規則第9条の3第1号、第10条の4の2第1号、第10条の12の2第1号及び第10条の16の2第1号）については、原則として従前の許可の有効期間において特定不利益処分を受けていないことが必要となるが、更新期限の到来を待たずして申請を行う場合には、従前の許可の有効期間が5年に満たないときがあるところ、そのようなときは直近の5年間に特定不利益処分を受けていないことが必要となる。この5年間は連続して許可を受け続けている必要がある（その途中に許可の更新があることは差し支えない。）ため、いまだ最初の許可を受けてから5年に満たない者が更新期限の到来を待たずに優良産廃処理業者として許可を受けることはできないことに留意されたい。

　なお、更新期限の到来を待たずして優良産廃処理業者として許可の更新を行った場合、その新たな許可の有効期間は、更新の許可の日から7年間となるので念のため申し添える。

資料9

環循規発第 2004016 号
令 和 2 年 4 月 1 日

各都道府県・各政令市産業廃棄物行政主管部（局）長　殿

環境省環境再生・資源循環局廃棄物廃棄物規制課長
（公印省略）

優良産廃処理業者認定制度の運用について（通知）

　産業廃棄物の収集運搬・処分に関わる業は広い意味での社会インフラであり、産業廃棄物処理業者が地域社会と連携しつつ、その社会的地位を向上させることは、産業廃棄物の適正処理及びこれを大前提とした循環型社会の構築に向けて不可欠である。その中核となるのが優良な産業廃棄物処理業者であり、第4次循環型社会形成推進基本計画（平成 30 年 6 月 19 日閣議決定）において、「優良産業廃棄物処理業者の育成・優良産廃処理業者認定制度の活用」が規定されている。このような状況を受けて、「平成 30 年度優良産廃処理業者認定制度の見直し等に関する検討会」の報告書が取りまとめられ、令和元年 5 月 29 日に中央環境審議会循環型社会部会に報告されたところである。

　この報告書の内容も踏まえ、廃棄物の処理及び清掃に関する法律施行規則の一部を改正する省令（令和 2 年環境省令第 5 号）が令和 2 年 2 月 25 日に公布され、同年 10 月 1 日から（一部は公布の日から）施行されることとなった。同令による改正後の廃棄物の処理及び清掃に関する法律施行規則（昭和 46 年厚生省令第 35 号。以下「規則」という。）においては、優良産廃処理業者（優良認定基準（規則第 9 条の 3、第 10 条の 4 の 2、第 10 条の 12 の 2 及び第 10 条の 16 の 2 に規定する基準をいう。以下同じ。）に適合する者として廃棄物の処理及び清掃に関する法律（昭和 45 年法律第 137 号。以下「法」という。）に基づく許可を受けた産業廃棄物処理業者をいう。以下同じ。）について、その数と質の向上を図るため、優良産廃処理業者の許可の申請に係る手続及び優良認定基準の見直しが行われている。

　規則の改正に併せて、優良産廃処理業者の活用について留意すべき事項を下記のとおり取りまとめた。

　ついては、これらのことについて、既に「優良産廃処理業者認定制度の運用について（通知）」（令和 2 年 2 月 25 日付け環循規発第 2002251 号当職通知）で示したことのほか、下記事項に留意の上、優良産廃処理業者制度の運用に遺漏なきを期されたい。

　なお、本通知は、地方自治法（昭和 22 年法律第 67 号）第 245 条の 4 第 1 項の規定に基づく技術的な助言であることを申し添える。

記

第1　優良認定基準の改正について（規則第 9 条の 3、第 10 条の 4 の 2、第 10 条の 12 の 2 及び第 10 条の 16 の 2 関係）
　　1　持出先の開示の可否を公表することについて

274

　規則においては、事業の透明性に係る優良認定基準（規則第10条の4の2第2号及び第10条の16の2第2号）として、持出先の開示に係る情報を公表事項の対象とすることとした。具体的には、産業廃棄物の処分業者が、その処分後の産業廃棄物の持出先（氏名又は名称及び住所）の予定を、当該処分業者に廃棄物の処分を委託しようとする者に対して開示することの可否を公表する必要がある。これは、廃棄物の処分を委託する者がその委託に先立って、その処分後の物の処理の予定に関心を持つことが正当であり、また、排出事業者責任の観点からも望ましいという考えの下設けられた優良認定基準である。ただし、情報の開示そのものではなく、情報の開示の可否を要件としている。

　なお、情報の開示の可否に代えて、予定する持出先の情報そのものを公表している場合でも、この要件を満たすものとして取り扱うべきである。

　持出先の開示の可否に係る情報は、他の事業の透明性に係る優良認定基準と併せて、更新の申請の日前6月間（申請者が既に優良産廃処理業者である場合には、従前の許可の更新を受けた日から申請の日までの間）、公表し、変更の都度更新している必要があるのが原則である。ただし、申請者が既に優良産廃業者である場合であっても、その現に存在する許可の始期が令和2年7月1日より前であるものについては、持出先の開示の可否に関する情報に限っては、当該許可の更新の申請の日前6月間（令和2年10月1日から同年12月31日までの間に行われる申請については、6月間ではなく、令和2年7月1日以降）公表し、更新していることで足りる。

　なお、優良産廃処理業者が排出事業者により選択されるようにする観点からは、持出先が優良産廃処理業者である旨が排出事業者にとって認識され得ることが望ましい。このため、持出先が優良産廃処理業者である場合にはその旨を産業廃棄物処理業者のウェブサイト等で積極的に公表するよう、産業廃棄物処理業者に促されたい。

2　情報公表の頻度について

　事業の透明性に係る基準における公表事項に係る情報を更新すべき場合についての考え方については、「優良産廃処理業者認定制度の事業の透明性に係る基準について」（平成30年6月8日付け環循規発第1806081号当職通知）において示しているところであるが、引き続き、同通知で示された考え方に沿って判断されたい。

3　財務要件について

　財務体質の健全性に係る基準として、申請者が法人である場合には直前3年の各事業年度における貸借対照表上の純資産の額を当該貸借対照表上の純資産の額及び負債の額の合計額で除して得た値（以下「自己資本比率」という。）が零以上であることという要件が新たに追加された（規則第9条の3第5号、第10条の4の2第5号、第10条の12の2第5号及び第10条の16の2第5号）。このため、直前3事業年度のいずれかの事業年度における自己資本比率が零を下回った場合には、優良認定基準を満たさないこととなる。

　また、財務体質の健全性に係る基準として、従前から直前3年の各事業年度のうちいずれかの事業年度における自己資本比率が10％以上であることという要件を課しているところであるが、規則においては、この要件を満たさない場合であっても、前事業年度における損益計算書上の営業利益金額に当該損益計算書上の減価償却の額を加えて得た額が零を超えていれば足ることとした（規則第9条の3第5号、第10条の4の2第5号、第10条の12の2第5号及び第10条の16の2第5号）。なお、損益計算書その他の関係書類において、減価償却費の額が明示されていない

場合には、減価償却費の額は零と推定することとされたい。

4　優良認定基準の変更に伴う現在の優良認定業者の取扱いについて
　　令和2年10月1日以降は、改正後の優良認定基準に基づき許可の審査を行うこととなるが、同日時点で既に申請がなされている場合は、従前の優良認定基準に基づき許可の審査を行うこととなる。
　　また、現に優良産廃処理業者として従前の優良認定基準において許可を受けている者の許可は、その許可の有効期間の満了の日までは有効であり、改正後の優良認定基準に基づく許可をあえて取得し直す必要はない。ただし、令和2年10月1日以降に自ら更新期限の到来を待たずして優良産廃処理業者としての許可の更新の申請を行う場合には、改正後の優良認定基準に基づき許可の審査が行われることとなるのは当然である。

第2　優良産廃処理業者の許可の申請に係る審査事務及び提出書類について（規則第9条の2、第10条の4、第10条の12及び第10条の16関係）
1　特定不利益処分に係る情報の共有について
　　従前から、排出事業者が適正な処理業者に処理委託できるよう、行政処分（取消処分、停止処分、改善命令及び措置命令）を行った場合には、その内容を積極的に公表されたい旨を「行政処分の指針について」（平成30年3月30日付け環循規発第18033028号当職通知）においてお願いしているところである。優良産廃処理業者は、違法性に係る基準として特定不利益処分を受けていないことが求められているところ、優良産廃処理業者が特定不利益処分を受けた場合には、その事実を地方公共団体及び排出事業者において共有する必要がある。そのため、都道府県（廃棄物の処理及び清掃に関する法律施行令（昭和46年政令第300号）第27条に規定する市を含む。以下同じ。）においては、特定不利益処分の情報を産業廃棄物行政情報システムに確実に入力することで、都道府県間の円滑な情報共有をお願いしたい。なお、特定不利益処分を受けた事実については、産業廃棄物行政情報システムを経由して、公益財団法人産業廃棄物処理事業振興財団が運営する産廃情報ネットで公表され、排出事業者へも共有されることとなる。

2　情報公表の有無の確認に係る指定機関の活用について
　　規則第9条の2第4項（規則第10条の12第2項の規定により読み替えて準用する場合を含む。）及び規則第10条の4第3項（規則第10条の16第2項の規定より読み替えて準用する場合を含む。）により、優良産廃処理業者として許可を受けるための申請に当たって、申請者が事業の透明性に係る基準に関する書類を提出するときは、自らの名義で書類を作成するのみならず、環境大臣が指定する者の作成した書類を提出することができることとされた。環境大臣の指定は、事業の透明性に係る基準の適合性を確認する能力がある者に対してなされるから、許可に係る審査を行う行政庁においても、このことを踏まえ、審査事務の合理化に活用されたい。
　　この規定は、書類の提出に際して他人の名義で作成した書類を提出するときは環境大臣の指定する者の名義で作成した書類でなければならない旨を定めたものであるから、本人の名義で書類を作成して提出することは引き続き差し支えない。同様の理由により、例えば本人の依頼を受けた行政書士が事業の透明性に係る基準に関する書類を作成することも、引き続き差し支えない。

第3　優良産廃処理業者に対する優遇措置について

1　地方公共団体が行う産業廃棄物の処理に係る契約について

　　地方公共団体が行う産業廃棄物の処理において、優良産廃処理業者と優先的に契約することで、産業廃棄物処理業における優良産廃処理業者認定制度を促進することができると考えられることから、積極的に検討されたい。地方公共団体が排出する産業廃棄物（いわゆるオフィスごみのほか、下水汚泥等が考えられる。）の処理の委託にあっては、契約の担当者に対する優良産廃処理業者の周知が不十分である可能性があるため、まずは、貴部局においても、契約担当に対して制度の周知を積極的に実施されたい。その際、優良産廃処理業者は遵法性が高いと考えられ、また、電子マニフェストの利用に対応しているなど、地方公共団体としても優良産廃業者との契約により享受できる利点があると考えられるから、この点もあわせて考慮されたい。

　　地域における優良産廃処理業者の数が少ない場合の競争性の確保については、優良産廃処理業者以外の産業廃棄物処理業者を一律に排除するのではなく、処理業者の選定に際しての一考慮要素にするといった手法が考えられるので、積極的に対応されたい。対応の検討に当たっては、そもそも優良産廃処理業者の普及のための優遇措置は、現状で優良産廃処理業者の数がそれほど多くないからこそ行う意義があるという点にも留意されたい。なお、優良産廃処理業者は、産廃情報ネットを利用する方法等により検索することができる。

　　産業廃棄物処理業者の選定に当たっては、法の規定に基づき、各種制約を踏まえた上で、最も条件に適合する処理業者が委託先となると考えられるが、その場合に優良産廃処理業者であるかどうかについても重要な考慮要素の一つとして含め、総合的な判断を行うこととされたい。特に、価格については、「国等における温室効果ガス等の排出の削減に配慮した契約の推進に関する法律」（平成19年法律第56号）第4条において、「地方公共団体…は、その温室効果ガス等の排出の削減を図るため、…その区域の自然的社会的条件に応じて…、経済性に留意しつつ価格以外の多様な要素をも考慮して、当該地方公共団体…における温室効果ガス等の排出の削減に配慮した契約の推進に努めるものとする。」とされているところであり、国においては、同法第5条に基づく基本方針において、「産業廃棄物の処理に係る契約」を位置付け、適正な産業廃棄物処理の実施に関する能力及び実績等を評価しているところである。地方公共団体においても、こうした点を考慮の上、優良産廃処理業者との契約に積極的に取り組まれたい。

2　公共工事について

　　地方公共団体が発注者となる公共工事で産業廃棄物が発生する場合には、原則として当該工事の元請業者において当該産業廃棄物の処理を行うこととなる（法第21条の3）。このような公共工事に伴う産業廃棄物の処理において、優良産廃処理業者に産業廃棄物の処理が委託されやすくなるような方策を積極的に実施されたい。

　　例えば、仕様書において、当該工事において生ずる産業廃棄物の処理について、優良産廃処理業者への委託を積極的に検討するよう記載することが考えられる。また、地方公共団体が作成する工事成績評定において、優良産廃処理業者に廃棄物の処理を委託した者の点数を優遇することも考えられる。

3　その他の優遇措置について

　　従来より、地方公共団体においては、優良産廃処理業者認定制度の運用と周知をお願いするとともに、優良産廃処理業者に対して各都道府県が独自に優遇措置を講じるなどの本制度の積極的な推進をお願いしているところである。具体的には、次のような施策を講じている地方公共団体

が現に存在するところであり、各地方公共団体においても、このような例を参考にしつつ、積極的に導入するようお願いする。

（1）　排出事業者への情報提供

　排出事業者が、優良産廃処理業者を見つけやすくするための環境整備がなされれば、排出事業者による優良産廃処理業者の利用の促進に資すると考えられる。一部の地方公共団体においては、そのウェブサイトにおいて処理業者を掲載し、又は域内の処理業者を検索するシステムを提供するに際し、優良産廃処理業者を通常の処理業者と区別して表示している。

（2）　行政手続の簡素化・免除

　優良産廃処理業者について、行政手続を簡素化又は免除することで、優良産廃処理業者の利用の促進に資すると考えられる。例えば、一部の地方公共団体においては、事前協議制等により域外からの産業廃棄物の搬入規制を事実上行っている場合が見られるが、優良産廃処理業者に限っては当該措置を適用せず、又は必要な手続の簡素化等を行っている例がある。

　なお、域外からの産業廃棄物の搬入規制は、これに起因して産業廃棄物の処理が滞留したり、不法投棄等の不適正処理が生ずることにより、結果的に生活環境の保全上の重大な支障が生じるおそれがある。このような法の趣旨・目的に反し、法に定められた規制を超える要綱等による運用については、廃止を含め必要な見直しを行うべきである。本来、不法投棄等の不適正処理の防止、適正処理の確保を目的とするならば、産業廃棄物の排出元が域内か域外かは問題でない。域外からの産業廃棄物の搬入規制を行わなくても、都道府県が法に基づく権限を活用して処理業者等に対し適切に指導・監督を行い、悪質な処理業者等の排除を行えば、不法投棄等の不適正処理の防止を図ることができる。しかしながら、仮にこのような搬入規制を維持しなければならない特段の事情がある場合には、上記のような優良産廃処理業者に対する適用除外等の措置を講ずることにより、優良産廃処理業者の事業環境の整備と適正な処理の促進を図るべきである。

（3）　財政的な優遇措置

　一部の地方公共団体において独自に設けている補助金について、対象主体又は補助条件等の面で優良産廃処理業者を優遇している例がある。

資料 10

平成 30 年度 優良産廃処理業者認定制度の見直し等に関する検討会報告書
　2.4.2 制度のあり方について（抜粋）

（制度のあり方に関する検討会での様々な意見）
- 　優良認定の単位を、都道府県による廃棄物処理業の許可ではなく、法人単位とすべきではないか。
- 　優良認定は、将来的には全国単位の認定とすべき。
- 　認定要件の強化とともに、優良認定内で区分を設けるべき。
- 　認定回数に応じた認定の区分を設けてもいいのではないか。
- 　優良認定制度の基準を通常の許可基準とすることで、良貨が悪貨を駆逐する環境を作るべき。
- 　優良認定の基準を通常の産業廃棄物処理業の許可要件とする場合、小規模事業者や他業種も兼業している場合に許可の取得が困難となるという問題があり、現実的ではない。
- 　優良認定を受けた処理業者が全体の 1 割にも満たない現状では、認定要件を許可要件として義務付けることは現実的ではない。まずは優良認定を受けた処理業者を増やし、制度の活用を促進していくことが優先されるべきではないか。
- 　実際に現在の優良認定の基準を通常の産業廃棄物処理業の許可要件とする場合には、一部の認定要件を緩和する必要があるだろう。例えば、経営の健全性については、基準を設定するのではなく、情報開示のみ義務付けるという対応があり得る。
- 　産業廃棄物処理のうち、収集運搬の委託先については、優良認定を取得していることをあまり重視していない。収集運搬と処分を分けて議論すべきである。
- 　産業廃棄物処理業のうち、小規模事業者は収集運搬業に多い印象。一方、処分業については一定の規模は有している場合が多く、経営破綻のリスクを担保することが重要であるため、仮に優良認定の基準を通常の産業廃棄物処理業の許可要件とする場合は、処分業について行うことが望ましいのではないか。
- 　将来的な方向性として、処分業者に限って優良認定の要件を義務付けることには賛成。しかし、一部の基準は緩和することが必要。例えば、ISO14001 やエコアクション 21 の取得については、追加費用が発生するため、義務付けの必要性は薄いのではないか。ただし、電子マニフェストの取得については、義務付けで良いと思われる。
- 　法律上、許可の有効期間に係る規定にしか根拠のない現状の仕組を改め、将来的には、優良認定制度を法定化すべきではないか。到達点としては、通常の許可制度と優良認定を含む許可制度と二種類の許可制度ができることではないか。
- 　優良認定の要件のうち、特に事業の透明性に関する基準を通常の許可要件に反映させるべきである。その場合は、可否の基準を設けるのではなく、情報公表のみ義務付け、公表できない場合は「非公表」との表示で可とすれば、より現実的な方法で優良な処理業者の育成が進むのではないか。

資料 11

環廃対発第 1703212 号
環廃産発第 1703211 号
平成 29 年 3 月 21 日

各都道府県・政令市廃棄物処理担当部（局）長殿

環境省大臣官房廃棄物・リサイクル対策部廃棄物対策課長

産業廃棄物課長

廃棄物処理に関する排出事業者責任の徹底について（通知）

　廃棄物処理行政の推進については、かねてより種々御尽力、御協力いただいているところである。
　事業活動に伴って排出される廃棄物については、廃棄物の処理及び清掃に関する法律（昭和 45 年法律第 137 号。以下「廃棄物処理法」という。）第 3 条第 1 項において「事業者は、その事業活動に伴って生じた廃棄物を自らの責任において適正に処理しなければならない」とする排出事業者責任が規定されており、これまで、委託基準・再委託基準の順次強化、産業廃棄物管理票の全面義務化等により強化されてきたところである。
　しかし、平成 28 年 1 月、建設廃棄物について、下請け業者に処理の委託を無責任に繰り返し、最終的に処理能力の低い無許可解体業者によって不法投棄がなされた不適正処理事案が判明するとともに、同月、食品製造業者及び食品販売事業者が廃棄物処分業者に処分委託をした食品廃棄物が、当該処分業者により不適正に転売され、複数の事業者を介し、食品として流通するという事案が判明したところであり、不適正処理事案は後を絶たない。特に、食品廃棄物の不適正転売事案は食品に対する消費者の信頼を揺るがせた悪質かつ重大な事件である。
　食品廃棄物の不適正転売事案を受け、平成 28 年 3 月に取りまとめられた「食品廃棄物の不適正な転売事案の再発防止のための対応について（廃棄物・リサイクル関係）」（平成 28 年 3 月 14 日環境省）において、食品廃棄物の転売防止対策の強化に取り組むこととされた。また、排出事業者に係る対策としての食品廃棄物の不適正な転売防止対策の強化に関して、平成 28 年 9 月、中央環境審議会において「食品循環資源の再生利用等の促進に関する食品関連事業者の判断の基準となるべき事項の改定について（答申）」が取りまとめられた。同答申では、排出事業者責任について、食品関連事業者（食品製造業者、食品卸売業者、食品小売業者及び外食事業者）による食品廃棄物等の不適正な転売防止の取組の具体的方向性に関連して、「食品関連事業者が、自らの事業に伴って排出された食品廃棄物等の処理について最後まで責任を負うとの排出事業者責任を重く再認識する」ことが必要であり、「排出事業者の責任において主体的に行うべき適正な処理業者の選定、再生利用の実施状況の把握・管理、処理業者に支払う料金の適正性の確認等の廃棄物処理の根幹的業務が地方公共団体の規制権限の及ばない（中略）第三者に任せ

280

きりにされることにより、排出事業者としての意識・認識や排出事業者と処理業者との直接の関係性が希薄になり、排出事業者の責任が果たされなくなること等が危惧」され、「そもそも廃棄物の処理には、不適正な処理をすることによって利益を得る一方で、重大な環境汚染を引き起こすという構造的特性がある。このため、排出事業者も、その事業活動に伴って生じた廃棄物の処理を委託する場合であっても、再生利用業者との信頼関係を基礎に、廃棄物処理の根幹的業務を自ら実施していく体制を整備する必要がある」等が指摘されている。

また、平成29年2月の中央環境審議会の「廃棄物処理制度の見直しの方向性（意見具申）」においても、「排出事業者責任の重要性がすべての事業者に適切に認識されることが重要」であり、「排出事業者が、自らの責任で主体的に行うべき適正な処理事業者の選定や処理料金の確認・支払い等の根幹的業務を、規制権限の及ばない第三者に委ねることにより、排出事業者としての意識が希薄化し、適正処理の確保に支障を来すことのないよう、都道府県、市町村、排出事業者等に対して、排出事業者の責任の徹底について改めて周知を図るべき」とされたところである。

ついては、貴職におかれては、排出事業者責任の徹底に係る下記事項について、貴管下の排出事業者及び廃棄物処理業者への周知徹底及び適切な指導を行うとともに、貴管下市町村に対し、当該市町村管下の排出事業者及び廃棄物処理業者への周知徹底及び適切な指導を行うよう周知をお願いしたい。

記

1．排出事業者責任とその重要性について

　廃棄物処理法第3条において、事業者は、その事業活動に伴って生じた廃棄物を自らの責任において適正に処理しなければならず、また、当該廃棄物の再生利用等を行うことによりその減量に努めなければならないとする排出事業者責任を定めている。排出事業者は、その廃棄物を適正に処理しなければならないという重要な責任を有しており、その責任は、その廃棄物の処理を他人に委託すれば終了するものではない。

　排出事業者は、その廃棄物について自ら処理をするか、自ら行わず他人に委託する場合には、産業廃棄物であれば産業廃棄物処理業者等、一般廃棄物であれば一般廃棄物処理業者等、廃棄物処理法において他者の廃棄物を適正に処理することができると認められている者に委託しなければならないなど、廃棄物処理法における排出事業者責任に関する各規定の遵守について改めて認識する必要がある。

　以上の点について、排出事業者及び廃棄物処理業者への周知徹底及び指導方お願いしたい。

2．規制権限の及ばない第三者について

　排出事業者による処理業者への廃棄物処理委託に際し、地方公共団体（一般廃棄物にあっては市町村、産業廃棄物にあっては都道府県又は政令市）の規制権限の及ばない第三者が排出事業者と処理業者との間の契約に介在し、あっせん、仲介、代理等の行為（以下「第三者によるあっせん等」という。）を行う事例が見受けられる。

　一般廃棄物については、平成11年に通知「一般廃棄物の適正な処理の確保について」（平成11年8月30日付け衛環第72号厚生省生活衛生局水道環境部環境整備課長通知）を発出し、第三者によるあっせん等は、一般廃棄物の処理責任が不明確になる等の理由から、市町村の処理責任の下での適正な処理の確保に支障を生じさせるおそれがある旨周知してきたところである。

　1．で述べたように、排出事業者は、排出事業者責任を有しており、排出事業者が廃棄物の処理を他人に委託する場合は、廃棄物処理法に規定する処理業者に委託しなければならないなど、排出事業者の義務を遵守しなければならない。

その場合、排出事業者としての責任を果たすため、排出事業者は、委託する処理業者を自らの責任で決定すべきものであり、また、処理業者との間の委託契約に際して、処理委託の根幹的内容（委託する廃棄物の種類・数量、委託者が受託者に支払う料金、委託契約の有効期間等）は、排出事業者と処理業者の間で決定するものである。排出事業者は、排出事業者としての自らの責任を果たす観点から、これらの決定を第三者に委ねるべきではない。

これらの内容の決定を第三者に委ねることにより、排出事業者責任の重要性に対する認識や排出事業者と処理業者との直接の関係性が希薄になるのみならず、あっせん等を行った第三者に対する仲介料等が発生し、処理業者に適正な処理費用が支払われなくなるといった状況が生じ、委託基準違反や処理基準違反、ひいては不法投棄等の不適正処理につながるおそれがある。

以上のように、廃棄物処理における排出事業者の責任は極めて重いものであり、排出事業者においては、上記の点を十分認識した上で、自らの事業活動に伴って生じた廃棄物を自らの責任において適正に処理することが強く求められる。

以上の点について、排出事業者及び廃棄物処理業者への周知徹底及び指導方お願いしたい。

資料 12

環廃産発第 1706201 号
平成 29 年 6 月 20 日

各都道府県・各政令市廃棄物行政主管部（局）長　殿

環境省大臣官房廃棄物・リサイクル対策部産業廃棄物課長

排出事業者責任に基づく措置に係る指導について（通知）

　産業廃棄物行政の推進については、かねてから御尽力いただいているところである。

　平成 28 年 1 月に、食品製造業者及び食品販売事業者から処分委託された食品廃棄物が、産業廃棄物処理業者により不正転売され、複数の事業者を介し、食品として流通するという事案が判明したところであり、不適正処理事案は後を絶たない。

　本事案は、食品に対する消費者の信頼を揺るがせた悪質かつ重大なものであったことから、平成 28 年 3 月 14 日に、環境省「食品廃棄物の不適正な転売事案の再発防止のための対応について」（以下「再発防止策」という。）を公表したところである。再発防止策においては、対策の一つとして、排出事業者責任に基づく必要な措置についてチェックリストを作成し、当該措置の適正な実施について都道府県等に通知し、排出事業者への指導に当たり、その活用を推進することとしたところである。

　また、本日、本事案発覚後の廃棄物の撤去に至る対応を含め、関係法令やその運用の課題等について改めて検証し、有識者の協力を得て、課題と対応をまとめた「食品廃棄物の不正転売事案について（総括）」を公表したところであるが、この中でも、排出事業者が果たすべき責務、具体的に行う必要がある事項について、チェックリストを作成し、周知徹底を図っていくこととしている。

　これらを踏まえ、別添の「排出事業者責任に基づく措置に係るチェックリスト」を取りまとめた。本チェックリストは、食品関連の排出事業者のみならず、それ以外のすべての業種の排出事業者を対象とするものである。

　そもそも、廃棄物処理法第 3 条において、事業者は、その事業活動に伴って生じた廃棄物を自らの責任において適正に処理しなければならず、また、当該廃棄物の再生利用等を行うことによりその減量に努めなければならないとする排出事業者責任を定めている。排出事業者は、その廃棄物を適正に処理しなければならないという重要な責任を有しており、その責任は、その廃棄物の処理を他人に委託すれば終了するものではない。

　排出事業者は、その廃棄物について自ら処理をするか、自ら行わず他人に委託する場合には、産業廃棄物であれば産業廃棄物処理業者等、一般廃棄物であれば一般廃棄物処理業者等、廃棄物処理法において他者の廃棄物を適正に処理することができると認められている者に委託しなければならないなど、廃棄物処理法における排出事業者責任に関する各規定の遵守について改めて認識する必要がある。

　ついては、貴職におかれては、排出事業者が本チェックリストを活用して廃棄物処理法に基づく処理

責任を適切に果たすよう指導願うとともに、排出事業者を対象とした業種別の研修会の開催などにより、周知徹底をお願いしたい。

　なお、本通知は、地方自治法（昭和 22 年法律第 67 号）第 245 条の 4 第 1 項の規定に基づく技術的な助言であることを申し添える。

別添

排出事業者責任に基づく措置に係るチェックリスト

環境省大臣官房廃棄物・リサイクル対策部
産業廃棄物課

平成 29 年 6 月

目　次

本チェックリストは、大変有用なものであるが、32 ページに及ぶものなので、収録を省略せざるをえない。
以下の URL からダウンロードして参照願いたい。
https://www.env.go.jp/content/900479523.pdf

資料 13

全産廃連発第 264 号
平成 28 年 2 月 12 日

環境省大臣官房

　廃棄物・リサイクル対策部長

　　　鎌形　浩史　殿

公益社団法人全国産業廃棄物連合会
会長　石井　邦夫

廃棄食品が不適正に転売された事案に係る再発防止について（回答）

　平成 28 年 1 月 20 日付け環廃産発第 1601203 号により協力要請のありました、標記の件に関しまして、以下のとおり回答いたします。

　今般、愛知県のダイコー株式会社が起こした廃棄食品の転売事件は、産業廃棄物処理業界に対する信頼を失墜させる深刻な問題であり、さらに、ダイコー株式会社が一般社団法人愛知県産業廃棄物協会の会員であることから極めて重く受け止めております。

　公益社団法人全国産業廃棄物連合会としては、「環境を守り、産業を支える」という基本を再認識し、全国の産業廃棄物協会と連携して、産業廃棄物処理業者等における再発防止の実施に努めて参ります。また、排出事業者における措置案につきましては、環境省と連絡を密にし、その実現に協力して参る所存であります。

記

〇産業廃棄物処理業者における措置

1. 廃棄食品が実際に収集運搬及び処分される一連の行程を排出事業者が確認することを積極的に受け入れるとともに、その旨を委託契約書へ明記する（別紙に参考条文）。
2. 廃棄食品を処分する事業所において、ビデオカメラの導入等の見える化その他の情報公開に努める。更に、実計量などによる保管量を踏まえ適切な受け入れ量と中間処理後の搬出量（資源化物も含む。）の総量管理をしていることをインターネット上で明らかにするよう努める。
3. 廃棄食品を扱う処理業者は優良認定を取得し、環境経営を導入するとともに、排出事業者を含む一般の人に処理に関する情報を、インターネットを通じて積極的に明らかにする。

○全国産業廃棄物連合会・都道府県産業廃棄物協会における措置

1. 全国産業廃棄物連合会と都道府県産業廃棄物協会は協力し、全国で「食品廃棄物適正処理推進研修会（仮称）」を開催し、会員企業をはじめ廃棄食品の処理に関わる事業者における適正処理の確保と教育を行う。
2. 産業廃棄物処理業者より都道府県産業廃棄物協会へ入会申し出があった際には、全国産業廃棄物連合会が定める倫理綱領を踏まえ、適正処理遵守に向けた審査をより厳格に行う。

○全国産業廃棄物連合会における措置

1. 全国産業廃棄物連合会は、排出事業者が廃棄食品の処理を行う事業所において実地確認を行う上で参考となるチェックリストを、行政等の協力を得て整備する。
2. 廃棄食品の処理に係る料金が適正となるよう排出事業者の理解を得る努力を行う（地域あるいはリサイクルの方法によっては、一般廃棄物となる廃棄食品に対する処理料金よりは産業廃棄物となる廃棄食品に対する処理料金が高くなることを、処理業者から十分説明し排出事業者の理解を得ることが重要である。）。
3. 廃棄食品の適正処理を業務管理する者（産業廃棄物処理会社で業務を行う職員）に対する資格を出来るだけ早く創設し、排出事業者からの信頼性の向上を図る。

○排出事業者に期待される措置

1. 冷凍食品その他転売のおそれがある食品を廃棄物として処理委託を行う際には、委託後の適正な処理及びリサイクルの実施に配慮しつつ、廃棄する食品を転売のできない性状又は荷姿になるよう改変、損傷させるなどの適切な措置を講じた上で、収集運搬及び処分に供する（なお、この措置を講じるに当たっては、排出事業者と産業廃棄物処理業者の双方が、事前の連絡調整を十分に行うことが必要である。）。
2. 廃棄食品の処理の委託契約を締結する前に、廃棄食品が収集運搬及び処分される一連の行程を自ら実地確認する。
3. 廃棄食品の処理委託の期間が1年以上である場合には必ず、少なくとも年1回以上、廃棄食品が実際に収集運搬及び処分される一連の行程を自ら実地確認するとともに、処理委託の期間が1年未満である場合でも、当該委託期間の間に実地確認を行うよう努める。
4. 優良認定を取得し、環境経営を導入している処理業者への処理の委託を図る。

＜実地確認の条文例＞

（実地確認）

第○○条　甲（排出事業者）は、本委託契約に係る乙（産業廃棄物処理業者）の事業
　　の用に供する施設を本委託契約書の有効期間中に○○回以上視察し、処理の実施の
　　状況その他適正な処理のために必要な事項を実地に確認する。

2　乙は、やむを得ない場合を除き、前項の甲による実地確認を拒んではならない。

3　甲及び乙は、一の実地確認ごとに当該実地確認の結果を書面に記録し、○○年間
　　保存する。

4　甲は、実地確認の結果、産業廃棄物の適正な処理を確保する上で、乙の事業に問
　　題があると認められる場合には、適切な措置を講じなければならない。

5　第1項から前項までの実地確認に必要な事項等は、甲乙の協議により定める。

資料14

平成23年度産業廃棄物処理業実態調査業務報告書（加藤商事株式会社）（平成23年度環境省請負事業）
http://www.env.go.jp/recycle/report/h24-05.pdf からの抜粋
（有効発送数13,378　回収率57.2%）

産業廃棄物処理業者の受託量（収集運搬）

表20　収集運搬業の受託量

問6　①−a 収集運搬受託量		0t	100t 未満	100t 以上 500t 未満	500t 以上 1,000t 未満	1,000t 以上 5,000t 未満	5,000t 以上	合計
全体	回答数(N)	2,091	1,034	950	448	996	900	6,419
	百分率	32.6%	16.1%	14.8%	7.0%	15.5%	14.0%	
収集運搬のみ	N	1,485	719	559	205	333	179	3,480
	%	42.7%	20.7%	16.1%	5.9%	9.6%	5.1%	
中間処理	N	504	285	353	209	575	591	2,517
	%	20.0%	11.3%	14.0%	8.3%	22.8%	23.5%	
最終処分	N	36	10	9	10	18	15	98
	%	36.7%	10.2%	9.2%	10.2%	18.4%	15.3%	
中間処理及び最終処分	N	66	20	29	24	70	115	324
	%	20.4%	6.2%	9.0%	7.4%	21.6%	35.5%	

　収集運搬業の受託量の回答数で多かった上位5品目は①廃プラスチック類、②がれき類、③木くず、④ガラスくず・コンクリートくず及び陶磁器くず、⑤金属くずの順位であった。一方、受託量で多かった上位5品目は、①がれき類、②汚泥、③ガラスくず・コンクリートくず及び陶磁器くず、④廃プラスチック類、⑤木くずとなった。

産業廃棄物処理業者の受託量（中間処理）

表23　中間処理業の受託量

問6　②−a 収集運搬受託量		0t	100t 未満	100t 以上 500t 未満	500t 以上 1,000t 未満	1,000t 以上 5,000t 未満	5,000t 以上	合計
全体	回答数(N)	473	293	355	242	773	1,504	3,640
	百分率	13.0%	8.0%	9.8%	6.6%	21.2%	41.3%	
中間処理	N	428	281	334	220	690	1,309	3,262
	%	13.1%	8.6%	10.2%	6.7%	21.2%	40.1%	
中間処理及び最終処分	N	45	12	21	22	83	195	378
	%	11.9%	3.2%	5.6%	5.8%	22.0%	51.6%	

中間処理業の受託量の回答数で多かった上位5品目は、①がれき類、②廃プラスチック類、③木くず、④ガラスくず・コンクリートくず及び陶磁器くず、⑤金属くずであった。一方、受託量で多かった上位5品目は、①がれき類、②ガラスくず・コンクリートくず及び陶磁器くず、③汚泥、④木くず、⑤廃プラスチック類となった。

産業廃棄物処理業者の受託量（最終処分）

表26　最終処分業の受託量

問6　③－a 収集運搬受託量		ゼロ	100t 未満	100t 以上 500t 未満	500t 以上 1,000t 未満	1,000t 以上 5,000t 未満	5,000t 以上	合計
全体	回答数(N)	124	52	55	53	135	173	592
	百分率	20.9%	8.8%	9.3%	9.0%	22.8%	29.2%	
最終処分	N	57	13	14	15	46	69	214
	%	26.6%	6.1%	6.5%	7.0%	21.5%	32.2%	
中間処理及び最終処分	N	67	39	41	38	89	104	378
	%	17.7%	10.3%	10.8%	10.1%	23.5%	27.5%	

　最終処分業の受託量の回答数で多かった上位5品目は①ガラスくず・コンクリートくず及び陶磁器くず、②がれき類、③廃プラスチック類、④汚泥、⑤金属くずであった。一方、受託量で多かった上位5品目は、①汚泥、②がれき類、③ガラスくず・コンクリートくず及び陶磁器くず、④廃プラスチック類、⑤燃え殻となった。

資料 15

最終処分場設置許可件数（令和 4 年 4 月 1 日現在）

（出典　環境省ホームページ　産業廃棄物処理施設の設置、産業廃棄物処理業の許可等に関する状況
https://www.env.go.jp/recycle/waste/kyoninka.html ）

施設の種類	事業者	処理業者	公共	計
遮断型処分場	8 （8）	14 （14）	0 （1）	22 （23）
安定型処分場	104 （101）	796 （814）	31 （31）	931 （946）
管理型処分場	173 （175）	359 （375）	83 （81）	615 （631）
内数：海面埋立	15 （16）	10 （9）	14 （16）	39 （41）
計	285 （284）	1,169 （1,203）	114 （113）	1,568 （1,600）

注 1 ：令和 4 年 4 月 1 日現在の最終処分場設置許可件数とは、令和 3 年度末までの累積（廃止届出書を提出していないもの）である。括弧内の数は平成 3 年 4 月 1 日現在の相当数である。
注 2 ：「海面埋立」は内数である。
注 3 ：「事業者」とは、排出事業者の自己処理施設である。「処理業者」とは、産業廃棄物処理業の許可を持つ業者の施設である。「公共」とは、公共関与による施設である。

最終処分場残存容量（m^3）（令和 4 年 4 月 1 日現在）

（出典　環境省ホームページ　産業廃棄物処理施設の設置、産業廃棄物処理業の許可等に関する状況
https://www.env.go.jp/recycle/waste/kyoninka.html ）

施設の種類	事業者	処理業者	公共	計
遮断型処分場	1,237 （1,737）	20,594 （24,965）	0 （0）	21,831 （26,702）
安定型処分場	871,053 （914,003）	57,607,268 （51,656,396）	754,715 （1,334,836）	59,233,036 （53,905,234）
管理型処分場	25,189,678 （27,693,454）	67,059,116 （52,060,989）	19,581,654 （23,380,820）	111,830,447 （103,135,264）
内数：海面埋立	15,244,719 （16,773,289）	11,663,445 （11,319,121）	12,849,515 （16,002,948）	39,757,679 （44,095,358）
計	26,061,968 （28,609,194）	124,686,977 （103,742,350）	20,336,369 （24,715,656）	171,085,314 （157,067,200）

注 1 ：括弧内の数は令和 3 年 4 月 1 日現在の残存容量である。
注 2 ：「海面埋立」は内数である。
注 3 ：「事業者」とは、排出事業者の自己処理施設である。「処理業者」とは、産業廃棄物処理業の許可を持つ業者の施設である。「公共」とは、公共関与による施設である。
注 4 ：一般廃棄物と産業廃棄物を処分できる施設においては産業廃棄物のみの残存容量である。

資料 16

最終処分場に係る法規制の変遷

	届出・許可（法、政令、省令）	埋立の処理基準（政令）
昭和 46 年 （1971 年）		・埋立地の処理基準創設（旧型埋立地（処分場）への公共用水域汚染防止措置の猶予）
昭和 51 年 （1976 年）	・法 15 条施設に最終処分場を追加し、届出制に（施行は昭和 52 年 3 月）	
昭和 52 年 （1977 年）	・政令に定める施設に最終処分場を追加（管理型 1,000 平方メートル以上、安定型 3,000 平方メートル以上） ・省令（最終処分場の技術上の省令）において、最終処分場の構造・維持管理基準を規定	
平成 3 年 （1991 年）	・法 15 条施設（管理型 1,000 平方メートル以上、安定型 3,000 平方メートル以上）を届出制から許可制に（施行は平成 4 年 7 月）	
平成 4 年 （1992 年）		・安定型埋立地（処分場）への安定型品目以外の混入防止措置の追加
平成 6 年 （1994 年）		・安定型品目から自動車等破砕物を除外
平成 9 年 （1997 年）	・法 15 条施設の最終処分場の許可手続きに生活環境影響調査、告示縦覧、利害関係者からの意見聴取、維持管理積立金等を規定 ・政令における最終処分場の規模要件撤廃等（すべての大きさの最終処分場許可対象施設　）（施行は平成 9 年 12 月）	・安定型品目から含有廃プリント配線板、紙付着廃石膏ボード等を除外 ・旧型埋立地（処分場）への公共用水域汚染防止措置の適用
平成 10 年 （1998 年）	・省令（最終処分場の技術上の省令）の構造・維持管理基準の強化・明確化、廃止基準の創設	
平成 16 年 （2004 年）		・旧型埋立地（処分場）・ミニ処分場への浸出液等の基準の設定
平成 18 年 （2006 年）		・紙と石膏を分離した場合でも石膏を安定型処分場で処分することを禁止 ・石綿含有産業廃棄物の原則破砕禁止等の処理基準の設定
平成 29 年 （2017 年）		・廃水銀等の最終処分方法の設定

資料17

技能実習制度　移行対象職種・作業一覧（90職種165作業）

1 農業関係（2職種6作業）

職種名	作業名
耕種農業●	施設園芸、畑作・野菜、果樹
畜産農業●	養豚、養鶏、酪農

2 漁業関係（2職種10作業）

職種名	作業名
漁船漁業●	かつお一本釣り漁業、延縄漁業、いか釣り漁業、まき網漁業、ひき網漁業、刺し網漁業、定置網漁業、かに・えびかご漁業、棒受網漁業
養殖業●	ほたてがい・まがき養殖

3 建設関係（22職種33作業）

職種名	作業名
さく井	パーカッション式さく井工事、ロータリー式さく井工事
建築板金	ダクト板金、内外装板金
冷凍空気調和機器施工	冷凍空気調和機器施工
建具製作	木製建具手加工
建築大工	大工工事
型枠施工	型枠工事
鉄筋施工	鉄筋組立て
とび	とび
石材施工	石材加工、石張り
タイル張り	タイル張り
かわらぶき	かわらぶき
左官	左官
配管	建築配管、プラント配管
熱絶縁施工	保温保冷工事
内装仕上げ施工	プラスチック系床仕上げ工事、カーペット系床仕上げ工事、鋼製下地工事、ボード仕上げ工事、カーテン工事
サッシ施工	ビル用サッシ施工
防水施工	シーリング防水工事
コンクリート圧送施工	コンクリート圧送工事
ウェルポイント施工	ウェルポイント工事
表装	壁装
建設機械施工●	押土・整地、積込み、掘削、締固め
築炉	築炉

4 食品製造関係（11職種18作業）

職種名	作業名
缶詰巻締●	缶詰巻締
食鳥処理加工業●	食鳥処理加工
加熱性水産加工食品製造業	節類製造、加熱乾製品製造、調味加工品製造、くん製品製造
非加熱性水産加工食品製造業	塩蔵品製造、乾製品製造、発酵食品製造、調理加工品製造、生食用加工品製造
水産練り製品製造	かまぼこ製品製造
牛豚食肉処理加工業	牛豚部分肉製造
ハム・ソーセージ・ベーコン製造	ハム・ソーセージ・ベーコン製造
パン製造	パン製造
そう菜製造業●	そう菜加工
農産物漬物製造業△	農産物漬物製造
医療・福祉施設給食製造△	医療・福祉施設給食製造

5 繊維・衣服関係（13職種22作業）

職種名	作業名
紡績運転●	前紡工程、精紡工程、巻糸工程、合ねん糸工程
織布運転●	準備工程、製織工程、仕上工程
染色	糸浸染、織物・ニット浸染
ニット製品製造	靴下製造、丸編みニット製造
たて編ニット生地製造	たて編ニット生地製造
婦人子供服製造	婦人子供既製服縫製
紳士服製造	紳士既製服製造
下着類製造	下着類製造
寝具製作	寝具製作
カーペット製造●△	織じゅうたん製造、タフテッドカーペット製造、ニードルパンチカーペット製造
帆布製品製造	帆布製品製造
布はく縫製	ワイシャツ製造
座席シート縫製	自動車シート縫製

6 機械・金属関係（17職種34作業）

職種名	作業名
鋳造	鋳鉄鋳物鋳造、非鉄金属鋳物鋳造
鍛造	ハンマ型鍛造、プレス型鍛造
ダイカスト	ホットチャンバダイカスト、コールドチャンバダイカスト
機械加工	普通旋盤、フライス盤、数値制御旋盤、マシニングセンタ
金属プレス加工	金属プレス
鉄工	構造物鉄工
工場板金	機械板金
めっき	電気めっき、溶融亜鉛めっき
アルミニウム陽極酸化処理	陽極酸化処理
仕上げ	治工具仕上げ、金型仕上げ、機械組立仕上げ
機械検査	機械検査
機械保全	機械系保全
電子機器組立て	電子機器組立て
電気機器組立て	回転電機組立て、変圧器組立て、配電盤・制御盤組立て、開閉制御器具組立て、回転電機巻線製作
プリント配線板製造	プリント配線板設計、プリント配線板製造
金属熱処理業	全体熱処理、表面熱処理（浸炭・浸窒処理）、高周波・炎熱処理（高周波変態処理・炎熱処理）

7 その他（21職種38作業）

職種名	作業名
家具製作	家具手加工
印刷	オフセット印刷、グラビア印刷●△
製本	製本
プラスチック成形	圧縮成形、射出成形、インフレーション成形、ブロー成形
強化プラスチック成形	手積み積層成形
塗装	建築塗装、金属塗装、鋼橋塗装、噴霧塗装
溶接●	手溶接、半自動溶接
工業包装	工業包装
紙器・段ボール箱製造	印刷箱打抜き、印刷箱製箱、貼箱製造、段ボール箱製造
陶磁器工業製品製造	機械ろくろ成形、圧力鋳込み成形、パッド印刷
自動車整備●	自動車整備
ビルクリーニング●	ビルクリーニング
介護●	介護
リネンサプライ△	リネンサプライ仕上げ
コンクリート製品製造	コンクリート製品製造
RPF製造△	RPF製造
鉄道施設保守整備△	軌道保守整備
ボイラーメンテナンス△	ボイラーメンテナンス
宿泊●	接客・衛生管理
木材加工	機械製材

○ 社内検定型の職種・作業（2職種4作業）

職種名	作業名
空港グランドハンドリング	航空機地上支援、航空貨物取扱、客室清掃●△
ボートメンテナンス	ボートメンテナンス

7

（令和5年10月31日時点）

（注1）　●の職種：技能実習評価試験に係る職種
（注2）　△のない職種・作業は3号まで実習可能。

技能実習と特定技能の制度比較

ISA 世界をつなぐ、未来をつくる。 出入国在留管理庁 Immigration Services Agency

	技能実習（団体監理型）	特定技能（1号）
関係法令	外国人の技能実習の適正な実施及び技能実習生の保護に関する法律／出入国管理及び難民認定法	出入国管理及び難民認定法
在留資格	在留資格「技能実習」	在留資格「特定技能」
在留期間	技能実習1号：1年以内、技能実習2号：2年以内、技能実習3号：2年以内（合計で最長5年）	通算5年
外国人の技能水準	なし	相当程度の知識又は経験が必要
入国時の試験	なし（介護職種のみ入国時N4レベルの日本語能力要件あり）	技能水準、日本語能力水準を試験等で確認（技能実習2号を良好に修了した者は試験等免除）
送出機関	外国政府の推薦又は認定を受けた機関	なし
監理団体	あり（非営利の事業協同組合等が実習実施者への監査その他の監理事業を行う。主務大臣による許可制）	なし
支援機関	なし	あり（個人又は団体が受入れ機関からの委託を受けて特定技能外国人に住居の確保その他の支援を行う。出入国在留管理庁長官による登録制）
外国人と受入れ機関のマッチング	通常監理団体と送出機関を通じて行われる	受入れ機関が直接海外で採用活動を行い又は国内外のあっせん機関等を通じて採用することが可能
受入れ機関の人数枠	常勤職員の総数に応じた人数枠あり	人数枠なし（介護分野、建設分野を除く）
活動内容	技能実習計画に基づいて、講習を受け、及び技能等に係る業務に従事する活動（1号）技能実習計画に基づいて技能等を要する業務に従事する活動（2号、3号）（非専門的・技術的分野）	相当程度の知識又は経験を必要とする技能を要する業務に従事する活動（専門的・技術的分野）
転籍・転職	原則不可。ただし、実習実施者の倒産等やむを得ない場合や、2号から3号への移行時は転籍可能	同一の業務区分内又は試験によりその技能水準の共通性が確認されている業務区分間において転職可能

8

資料 19

環廃産発第 060601001 号
平成 18 年 6 月 1 日

各都道府県知事・各政令市市長　殿

環境省大臣官房廃棄物・リサイクル対策部長

廃石膏ボードから付着している紙を除去したものの
取扱いについて（通知）

　廃石膏ボードから付着している紙を取り除いたものについては、平成 10 年 7 月 16 日付け環水企第 299 号環境庁水質保全局長通知（以下「平成 10 年局長通知」という。）により、安定型最終処分場に埋め立てることが可能であることとされているところであるが、その後の新たな科学的知見により、紙を除去した後でも、これに含まれる糖類が硫化水素産生に寄与し、安定型最終処分場への埋立処分を行った場合、高濃度の硫化水素が発生するおそれがあることが明らかになったことから、廃石膏ボードから紙を除去したものについても、廃棄物の処理及び清掃に関する法律施行令（昭和 46 年政令第 300 号）第 6 条第 1 項第 3 号イ（4）の廃石膏ボードとして取り扱うこととしたので、下記事項に留意の上、その運用に遺漏のないようにされたい。ただし、最終処分場の混乱を避けるため、周知期間を設け、十分な周知を行った上で当該取扱いを行うこと。

　なお、上記知見に関しては、国立環境研究所研究報告第 188 号「安定型最終処分場における高濃度硫化水素発生機構の解明ならびにその環境汚染防止対策に関する研究」（独立行政法人国立環境研究所ホームページ（http://www.nies.go.jp/kanko/kenkyu/pdf/r-188-2005.pdf））を参照されたい。

記

1　平成 10 年局長通知の一部改正
　　平成 10 年局長通知を次のように改正すること。
　　「第一　安定型産業廃棄物の見直し（廃掃令第 6 条第 1 項第三号イ及びロ）1 安定型廃棄物の範囲の見直し」のうち、以下の部分を削る。
　　「また、石膏ボードについては、紙が付着しているため安定型産業廃棄物から除外することとしたものであり、付着している紙を取り除いた後の石膏については、従来どおり安定型最終処分場に埋め立てることが可能であること。」

2　搬入管理の徹底
　　既存の安定型最終処分場についても、本通知に基づき、今後の埋立てに当たっては、平成 10 年局長通知第一の 2「混入又は付着の防止措置」に従い、搬入管理の徹底を図ること。

3　既に廃石膏ボードから紙を取り除いたものが埋め立てられている安定型最終処分場に対する措置

平成10年局長通知等に基づき、既に廃石膏ボードから紙を取り除いたものが埋め立てられている安定型最終処分場については、埋立地内部の水分量を少なくすることが硫化水素発生の抑制対策となることから、雨水の浸入を防ぐため、覆土（硫化水素と反応しやすい遊離鉄等を多く含む土材が望ましい。）の徹底を図ること。

　また、異臭等の発生により、硫化水素の発生が認められた際には、平成12年9月6日付け生衛発第1362号厚生省生活衛生局水道環境部長通知（「安定型最終処分場における硫化水素対策について」）に基づき、ガス抜き管の設置等必要な措置を講じられたい。

資料 20

環循適発第 2007161 号
環循規発第 2007162 号
令和 2 年 7 月 16 日

都道府県・政令市廃棄物行政主管部（局）長　殿

　　　　　　　　環境省環境再生・資源循環局廃棄物適正処理推進課長
　　　　　　　　　　　　　　（　公　印　省　略　）

　　　　　　　　　　　　　　　　廃　棄　物　規　制　課　長
　　　　　　　　　　　　　　（　公　印　省　略　）

　　　廃棄物の処理及び清掃に関する法律施行規則の一部を改正する省令の施行について（通知）

　　廃棄物の処理及び清掃に関する法律施行規則の一部を改正する省令（令和 2 年環境省令第 18 号。以下「改正省令」という。）が、令和 2 年 7 月 16 日に公布され、同日施行された。
　　ついては、下記の事項に留意の上、その運用に当たり遺漏なきを期するとともに、貴管内市町村等に対しては、貴職より周知願いたい。
　　なお、本通知は、地方自治法（昭和 22 年法律第 67 号）第 245 条の 4 第 1 項の規定に基づく技術的な助言であることを申し添える。

記

第一　改正の趣旨と概要
一　改正の趣旨
　　廃棄物の処理及び清掃に関する法律（昭和 45 年法律第 137 号。以下「法」という。）第 15 条の 2 の 5 第 1 項に規定する特例により、産業廃棄物処理施設の設置者は、当該処理施設で処理する産業廃棄物と同様の性状を有する一般廃棄物であって環境省令で定めるものを処理しようとする場合には、法第 8 条第 1 項に規定する一般廃棄物処理施設の設置に係る許可を受けなくとも、都道府県知事に事前に届出をすることにより、当該施設を一般廃棄物処理施設として設置することができる。また、法第 15 条の 2 の 5 第 2 項の規定により、非常災害時は、処理開始後遅滞なく届け出れば足りる。
　　近年、非常災害が毎年のように全国各地で頻発し、非常災害により生じた廃棄物（以下「災害廃棄物」という。）が大量に発生しているところ、被災地の復興には災害廃棄物の迅速な処理が不可欠である。既存の一般廃棄物処理施設では処理できない量の災害廃棄物が発生した場合において、災害廃棄物の中には通常であれば産業廃棄物として排出される性状のものも多くあり、その処理に既存の産業廃棄物処理施設の更なる活用が考えられるため、法第 15 条の 2 の 5 の特例の対象となる災害廃棄物について、制度的措置を講ずる必要がある。

また、高濃度 PCB 廃棄物については、国がこれまで整備を進めてきた中間貯蔵・環境安全事業株式会社（以下「JESCO」という。）の拠点的広域処理施設を活用してその処理を推進することとされているが、事業者が事業活動において使用していた PCB 含有安定器は、当該事業廃止後も引き続き事業所の建物において居宅用で使用された後廃棄される場合、当該安定器は一般廃棄物として排出されることとなる。特別管理産業廃棄物としての高濃度 PCB 廃棄物を処理する JESCO は、特別管理産業廃棄物処分業及び産業廃棄物処理施設の設置に係る許可を有しているが、一般廃棄物処理業及び一般廃棄物処理施設の設置に係る許可を有しておらず、高濃度 PCB 廃棄物の処分期間の終了が迫る中、こうした一般廃棄物として排出されるものについても早期に処理を進めるため、制度的措置を講じる必要がある。

　そのため、災害廃棄物及び PCB 廃棄物について、一般廃棄物処理施設の設置に係る手続きを簡素化する所要の改正を行うこととしたものである。

二　改正の概要

　産業廃棄物処理施設の設置者は、非常災害のために必要な応急措置として災害廃棄物を処理するときは、法第 15 条の 2 の 5 第 2 項の規定に基づき、その処理を開始した後、遅滞なく届出を行うことにより、産業廃棄物処理施設の設置許可に係る産業廃棄物と同一の種類のものに限らず（廃棄物の処理及び清掃に関する法律施行規則（昭和 46 年厚生省令第 35 号。以下「規則」という。）第 12 条の 7 の 16 第 1 項の規定にかかわらず）、当該施設において処理する産業廃棄物と同様の性状を有する災害廃棄物を処理することができることとした。

　また、法第 15 条の 2 の 5 第 1 項に規定する産業廃棄物処理施設の設置者に係る一般廃棄物処理施設の設置についての特例の対象に、PCB 廃棄物及びその処理施設を追加した。

第二　産業廃棄物と同様の性状を有する災害廃棄物の処理について
一　改正省令の対象となる場合等について

　個々の災害が改正省令の対象となる「非常災害」に該当するかについては、市町村又は都道府県が判断することとなるが、改正省令による災害廃棄物の処理を行う場合には、豪雨、台風及び地震等の自然災害等により、特に早急に処理すべき災害廃棄物が大規模に発生し、災害廃棄物処理計画等に基づく対応が困難である等の理由により、生活環境保全上の支障の防止等の必要があり、かつ、こうした理由により市町村内の既存の一般廃棄物処理業者では十分な処理ができない状況であることが必要である。

　また、非常災害により生じた一般廃棄物を処理する場合とは、当該非常災害の被災区域内の市町村の委託を受けて、同非常災害により生じた一般廃棄物の処理を行う場合のほか、当該市町村の指揮監督の下にこれらの処理を行う場合をいう。

　したがって、産業廃棄物処理施設の設置者から、改正省令により新設した規則第 12 条の 7 の 16 第 2 項の規定を適用するため法第 15 条の 2 の 5 の規定に基づく届出があった場合には、当該届出をした者に対し、当該非常災害の被災区域内の市町村との処理に係る契約書等を確認する等、同届出に係る処理が同非常災害により必要な応急措置として一般廃棄物の処理を行う場合に該当することを確認した上で、規則第 12 条の 7 の 17 第 4 項の受理書を交付すること。なお、規則第 12 条の 7 の 16 第 2 項の適用は、非常災害により生じた一般廃棄物の処理が行われる期間のみに限られ、当該一般廃棄物の処理が完了した時点で同項の適用はなくなることに留意されたい。

　なお、改正省令による届出を行う場合にあっては、規則第 12 条の 7 の 17 第 1 項第 9 号の規定によ

り、災害廃棄物が生じた時期及び地域に係る事項を届け出るとともに、それを受理した都道府県知事は、同条第4項第7号の規定により、同災害廃棄物が生じた時期及び地域について記載した受理書を、届出をした者に交付することとした。災害廃棄物が生じた時期は、顕著な災害を起こした自然現象として気象庁又は独自に地方公共団体等が名称を定めたものが発生し、明らかに当該自然現象によって廃棄物が発生したと認められる期間、その他自然現象と災害廃棄物の発生の因果関係が明らかに認められる期間とし、災害廃棄物が生じた地域は、当該自然現象に起因する災害廃棄物が生じた都道府県の区域とする。

二 廃棄物の処理及び清掃に関する法律施行令第7条各号に掲げる産業廃棄物処理施設において処理する産業廃棄物と同様の性状を有する一般廃棄物について

1 中間処理

　改正省令の適用を受けて一般廃棄物処理施設として設置された廃棄物処理施設において中間処理できる一般廃棄物は、当該廃棄物処理施設において平時から中間処理している産業廃棄物と同様の性状を有する一般廃棄物であり、当該廃棄物処理施設に係る法第15条第1項の規定による許可に係る産業廃棄物と同一の種類のものに限定されない。

　次の（1）から（16）までに掲げる産業廃棄物処理施設の種類に応じた一般廃棄物が想定される。加えて、例えば、平時に廃石膏ボードを処理している産業廃棄物処理施設においてこれと同様の性状を有する災害廃棄物として発生した廃石膏ボードを処理する場合や平時に畳を処理している産業廃棄物処理施設においてこれと同様の性状を有する災害廃棄物として発生した畳を処理する場合等が想定されるが、廃棄物処理施設の種類や当該処理施設において処理する一般廃棄物については、各自治体において適宜判断されたい。

（1） 汚泥の脱水施設
（2） 汚泥の乾燥施設
（3） 汚泥の焼却施設
（4） 廃油の油水分離施設
（5） 廃油の焼却施設
（6） 廃酸又は廃アルカリの中和施設
（7） 廃プラスチック類の破砕施設
（8） 廃プラスチック類の焼却施設
（9） 令第2条第2号に掲げる廃棄物の破砕施設
（10） 令第2条第9号に掲げる廃棄物の破砕施設
（11） 令別表第三の三に掲げる物質又はダイオキシン類を含む汚泥のコンクリート固型化施設
（12） 水銀又はその化合物を含む汚泥のばい焼施設
（13） 廃水銀等の硫化施設
（14） 汚泥、廃酸又は廃アルカリに含まれるシアン化合物の分解施設
（15） 廃石綿等又は石綿含有産業廃棄物の溶融施設
（16） 令第7条第13号の2に規定する産業廃棄物の焼却施設

2 最終処分

　中間処理の場合と同様、改正省令の適用を受けて一般廃棄物処理施設として設置された廃棄物処理施設において最終処分できる一般廃棄物は、同廃棄物処理施設において最終処分する産業廃棄物と同様の性状を有する一般廃棄物であり、同廃棄物処理施設において最終処分する法第15条第1項の規定

による許可に係る産業廃棄物と同一の種類のものに限定されている必要はない。

　具体的には、近年の豪雨、台風及び地震等の自然災害により、被災地域において膨大な量のコンクリートくず等の災害廃棄物が発生している現状にあり、これらを迅速にかつ適切に処理する必要があることから、安定型最終処分場（令第7条第14号ロに掲げる産業廃棄物の最終処分場をいう。以下同じ。）の設置者が、当該安定型最終処分場において、災害廃棄物の処理を行う場合については、法第15条の2の5の規定に基づき都道府県知事に届け出ることにより、法第8条第1項の規定による許可を受けないで、当該安定型最終処分場を一般廃棄物処理施設として設置することができ、安定型産業廃棄物（令第6条第1項第3号イに規定する安定型産業廃棄物をいう。以下同じ。）と同様の性状を有する一般廃棄物を処理する場合が想定される。

　なお、安定型最終処分場については、安定型産業廃棄物以外のものが混入・付着している例が多く生じ問題となっているところであり、当該安定型最終処分場において処理する一般廃棄物は、以下の（1）及び（2）のいずれにも該当する一般廃棄物（特別管理一般廃棄物を除く。）であることが想定される。

（1）次のいずれかに該当する一般廃棄物
　①　廃プラスチック類
　②　ゴムくず
　③　金属くず
　④　ガラスくず、コンクリートくず及び陶磁器くず（廃石膏ボードを除く。）
　⑤　コンクリートの破片その他これに類する不要物

（2）次に掲げるものが混入し、又は付着しないように分別された一般廃棄物であって、当該分別後の保管、運搬又は処分の際にこれらのものが混入し、又は付着したことがないもの
　①　令別表第五の下欄に掲げる物質。具体的には、以下の物質をいうこと。
　　　水銀又はその化合物、カドミウム又はその化合物、鉛又はその化合物、有機燐化合物、六価クロム化合物、砒素又はその化合物、シアン化合物、ポリ塩化ビフェニル、トリクロロエチレン、テトラクロロエチレン、ジクロロメタン、四塩化炭素、一・二―ジクロロエタン、一・一―ジクロロエチレン、シス―一・二―ジクロロエチレン、一・一・一―トリクロロエタン、一・一・二―トリクロロエタン、一・三―ジクロロプロペン、チウラム、シマジン、チオベンカルブ、ベンゼン、セレン又はその化合物、一・四―ジオキサン及びダイオキシン類
　②　有機性の物質
　③　建築物その他の工作物に用いられる材料であって石綿を吹きつけられたもの若しくは石綿を含むもの（次に掲げるものに限る。）又は当該材料から除去された石綿ア　石綿保温材
　イ　けいそう土保温材
　ウ　パーライト保温材
　エ　人の接触、気流及び振動等によりアからウまでに掲げるものと同等以上に石綿が飛散するおそれのある保温材、断熱材及び耐火被覆材

　工作物の新築、改築又は除去に伴って生じた安定型産業廃棄物について、安定型産業廃棄物以外の廃棄物が混入し、又は付着することを防止する方法としては、「工作物の新築、改築又は除去に伴って生じた安定型産業廃棄物の埋立処分を行う場合における安定型産業廃棄物以外の廃棄物が混入し、又

は付着することを防止する方法」（平成 10 年環境庁告示第 34 号）を参考にされたい。なお、（2）③の「当該材料から除去された石綿」には、家屋等の損壊によりはく離した石綿を含む。

三　一般廃棄物処理施設として設置された施設に係る維持管理基準等について

　　改正省令の適用を受けて一般廃棄物処理施設として設置された廃棄物処理施設の設置者に課せられる維持管理情報の公表・記録の閲覧の義務の履行に当たっては、当該施設において処理する一般廃棄物を産業廃棄物とみなし、産業廃棄物とみなされた一般廃棄物に係る維持管理情報についてもあわせて公表・閲覧する必要がある（規則第 12 条の 7 の 18）。なお、中間処理施設については、規則第 12 条の 7 の 2 の規定等に基づき、施設の種類等に応じ、維持管理の状況に関する情報の公表の必要性について判断されたい。

　　また、改正省令の適用を受けて一般廃棄物処理施設として設置された最終処分場については、当該処分場において処理した一般廃棄物を産業廃棄物とみなし、産業廃棄物最終処分場の維持管理基準及び廃止基準が適用される（一般廃棄物の最終処分場及び産業廃棄物の最終処分場に係る技術上の基準を定める省令（昭和 52 年総理府・厚生省令第 1 号）第 2 条第 4 項）。

四　一般廃棄物処理施設として設置された施設に係る処理基準について

　　改正省令の適用を受けて一般廃棄物処理施設として設置された廃棄物処理施設において処理する一般廃棄物については、一般廃棄物の処理基準が適用される（令第 3 条第 2 号及び第 3 号）。

五　運用の際の留意事項について

　　改正省令の適用を受けて一般廃棄物処理施設として設置された廃棄物処理施設の設置者から、法第 15 条の 2 の 5 の規定に基づく届出を受理した際には、処理しようとする災害廃棄物の排出元が不明である場合があること、その性状が多様であることを踏まえ、届出をした者に対し、処理しようとする災害廃棄物の性状確認について十分留意し、その処理に際し生活環境保全上の支障を生ずることのないよう指導を行うとともに、届出をした者による不適正処理が生じるおそれがある場合は、遅滞なく改善に向けた指導を行うこと。

　　また、災害廃棄物の適正処理を確保するため、当該廃棄物処理施設に対して、定期的に報告徴収・立入検査を実施されたい。実施に当たっては、当該非常災害の被災区域内の市町村との処理に係る契約書等の関係書類、維持管理情報の記録及び実際に処理されている一般廃棄物の種類の確認等により、法第 15 条の 2 の 5 の規定による届出に係る一般廃棄物の処理が適正に行われているかどうかを確認すること。当該届出に係る一般廃棄物以外の一般廃棄物の処理が行われている等、不適正な処理が行われていることを確認した場合には、積極的かつ厳正に行政処分を実施されたい。

第三　PCB 廃棄物に係る一般廃棄物処理施設の設置について

　　PCB 廃棄物については、その処理体制の整備が著しく停滞していたため長期にわたり保管が継続され、また、その難分解性、高蓄積性、大気や移動性の生物種を介して長距離を移動するという性質から環境汚染の進行が懸念される状況にあったことから、国が JESCO の拠点的広域処理施設の整備を行い、安全かつ適正に高濃度 PCB 廃棄物の処理が進められてきた。このような経緯に鑑み、高濃度 PCB 廃棄物としての PCB 使用安定器は、法上の廃棄物の種類によらず JESCO において処分することが適当である。

　　そのため、JESCO において一般廃棄物としての PCB 使用安定器（以下「一廃安定器」という。）を

処分するにあたっては、「一般廃棄物となるポリ塩化ビフェニルを使用した安定器の処理について（周知）（令和２年５月13日付け環境省環境再生・資源循環局廃棄物適正処理推進課・廃棄物規制課・ポリ塩化ビフェニル廃棄物処理推進室事務連絡）」で周知したとおり、法第６条の２第２項の規定により、市町村がその事業対象地域に応じ、北海道 PCB 処理事業所又は北九州 PCB 処理事業所へ委託することとした。一方、JESCO は法第８条第１項に規定する一般廃棄物処理施設の許可を受けていないため、法第15条の２の５第１項の特例の対象となる産業廃棄物処理施設及び一般廃棄物として、以下の（１）及び（２）に掲げる産業廃棄物処理施設の種類に応じ、それぞれに掲げる一般廃棄物を追加した。

　　これにより、産業廃棄物処理施設の設置者である JESCO が同項に基づきあらかじめ都道府県知事に届け出ることで、JESCO において一廃安定器を処理するための一般廃棄物処理施設を設置することが可能となるので留意されたい。

（１）廃ポリ塩化ビフェニル等（ポリ塩化ビフェニル汚染物に塗布され、染み込み、付着し、又は封入されたポリ塩化ビフェニルを含む。以下同じ。）又はポリ塩化ビフェニル処理物の分解施設　廃ポリ塩化ビフェニル等又はポリ塩化ビフェニル処理物

（２）ポリ塩化ビフェニル汚染物又はポリ塩化ビフェニル処理物の洗浄施設又は分離施設ポリ塩化ビフェニル汚染物又はポリ塩化ビフェニル処理物

第四　施行日、既存省令の廃止及び経過措置について

　　改正省令は、毎年のように全国各地で頻発する非常災害により発生する災害廃棄物の適正かつ迅速な処理のため対応するものであること、また、JESCO が一般廃棄物処理施設を速やかに設置し、一廃安定器の処理体制を構築する必要があることから、施行日は公布の日とした。

　　また、現行制度においては、産業廃棄物処理施設を活用して災害廃棄物を迅速に処理するため、非常災害毎に、第12条の７の16第１項の規定にかかわらず、産業廃棄物処理施設の種類と一般廃棄物を定めている。改正省令により、産業廃棄物処理施設において処理する産業廃棄物と同様の性状を有する災害廃棄物を処理することができることとするため、現に効力を有する以下の（１）から（４）までの特例省令については廃止するとともに、現に各特例省令の規定を適用し現行の第12条の７の17の規定によりされている届出については、各特例省令の規定を適用し改正後の同条の規定によりされた届出とみなす旨の経過措置を置いた。

（１）平成三十年七月豪雨により特に必要となった一般廃棄物の処理を行う場合に係る廃棄物の処理及び清掃に関する法律施行規則第十二条の七の十六第一項に規定する環境省令で定める一般廃棄物の特例に関する省令（平成 30 年環境省令第 16 号）

（２）平成三十年北海道胆振東部地震により特に必要となった一般廃棄物の処理を行う場合に係る廃棄物の処理及び清掃に関する法律施行規則第十二条の七の十六第一項に規定する環境省令で定める一般廃棄物の特例に関する省令（平成 30 年環境省令第 20 号）

（３）令和元年八月から九月の前線に伴う大雨による災害により特に必要となった一般廃棄物の処理を行う場合に係る廃棄物の処理及び清掃に関する法律施行規則第十二条の七の十六第一項に規定する環境省令で定める一般廃棄物の特例に関する省令（令和元年環境省令第 8 号）

（４）令和元年台風第十九号及び同年台風第二十一号により特に必要となった一般廃棄物の処理を行う場合に係る廃棄物の処理及び清掃に関する法律施行規則第十二条の七の十六第一項に規定する環境省令で定める一般廃棄物の特例に関する省令（令和元年環境省令第 13 号）

資料 21

環循適発第 20033118 号
環循規発第 20033117 号
令 和 2 年 3 月 31 日

各都道府県知事・各政令市市長 殿

環境省環境再生・資源循環局長
（ 公 印 省 略 ）

災害時の産業廃棄物処理業者との連携体制の強化等について（通知）

　廃棄物行政の推進については、かねてから御尽力いただき、厚く御礼申し上げる。近年、平成 28 年熊本地震、平成 29 年 7 月九州北部豪雨、平成 30 年 7 月豪雨、平成 30 年北海道胆振東部地震、令和元年房総半島台風、令和元年東日本台風など大規模な災害が毎年発生している。大規模な災害では、多種多様な災害廃棄物が大量に発生するため、都道府県・政令市による被災市町村の支援や、地方公共団体と一般廃棄物処理業者や産業廃棄物処理業者との連携が必要不可欠である。

　特に産業廃棄物処理業者を所管する都道府県・政令市に関しては、現在、ほぼ全ての都道府県・政令市が災害廃棄物処理計画を策定し、かつ、全ての都道府県が産業廃棄物処理業界との災害時の支援に関する協定を締結している。その結果、都道府県・政令市による被災市町村への支援や、地方公共団体と産業廃棄物処理業者との連携により、災害廃棄物の適正かつ円滑・迅速な処理を確保するための体制は、一定程度構築されていると考えられる。他方で万が一、平時の備えが十分ではない場合は、災害時に連携の遅れや混乱が生じる可能性がある。

　ついては、今後発生する大規模な災害に備えて、引き続き、平時から市町村や産業廃棄物処理業界との情報交換を密に行った上で、災害廃棄物処理計画や協定の点検、訓練等も行うことで、災害時の産業廃棄物処理業者との連携を不断に改善し、強化していただくようお願い申し上げる。また、大規模な災害が毎年発生していることから、少なくとも、次に示す事項については、次の災害発生に向けて早急に点検や訓練等を行い、必要な改善、強化を図っていただくよう特にお願い申し上げる。環境省においても、引き続き、自治体における災害廃棄物対策の実効性を高めるための図上演習モデル事業の実施、地方環境事務所が事務局の地域ブロック協議会におけるブロック内自治体等による共同訓練の実施など必要な支援を行っていく。

　なお、産業廃棄物処理業界と円滑に情報交換できるよう公益社団法人全国産業資源循環連合会に対して、別添を送付している。

また、本通知は、地方自治法（昭和22年法律第67号）第245条の4第1項に基づく技術的な助言であることを申し添える。

記

（1）公共関与による廃棄物処理施設や海面処分場の活用
　各都道府県は、廃棄物の処理及び清掃に関する法律（昭和45年法律第137号。以下「法」という。）第5条の5に基づき、法第5条の2に定める廃棄物の減量その他その適正な処理に関する施策の総合的かつ計画的な推進を図るための基本的な方針（平成28年1月21日環境省告示第7号。以下「基本方針」という。）に即して、都道府県廃棄物処理計画を定めなければならないこととされており、廃棄物処理センター等の公共関与による処理施設や海面処分場の活用についても、既に検討いただいているものと考えている。非常災害時にこれらの施設を速やかに活用できるよう、災害廃棄物の受入条件、受入料金等の詳細について明確化するとともに、立地市町村の理解を得るなど必要な調整を事前に実施しておくこと。また、公共関与による廃棄物処理施設の敷地内に空きスペースがある場合には、仮置場として速やかに活用できるよう、災害廃棄物の仮置きする場合の条件、管理方法等の詳細についても明確化するとともに、立地市町村の理解を得るなど必要な調整を実施しておくこと。

（2）非常災害時の特例制度の周知徹底
　非常災害時に災害廃棄物を産業廃棄物処理業者が処理するに当って活用できる廃棄物処理法の特例制度（廃棄物の処理及び清掃に関する法律及び災害対策基本法の一部を改正する法律等の施行について（平成27年8月6日付け環廃対発第1508062号・環廃産発第1508061号環境省大臣官房廃棄物・リサイクル対策部廃棄物対策課長・産業廃棄物課長通知）参照）について、産業廃棄物処理業者との連携に遅れが生じることがないよう、地方公共団体の出先機関等の現場担当者に対しても当該制度の更なる周知徹底を図ること。

（3）政令市以外の市町村に対する支援
　政令市以外の市町村については、平時に産業廃棄物処理業者と連携する機会がほとんどないため、災害時に当該市町村が産業廃棄物処理業者と速やかに連携し、災害廃棄物の処理体制を構築することは困難な場合が多い。このため、政令市以外の市町村が災害時に速やかに産業廃棄物処理業者と連携することができるよう、平時から産業廃棄物処理業者との連携に関する情報を提供し、当該市町村向けの訓練等を行うなど市町村職員の育成を図るとともに、大規模な災害時に都道府県・政令市の職員を被災市町村に派遣するための体制をあらかじめ検討しておくなど、市町村と産業廃棄物処理業者との連携についてきめ細かく支援するための体制を整えること。

（4）災害時に連携する産業廃棄物処理業者との連絡体制の確立
　大規模な災害時に災害廃棄物の仮置場の管理、収集運搬、処理を担う産業廃棄物処理業者について速やかに調整し、支援要請等ができるよう、支援要請先の候補となる産業廃棄物処理業者の法人名、担当者名、連絡先、支援が可能な事柄と規模（派遣可能な人数、使用可能な機材の種類及び数、処理可能な品目及び量等）等について、予め各都道府県の産業廃棄物処理業の団体が作成したリストの提供を受けるなど産業廃棄物処理業界の協力を得つつ、支援要請先の候補となる産業廃棄物処理業者のリストを作成して、地方環境事務所、市町村、産業廃棄物処理業界と共有しておくこと。また、関係者間での連絡

訓練を行うなど、連絡体制を確立しておくこと。特に、特別管理一般廃棄物と特別管理産業廃棄物、動物又は植物に係る固形状の不要物、及び動物の死体など迅速な処理が求められる災害廃棄物が発生した場合に備えて、それらの許可を持つ産業廃棄物処理業者とは迅速かつ確実に連絡が取れる体制を構築しておくこと。

（5）災害時の組織内における意思決定の迅速化及び産業廃棄物処理業者との連携

　大規模な災害時には、限られた情報を基に、被災市町村に対する支援の内容、支援要請を行う産業廃棄物処理業者、都道府県域を超えた広域的な支援要請の必要性等について被災市町村、産業廃棄物処理業界、環境省等と迅速に調整し、短時間で意思決定をする必要がある。このため、平時から都道府県・政令市の産業廃棄物担当と一般廃棄物担当との災害時の役割分担の明確化や災害時の決裁方法の簡素化など、組織内における意思決定の迅速化を図るための調整等、迅速な対応について格別のご配慮をされたいこと。また、産業廃棄物処理業界との調整が迅速に行われるよう、平時から災害関連の会議や訓練等に産業廃棄物処理業界を参画させるとともに、災害発生時には発災直後から被災市町村と都道府県・政令市との情報交換の場に産業廃棄物処理業界も参画を要請する仕組みを検討するなど、産業廃棄物処理業者との連携に関する調整も行うこと。加えて、産業廃棄物処理業界内での調整及び意思決定が迅速になされるよう産業廃棄物処理業界と平時から情報交換を行い、必要な助言を行うこと。

（6）災害により生じた産業廃棄物の処理の迅速化について

　従前より、一部の自治体において、事前協議制等により域外からの産業廃棄物の事実上の搬入規制を行っているケースが見られるが、これに起因して産業廃棄物の処理が滞留したり、不法投棄等の不適正処理が生じることにより、結果的に生活環境の保全上の重大な支障を生じるおそれがある。このような法の趣旨や目的に反し、法に定められた規制を超える運用を要綱等により行っている場合については、必要な見直しを行い適切に対応されたい旨を通知等によりこれまで要請してきたところである。

　ついては、特に災害により生じた産業廃棄物の緊急的な処理の必要性に鑑み、生活環境の保全上の支障を防止し、広域的かつ迅速に処理を行う観点から、これらの搬入規制の廃止や緩和を可及的速やかに実施されたいこと。なお、廃止や緩和が困難な場合においては、合理化・迅速化を可及的速やかに実施されたいこと。

以上

水銀廃棄物の適正処理について、新たな対応が必要になります。

水銀に関する水俣条約

水銀による健康被害や環境破壊を繰り返さないために…

石炭利用などによる人為的な水銀排出が、大気や水、生物中の水銀濃度を高めている状況を踏まえ、地球規模での水銀対策の必要性が認識される中、「水銀及び水銀化合物の人為的な排出から人の健康及び環境を保護すること」を目的とした「水銀に関する水俣条約」が2013年10月に採択されました。

水俣条約は、先進国と途上国が協力して、水銀の供給、使用、排出、廃棄等の各段階で総合的な対策に世界的に取り組むことにより、水銀の人為的な排出を削減し、**地球的規模の水銀汚染の防止**を目指すものです。

我が国は2016年2月に締結しました。水俣条約は、2017年8月16日に発効します。

水俣条約の発効により、水銀の使用用途が制限されるため、水銀の需要が減少し水銀を廃棄物として取り扱う必要が生じることが想定されています。

平成29年10月1日以降
以下の廃棄物について、新たな対応が必要になります

1. 水銀使用製品産業廃棄物

水銀を使用した製品が産業廃棄物となったもの。(判別ができない一部の製品を除きます)

例：一部の電池、蛍光ランプ、電気制御用のスイッチ及びリレー、水銀体温計、水銀式血圧計等　　**P1〜P3**

2. 水銀含有ばいじん等・水銀を含む特別管理産業廃棄物

ばいじん、燃え殻、汚泥、鉱さい、廃酸、廃アルカリで、水銀を一定以上含有するもの　　**P1, P4**

3. 廃水銀等

①特定施設において生じた廃水銀又は廃水銀化合物　例：水銀を回収する施設、大学等の研究機関、検査業に属する施設、保健所等

②水銀が含まれている物又は水銀使用製品が産業廃棄物となったものから回収した廃水銀

※廃水銀等の特別管理産業廃棄物への指定等は、平成28年4月1日から施行済み　　**P5**

◎詳細は「水銀廃棄物ガイドライン」をご覧ください。http://www.env.go.jp/recycle/waste/mercury-disposal/index.html

お問い合わせ　環境省 大臣官房廃棄物・リサイクル対策部 産業廃棄物課 適正処理・不法投棄対策室　直通 03-5501-3157

(平成29年6月)

ア 「水銀使用製品産業廃棄物」及び「水銀含有ばいじん等」に関する共通の新たな措置

「水銀使用製品産業廃棄物」及び「水銀含有ばいじん等」に共通して、以下の新たな措置が必要です。

項目	必要な記載事項等
業の許可証	取り扱う廃棄物の種類に「水銀使用製品産業廃棄物」又は「水銀含有ばいじん等」が含まれることが必要です。 注)平成29年10月1日時点で、これらの廃棄物を取り扱っている場合、変更許可は不要です。
委託契約書	委託する廃棄物の種類に「水銀使用製品産業廃棄物」又は「水銀含有ばいじん等」が含まれることを明記すること。 注)平成29年10月1日以前に、契約締結している委託契約書については、新たに契約変更等をする必要はありません。
マニフェスト	産業廃棄物の種類欄に「水銀使用製品産業廃棄物」又は「水銀含有ばいじん等」が含まれること、また、その数量を記載すること。
廃棄物保管場所の掲示板	産業廃棄物の種類欄に「水銀使用製品産業廃棄物」又は「水銀含有ばいじん等」が含まれることを明記すること。
帳簿	「水銀使用製品産業廃棄物」又は「水銀含有ばいじん等」に係るものであることを明記すること。

1. 水銀使用製品産業廃棄物（産業廃棄物）

水銀使用製品産業廃棄物の対象

次の①〜③の製品が産業廃棄物となったものが水銀使用製品産業廃棄物です。詳細は右表をご覧ください。

① 「新用途水銀使用製品の製造等に関する命令」(平成27年内閣府、総務省、財務省、文部科学省、厚生労働省、農林水産省、経済産業省、国土交通省、環境省令第2号)第2条第1号又は第3号に該当する水銀使用製品のうち、①表A,Bの製品。

② ①の製品を材料又は部品として用いて製造される組込製品(①の製品名の後に※印がある製品を材料又は部品として用いて製造される組込製品及び顔料が塗布された製品を除く。)

③ ①、②のほか、水銀又はその化合物の使用に関する表示がされている水銀使用製品

上記の①、②、③のいずれかに該当する水銀使用製品産業廃棄物のうち、右表「水銀回収義務」欄に○があるものは、水銀の回収が義務付けられています。

水銀使用製品産業廃棄物に関する新たな措置

水銀使用製品産業廃棄物について、通常の産業廃棄物の措置に加え、上記 ア の共通の措置及び以下の イ の新たな措置が必要となります。

イ 水銀使用製品産業廃棄物に関する新たに必要な措置

項目	措置
保管	他の物と混合するおそれのないように仕切りを設ける等の措置をとること。
処理の委託	・「水銀使用製品産業廃棄物」の収集運搬又は処分の許可を受けた事業者に委託すること。 ・水銀回収が義務付けられているものの処理を委託する場合は、水銀回収が可能な事業者に委託すること。
収集・運搬	破砕することのないよう、また、他の物と混合するおそれのないように区分して収集・運搬すること。
処分・再生	・水銀又はその化合物が大気中に飛散しないように必要な措置をとること。 ・水銀回収の対象となる水銀使用製品産業廃棄物については、ばい焼設備によるばい焼、又は水銀の大気飛散防止措置をとった上で、水銀を分離する方法により、水銀を回収すること。 ・安定型最終処分場への埋立は行わないこと。

水銀使用製品産業廃棄物（産業廃棄物）

水銀使用製品産業廃棄物の対象

① 表A. 水銀使用の表示の有無によらず対象となる製品

製品		判別方法	水銀回収義務
一次電池			
	水銀電池	品番が「NR」「MR」で始まるもの。	
	空気亜鉛電池	品番が「PR」で始まるもの・空気穴が開いているもので、且つ国内メーカーのものであれば、水銀が使用されていると考えられる。	
蛍光ランプ（※）			
	直管形、環形、角形、コンパクト形	（品番が「F」で始まるものを含むすべてのもの）	
	電球形蛍光ランプ	（品番が「EF」で始まるものを含むすべてのもの）	
	無電極、冷陰極、外部電極	日本照明工業会「事業者向け水銀使用ランプの分別・回収及び排出について注1」を参照。	
HIDランプ（※）、放電ランプ（※）		日本照明工業会「事業者向け水銀使用ランプの分別・回収及び排出について注1」を参照。	
農薬		包装等に成分の表示あり。昭和48年以降は使用禁止。	
気圧計、湿度計、ガラス製温度計、水銀体温計、水銀式血圧計、握力計		目視で金属水銀の封入が確認可能。	○
液柱形圧力計、弾性圧力計（※）注2、圧力伝送器（※）注2、真空計（※）、水銀充満圧力式温度計（※）		目盛板又は銘板で情報提供されている例が多い。その他説明書、カタログ、メーカーHPで確認可能。	○
温度定点セル		説明書等の記載を参照。	
顔料		名称（水銀朱、辰砂）から判別可能。	
ボイラ（二流体サイクルに用いられるものに限る）、水銀抵抗原器、周波数標準機（※）		特殊品のため水銀含有は自明。	
灯台の回転装置、水銀トリム・ヒール調整装置、差圧式流量計、傾斜計		特殊品のため水銀含有は自明。	○
参照電極		使用目的から水銀含有は自明。	
医薬品			
	チメロサールを含む医薬品	添付文書に記載。	
	マーキュロクロムを含む医薬品	有効成分の表示あり。名称からも判別可能。	
	塩化第二水銀を含む医薬品	成分表示、名称、又は用途から判別可能。	
水銀等の製剤		毒劇法に基づき包装等に成分の表示あり。	*

注1 日本照明工業会「事業者向け水銀使用ランプの分別・回収及び排出について」 http://www.jlma.or.jp/kankyo/suigin/jigyo.htm#shu
注2 ダイアフラム式のものに限る。

表B. 水銀が目視で確認できる場合に対象となる製品

製品	判別方法	水銀回収義務
スイッチ及びリレー（※）	目視で金属水銀の封入が確認可能なものがある。	○

*目視で金属水銀の封入が確認可能なものとして、医療機器（腹膜透析装置）に組み込まれている傾斜感知用スイッチがあります。

水銀使用製品産業廃棄物（産業廃棄物）

水銀使用製品産業廃棄物の対象

② 2ページの①表A, Bに掲げる製品を材料又は部品として用いて製造される組込製品（表中の製品名の後に※印がある製品を材料又は部品として用いて製造される組込製品及び顔料が塗布された製品を除く。）

※印の付いている製品が部品等として組み込まれている場合には判別が難しいと考えられるため適用除外（取り外されたものは①の水銀使用製品産業廃棄物の対象となります。）

本区分（②）の対象となる組込製品の例としては、以下があげられます。

対象となる組込製品の例	左記製品中に用いられる①A又はBに掲げられる水銀使用製品	取り外された水銀使用製品からの水銀回収義務
補聴器、銀塩カメラの露出計	水銀電池	
補聴器、ページャー（ポケットベル）	空気亜鉛電池	
ディーゼルエンジン、医療機器（ガス滅菌器）、ピクノメータ、引火点試験機	ガラス製温度計	○
朱肉（ただし、顔料や朱肉が塗布・捺印等された製品や作品等は対象外。）	顔料	

③ 上記の①②のほか、水銀又はその化合物を使用していることが表示されている製品
製品本体に水銀が使用されていることを表示する方法としては、以下のようなものがあります。

● 日本語による表記（水銀）　　● 英語による表記（Mercury）
● 化学記号（Hg）　　● J-Moss水銀含有マーク（右図は一例）

製品本体に水銀の使用の表示がある場合に水銀使用製品産業廃棄物となるものとしては、以下のような製品があります。

製品		主な組込製品（又は判別方法）	水銀回収義務
一次電池			
	アルカリボタン電池	時計、玩具、歩数計、電卓、防犯ブザー、タイマー、家電リモコン、電子体温計等の医療機器（品番が「LR」から始まる、ボタン形のもの）	
	酸化銀電池	時計、電子体温計等の医療機器（品番が「SR」から始まるもの）	
	マンガン乾電池、アルカリ乾電池	輸入玩具等	
標準電池			
駆除剤、殺生物剤及び局所消毒剤			
塗料（酸化第二水銀を含むもの）		船舶（船底）、木材	
拡散ポンプ		真空チャンバー	
圧力逃し装置		圧力容器	
ダンパ		ロケット	
X線管			
回転接続コネクター		生産設備、航空灯火	
赤外線検出素子		電子計測器、熱画像表示装置、暗視装置、赤外分光光度計、フーリエ変換赤外分光光度計	
浮ひょう形密度計			○
放射線検出器		X線センサー	
積算時間計		医療機器	○
ひずみゲージ式センサ		脈波計	○
電量計			○
ジャイロコンパス		船舶	○
鏡		巨大望遠鏡	

このほか、化粧品、ゴム、香料、雷管、花火、銀板写真、検知管、つや出し剤、美術工芸品等で、水銀を使用していることが表示されているものも水銀使用製品産業廃棄物の対象となります。

2. 水銀含有ばいじん等（産業廃棄物）・水銀を含む特別管理産業廃棄物

水銀含有ばいじん等（産業廃棄物）

水銀含有ばいじん等の対象

水銀又はその化合物に汚染されたものが廃棄物となったものが水銀汚染物ですが、そのうち、特別管理産業廃棄物に該当しない廃棄物で、次の条件に該当するものが水銀含有ばいじん等として扱われます。また、水銀を一定以上含む水銀含有ばいじん等は、その処分・再生時に水銀回収が義務付けられています。

廃棄物の種類	水銀含有ばいじん等の対象	水銀回収義務の対象
燃え殻、鉱さい、ばいじん、汚泥	水銀注を15mg/kgを超えて含有するもの	水銀注を1,000mg/kg以上含有するもの
廃酸・廃アルカリ	水銀注を15mg/Lを超えて含有するもの	水銀注を1,000mg/L以上含有するもの

注　水銀化合物に含まれる水銀を含む。

水銀含有ばいじん等に関する新たな措置

水銀含有ばいじん等について、通常の産業廃棄物の措置に加え、1ページの ア 及び以下の ウ の新たな措置が必要となります。

ウ 水銀含有ばいじん等に関する新たに必要な措置

項目	必要な措置
処理の委託	・「水銀含有ばいじん等」の収集運搬又は処分の許可を受けた事業者に委託すること。 ・水銀回収が義務付けられているものの処理を委託する場合は、水銀回収が可能な業者に委託すること。
処分・再生	・水銀又はその化合物が大気中に飛散しないように必要な措置をとること。 ・水銀回収の対象となる水銀含有ばいじん等については、ばい焼設備によりばい焼、又はその他の加熱工程により水銀を回収すること。

水銀を含む特別管理産業廃棄物

水銀を含む特別管理産業廃棄物の対象

水銀汚染物のうち、次の条件に該当するものは、引き続き特別管理産業廃棄物として処理してください。今回、水銀を一定以上含む特別管理産業廃棄物は、その処分・再生時に水銀回収が義務付けられます。

廃棄物の種類	特別管理産業廃棄物の対象	水銀回収義務の対象
鉱さい、ばいじん、汚泥	特定施設注)1から排出されるもので、水銀の溶出量が0.005mg/Lを超えるもの	水銀注)2を1,000mg/kg以上含有するもの
廃酸・廃アルカリ	特定施設注)1から排出されるもので、水銀の含有量が0.05mg/Lを超えるもの	水銀注)2を1,000mg/L以上含有するもの

注)1　特定施設については、「水銀廃棄物ガイドライン」（表4.1.1　特別管理産業廃棄物の特定施設）をご覧ください。
注)2　水銀化合物に含まれる水銀を含む。

水銀回収義務の対象となる特別管理産業廃棄物に関する新たな措置

水銀回収義務の対象となる特別管理産業廃棄物について、これまでの水銀を含む特別管理産業廃棄物の措置に加え、新たに以下の措置が必要です。

項目	必要な措置
処分・再生	・水銀又はその化合物が大気中に飛散しないように必要な措置をとること。 ・水銀回収の対象となる特別管理産業廃棄物については、ばい焼設備によりばい焼、又はその他の加熱工程により水銀を回収すること。

3. 廃水銀等（特別管理産業廃棄物）

廃水銀等の対象

①以下の特定施設において生じた廃水銀又は廃水銀化合物（水銀使用製品に封入されたものを除く）

- ·水銀若しくは水銀化合物が含まれている物又は水銀使用製品廃棄物から水銀を回収する施設
- ·水銀使用製品の製造の用に供する施設
- ·灯台の回転装置が備え付けられた施設
- ·水銀を媒体とする測定機器（水銀使用製品を除く。）を有する施設
- ·国又は地方公共団体の試験研究機関

- ·大学及びその附属試験研究機関
- ·学術研究又は製品の製造若しくは技術の改良、考案若しくは発明に係る試験研究を行う研究所
- ·農業、水産又は工業に関する学科を含む専門教育を行う高等学校、高等専門学校、専修学校、各種学校、職員訓練施設又は職業訓練施設

- ·保健所
- ·検疫所
- ·動物検疫所
- ·植物防疫所·家畜保健衛生所
- ·検査業に属する施設
- ·商品検査業に属する施設
- ·臨床検査業に属する施設
- ·犯罪鑑識施設

②水銀若しくは水銀化合物が含まれている物（一般廃棄物を除く。）又は水銀使用製品が産業廃棄物となったものから回収した廃水銀

※廃水銀等の特別管理産業廃棄物への指定等は、平成28年4月1日から施行済み。ただし、赤字の施設は平成29年10月1日から特定施設に追加される。

廃水銀等に関する新たな措置

廃水銀等について、通常の特別管理産業廃棄物の措置に加えて、以下の新たな措置が必要です。

項目	必要な措置
保管·積替え	①飛散、流出又は揮発の防止のための措置、②高温にさらされないための措置、③腐食防止措置をとること。
処理の委託	·「廃水銀等」の収集運搬又は処分の許可を受けた事業者に委託すること。 ·委託契約書に「廃水銀等」と記載すること。 ·マニフェストの廃棄物の種類の欄に「廃水銀等」と記載すること。
収集運搬	必ず運搬容器（密閉でき、収納しやすく、損傷しにくい）に収納して収集又は運搬すること。
中間処理	廃水銀等を埋立処分する場合、あらかじめ水銀の純度を高め、産業廃棄物処理施設の許可を受けた硫化施設において粉末硫黄による硫化、改質硫黄による固型化を行うこと（硫化·固型化したものは「廃水銀等処理物」）。
最終処分	固型化したもの（廃水銀等処理物）が、埋立判定基準（溶出試験の結果、水銀0.005mg/L以下）を 満たさない場合 ⇒ 遮断型最終処分場で処分すること。 満たす場合 ⇒ 追加的措置をとった管理型最終処分場で処分することが可 ①処分場の一定の場所において、かつ、埋め立てる処理物が分散しないような措置 ②その他の廃棄物と混合するおそれのないよう、他の廃棄物と区分する措置 ③埋め立てる処理物が流出しないようにする措置 ④埋め立てる処理物に雨水が浸入しないようにする措置

硫化施設及び最終処分場に関する新たな措置は、以下のとおりです。

廃水銀等の硫化施設

- ■ 当該地を管轄する都道府県から産業廃棄物処理施設として設置許可を受けることが必要です。
- ■ 一般的な産業廃棄物処理施設の技術上の基準、維持管理基準に加え、以下の措置が必要となります。
  ①技術上の基準：水銀流出及び浸透防止の設備、水銀と硫黄の反応設備（外気と遮断又は負圧管理されたもの）、水銀ガス処理設備を設けること
  ②維持管理基準：水銀と硫黄を均一に化学反応させること、外気と遮断されていない反応設備の場合は負圧管理すること、水銀ガスによる生活環境保全上の支障を防止すること

廃水銀等処理物を埋め立てた最終処分場

- ■ 一般的な維持管理基準、廃止基準に加え、以下の措置が必要となります。
  ①維持管理基準：埋め立てる処理物の記録及び埋立位置を示す図面を処分場廃止までの間保存すること
  ②廃止基準　：埋め立てた処理物に雨水が浸入しないよう必要な措置をとること
- ■ 廃水銀等処理物が埋め立てられた土地の形質変更を行う場合、水銀の溶出による生活環境保全上の支障が生ずるおそれがないよう必要な措置をとること。

※一般廃棄物である水銀使用製品廃棄物から回収した廃水銀は特別管理一般廃棄物に該当し、特別管理産業廃棄物である廃水銀等と同様の処理基準がかかります。

廃棄物となった水銀（廃水銀等）に対する新たな最終処分方法が規定されました。

これまで有価物として取り扱われていた水銀が、「水銀に関する水俣条約」の発効に伴い使用が制限され、廃棄物となることが想定されることから、2017年10月1日より施行された、廃棄物の処理及び清掃に関する法律の改正政省令等において、廃水銀等の最終処分方法が新たに定められました※。

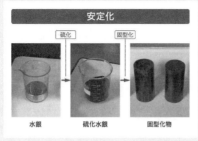

安定化

硫化　　　固型化

水銀　　　硫化水銀　　　固型化物

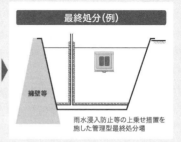

最終処分（例）

擁壁等

雨水浸入防止等の上乗せ措置を施した管理型最終処分場

※廃水銀等の特別管理産業廃棄物への指定は、2016年4月1日から施行済み

最終処分の詳細な方法についてはこちら（P.2〜3）➡

背景

水銀に関する水俣条約

「水銀及び水銀化合物の人為的な排出から人の健康及び環境を保護すること」を目的として、「水銀に関する水俣条約」が2017年8月に発効しました。

水俣条約は、先進国と途上国が協力して、水銀の供給、使用、排出、廃棄等の各段階で総合的な対策に世界的に取り組むことにより、水銀の人為的な排出を削減し、地球的規模の水銀汚染の防止を目指すものです。

国内での廃水銀等に対する措置

水俣条約を受けて、水銀を含む廃棄物の環境上適正な処理方法が検討され、2017年10月に廃棄物の処理及び清掃に関する法律の改正政省令等が施行されました。

今回の改正の中で、水銀使用製品産業廃棄物、及び水銀含有ばいじん等の定義に加えて、特別管理産業廃棄物である廃水銀等に対する新たな処分方法が定められました。

| 廃水銀等とは？ | ①特定施設において生じた廃水銀又は廃水銀化合物
　特定施設の例：水銀を回収する施設、大学等の研究機関、検査業に属する施設、保健所等
②水銀及び水銀化合物が含まれている物又は水銀使用製品が
　産業廃棄物となったものから回収した廃水銀 |

水銀

参考情報

水銀使用製品産業廃棄物及び水銀含有ばいじん等の定義や、その他一般の水銀廃棄物に関する廃棄物処理法の改正について（水銀廃棄物ガイドライン、廃棄物処理法施行令等の改正に関する説明会資料、リーフレット等）はこちら
http://www.env.go.jp/recycle/waste/mercury-disposal/

廃水銀等に対する新たな処分方法

1 硫化＋改質硫黄による固型化

廃水銀等を最終処分するためには、

① 水銀を精製（99.9％以上）
② 硫化水銀を合成
③ 硫黄で固型化

の処理を行い硫化＋改質硫黄による固型化
（以下「廃水銀等処理物」という。）が必要になります。

2 最終処分場での 廃水銀等処理物の埋立処分

廃水銀等処理物で、環境庁告示13号溶出試験の基準を満たしたものは、通常の最終処分に関する基準に加えて、

① 分散防止
② 他の廃棄物との混合防止
③ 流出防止
④ 雨水浸入防止

の措置を講じた管理型最終処分場に埋立処分します。

■1 硫化＋改質硫黄による固型化

① 水銀の硫化を確実に行えるよう、廃棄された水銀を精製し、高純度の水銀（99.9％以上）とする。

② 精製した水銀と硫黄とを化学反応させ、硫化水銀を合成（廃水銀等の硫化施設は産業廃棄物処理施設に該当）

水銀 ＋ 硫黄 → 硫化水銀
モル比 水銀1：硫黄1.05～1.1

③ 硫化水銀は安定な状態であるが、粉末状で扱いにくいため、さらに硫黄で固型化
（硫黄は元素であり分解しないという利点がある。）

硫化水銀 ＋ 改質硫黄 → 固型化物
（硫黄に添加剤を加えて改質したもの） 重量比 硫化水銀1：改質硫黄1

環境庁告示5号に定める
強度の基準（一軸圧縮強度が
0.98MPa以上）を満たす
固型化物となる。

上記の方法で得られた廃水銀等処理物は、環境庁告示13号溶出試験の基準値（水銀0.005mg/L以下）、及びヘッドスペース分析
（温度条件：10～70℃）において水銀0.001mg/m³ 未満を達成できることが確認されています。

＜廃水銀等処理物の安定性の確認方法＞

硫化・固型化が適切に行えているかどうかを確認するために、水銀廃棄物ガイドライン（平成29年6月）では、硫化水銀
及び廃水銀等処理物に対して、環境庁告示13号溶出試験及びヘッドスペース分析（下記参照）を行うことを求めています。

● ヘッドスペース分析（水銀が空気中にどれだけ揮発するかを確認するための試験。公定法ではない。分析方法は同ガイドラインに記載。）

細かく粉砕 → 容器に入れて密閉し、温度を一定に保つ → 10～70℃の各温度条件で、容器内の ガス中の水銀濃度をそれぞれ測定

❷ 最終処分場での廃水銀等処理物の埋立処分

廃水銀等処理物は、環境庁告示13号溶出試験を行い、埋立判定基準（水銀0.005mg/L以下）を満たすかどうかで、埋立処分方法が異なります。

- 埋立判定基準を満たす場合 ⇒ 以下の上乗せ措置を施した管理型最終処分場で処分すること
- 埋立判定基準を満たさない場合 ⇒ 遮断型最終処分場で処分

廃水銀等処理物を埋め立てるための上乗せ措置	措置の方法例 （「水銀廃棄物ガイドライン」掲載方法）	措置の目的
①処分場の一定の場所において、かつ、廃水銀等処理物が分散しないような措置	コンクリート等の容器に入れる	処分場内での廃水銀等処理物の管理を容易にするため ＊適切な管理が行える場合は、1つの埋立地内において埋立場所の複数設置が可能
②廃水銀等処理物が他の廃棄物と混合するおそれのないよう区分する措置		
③廃水銀等処理物が流出しないようにする措置	コンクリート等の容器に入れ、処分終了後は蓋をして密閉	埋立場所の外へ廃水銀等処理物が流出しないようにするため
④廃水銀等処理物に雨水が浸入しないようにする措置	● コンクリート等の容器に、遮水性を有する物質であるベントナイトを敷き詰める ● 処分場の最大内部保有水位よりも上の位置に上記容器を設置 ● 埋立期間中は屋根の設置、不透水性のシートで覆う	雨水が浸入することにより、水銀が埋立場所の外へ流出しないよう、入念的な対策を取るため

＜埋立処分方法の例＞

擁壁等　　最大内部保有水位

最終覆土　　廃水銀等処理物　粒状ベントナイト　コンクリート（防水仕様）　砕石　浸透水モニタリング管

＜処分場の維持管理・廃止関連＞

廃水銀等処理物を処分した際の維持管理、廃止及び形質変更については、通常の維持管理基準、廃止基準、及び形質変更に関する基準に加えて、以下のことを行う必要があります。

項目	取るべき追加的措置	解説・措置の方法例
維持管理	埋め立てる廃水銀等処理物についての記録及び埋立位置を示す図面を、処分場の廃止までの間保存	記録及び図面は、保存するとともに埋立終了の届出、廃止の確認申請において添付
廃止	廃水銀等処理物に雨水が浸入しないような措置の実施	埋め立てた廃水銀等処理物の上面を不透水層（透水性の低い粘性土壌層等）で覆う等
廃止後の形質変更	水銀が漏れ出て周囲の生活環境に影響が出ることのないような措置を取ることが必要	廃水銀等処理物が埋め立てられている場所を図面で確認し、廃止にあたって取った措置を損なわないようにする

314

硫化の必要性

水銀は以下のような特性を有するとともに、人体等への危険性を有しています。

＜特性＞
- ●水銀は、金属の中で唯一常温・常圧で液体として存在し、常温で気化しやすい
- ●元素のためそれ以上分解されない

＜危険性＞

水銀が環境中に排出されると、以下のような危険性があります。

> コラム 水銀蒸気の毒性について
> 水銀蒸気への低濃度で繰り返し、あるいは長期間の
> ばく露により、ふるえや行動・性格の変化が認められる。
> （日本公衆衛生協会「水銀汚染対策マニュアル」（2001年）より）

環境中に放出・拡散 ➡ 人 体 有毒
⬇
環境中を循環 ➡ 海水及び淡水中に到達した水銀の中には細菌等によりメチル化するものもある ➡ メチル水銀化合物 ➡ 生物濃縮 ➡ 人 体 有毒

そのため、埋立処分を行う場合には、水銀の硫化を行ってから処分します。
（硫化水銀については下記参照）

硫化水銀

- ●水銀は元々『辰砂（硫化水銀（HgS））』として自然界に存在します。
- ●辰砂は水銀の原料であるだけでなく、朱色の顔料として古くから伝統工芸品等に使われています。

＜硫化水銀の特徴＞
- ●水銀が自然界に存在するときの形態であり、長期的に安定
- ●水に不溶であり、水系への水銀の溶出を抑制
- ●硫化水銀は安定な固体であり、硫化水銀中の水銀は常温・常圧で気化しない

『硫化水銀』の形にすることで、水銀の危険性を低減させることができます。

辰砂を含む鉱石

辰砂由来の顔料が塗られた伝統工芸品

よくある質問

Q 廃水銀等処理物を処分する処分場の規模に規定はありますか。

A 廃水銀等を処理する施設の処理能力や処理量によっても固型化物の大きさが変わるため、処分場の規模に関する規定は設けていません。

Q 廃水銀等は硫化・固型化が必要とのことですが、硫化・固型化以外の中間処理は認められないのでしょうか。

A 最終処分場に埋立処分する場合は、その前の処理として、硫化・固型化が義務付けられました。

問い合わせ先

- ●産業廃棄物処理業や施設の変更許可等については都道府県や政令市の廃棄物担当課へお問い合わせください。
- ●本リーフレットに関するお問い合わせは、
　環境省 環境再生・資源循環局 廃棄物規制課（電話：03-5501-3157（直通））までご連絡ください。

2018年3月作成

【著者紹介】森谷　賢（もりや　まさる）

　1952 年北海道函館市生まれ。1971 年函館ラ・サール学園卒。1977 年京都大学大学院理学研究科修士課程修了。同年に環境庁に入庁。本庁、OECD（経済協力開発機構）、滋賀県で勤務。1997 年に神奈川県に出向し、地球環境戦略研究機関（IGES）の初代事務局長として研究テーマや体制の構築を行う。

　2001 年以降、環境省において、環境影響審査室長、産業廃棄物課長、総務課長（水・大気環境局）を務める。2006 年 7 月から 2008 年 7 月まで NEDO（新エネルギー・産業技術総合開発機構）で勤務。その後、環境省大臣官房審議官、環境大臣補佐官として、国連気候変動枠組条約の国際交渉、OECD 環境プログラムに関わり、OECD 環境委員会議長も務める。東日本大震災の発生後、2011 年 11 月より福島除染推進チームのリーダーを務め、関東地方環境事務所長を兼務しながら、国の除染活動、福島環境再生事務所（現　福島地方環境事務所）の創設に関わる。2013 年 3 月環境省を定年退職。

　2013 年 6 月から 2022 年 10 月まで公益社団法人全国産業資源循環連合会の専務理事を務める。2022 年 11 月に株式会社タケエイの社外取締役に就任。現在に至る。

産業廃棄物と資源循環　改訂新版

発　行　日	2024 年 3 月 15 日
編　著　者	森谷　賢
発　行　者	波田　敦
発　行　所	株式会社環境新聞社
	〒 160-0004　東京都新宿区四谷 3-1-3　第 1 富澤ビル
	電話　03-3359-5371
	FAX　03-3351-1939
	https://www.kankyo-news.co.jp
印刷・製本	モリモト印刷株式会社